# Ihre Arbeitshilfen zum Download:

Die folgenden Arbeitshilfen stehen für Sie zum Download bereit:

- Fördermöglichkeiten
- Tool zur überschlägigen Ermittlung des Unternehmenswertes
- Muster eines Kaufvertrages, Geheimhaltungsvereinbarung etc.
- Internetseiten + Adressen

Den Link sowie Ihren Zugangscode finden Sie am Buchende.

Unternehmensverkauf

Andreas R. J. Schnee-Gronauer/Bärbel E. Schnee-Gronauer

# Unternehmensverkauf

## Anleitung und Planungshilfen

## für kleinere und mittlere Unternehmen

1. Auflage

Haufe Gruppe
Freiburg · München · Stuttgart

**Bibliografische Information der Deutschen Nationalbibliothek**
Die Deutsche Nationalbibliothek verzeichnet diese Publikation in der Deutschen Nationalbibliografie; detaillierte bibliografische Daten sind im Internet über http://dnb.dnb.de abrufbar.

---

| | | |
|---|---|---|
| **Print:** | ISBN 978-3-648-09547-8 | Bestell-Nr. 10215-0001 |
| **ePub:** | ISBN 978-3-648-09548-5 | Bestell-Nr. 10215-0100 |
| **ePDF:** | ISBN 978-3-648-09549-2 | Bestell-Nr. 10215-0150 |

Dr. Andreas R. J. Schnee-Gronauer, Bärbel E. Schnee-Gronauer
**Unternehmensverkauf**
1. Auflage 2017


www.haufe.de
info@haufe.de
Produktmanagement: Anne Rathgeber

Lektorat: Kathrin Nord, München
Satz: Agentur: Satz & Zeichen, Karin Lochmann, Buckenhof
Umschlag: RED GmbH, Krailling
Druck: BELTZ Bad Langensalza GmbH, Bad Langensalza

| | |
|---|---|
| Patrick Bateman: | *Ask me a question.* |
| Club Patron: | *So, what do you do?* |
| Patrick Bateman: | *I'm into, uh, well, murders and executions, mostly.* |
| Club Patron: | *Do you like it?* |
| Patrick Bateman: | *Well, it depends. Why?* |
| Club Patron: | *Well, most guys I know who are in Mergers and Acquisitions really don't like it.* |

(Filmzitat aus American Psycho, 2000)

# Inhaltsverzeichnis

# Vorwort und Gebrauchsanleitung

Es gibt viele Statistiken, die sich damit befassen, wie viele Unternehmen in den nächsten Jahren einen Nachfolger suchen und wie viele Unternehmen gekauft und verkauft werden. Wahrscheinlich kennen Sie solche Zahlen auch und werden gerade selbst Teil solcher Statistiken.

Dass es für das Thema Unternehmensnachfolge mittlerweile ein größeres Bewusstsein gibt, liegt nicht zuletzt daran, dass Kammern, Verbände und andere Institutionen entsprechende Informationen, Veranstaltungen und Vorträge anbieten und so die Aktualität unterstreichen.[1] Veröffentlichungen zum Unternehmensverkauf gibt es einige. Viele davon richten sich allerdings an Rechtsanwälte, Steuerberater oder Betriebswirte und sind für den typischen Unternehmer kaum zu verstehen, weil sie erhebliche rechtliche und/oder mathematische Vorkenntnisse verlangen. Auf der anderen Seite gibt es Ratgeber, die häufig mehr Fragen offenlassen, als sie beantworten.

Fernab von Ihrer eigentlichen unternehmerischen Tätigkeit und der Verantwortung, die Sie gegenüber Ihrem Unternehmen, Ihren Arbeitnehmern, Kunden und Banken tagtäglich haben, ist das Thema des Verkaufs oder Kaufs eines Unternehmens eine besondere Herausforderung. Zumal es im Leben der meisten Unternehmer maximal einmal vorkommt. Kurzum: Sie betreten Neuland und können sich nicht auf die Werkzeuge verlassen, mit denen Sie in der Vergangenheit erfolgreich waren.

Dieses Buch soll Ihnen als Inhaber eines kleinen oder mittelständischen Unternehmens helfen, zu verstehen,

- wie der Kauf oder Verkauf eines Unternehmens abläuft,
- was dabei tatsächlich auf Sie zukommt und
- wie Sie sich am besten darauf einstellen und — nicht zuletzt —
- auf welche wirtschaftlichen, rechtlichen und steuerlichen Punkte es besonders ankommt.

Es beschreibt die einzelnen Arbeitsschritte, die sich im Rahmen der Planung und der anschließenden Durchführung eines Unternehmensverkaufs ergeben. Gleichzeitig soll es Ihnen auch helfen, in den wichtigen Situationen die richtigen Entscheidungen zu treffen, indem es die unterschiedlichen Möglichkeiten

1 Wir bedanken und bei Herrn Michael Meese, Referent im Bereich Unternehmensförderung bei der Industrie- und Handelskammer Nord Westfalen, und Herrn Enno Kähler, zuständig für die Bereiche Existenzgründung und Unternehmensförderung bei der Industrie- und Handelskammer Osnabrück — Emsland - Grafschaft Bentheim, mit denen wir uns im Frühjahr 2017 unterhalten haben.

transparent macht. Wir haben versucht, alles so verständlich wie möglich und ohne »Fachchinesisch« zu schreiben – wir hoffen, dass uns dies gelungen ist.

Damit Sie die Möglichkeit haben, sich in bestimmte Themen tiefer einzuarbeiten, haben wir die jeweils relevanten Paragraphen und Urteile zitiert und weitere Quellen angegeben. Damit der Lesefluss nicht mehr als nötig gestört wird, steht das meiste davon in den Fußnoten.[2]

Weil wir wollen, dass Sie mit diesem Buch praktisch etwas anfangen können, haben wir außerdem …

! **Tipp**

… Tipps und Tricks besonders hervorgehoben, damit sie Ihnen sofort ins Auge springen.

Am anschaulichsten ist oft ein Blick in die Praxis.

**Beispiel**

Daher haben wir am verschiedenen Stellen **Beispiele** aus unserer Beratungstätigkeit eingefügt. Dabei haben wir die Fälle natürlich verfremdet, damit keinerlei Rückschlüsse möglich sind.

Je nachdem, ob Sie dieses Buch als verkaufswilliger Unternehmer, potentieller Käufer oder als Berater lesen, werden Sie bei den jeweiligen Kapiteln unterschiedlich in die Tiefe gehen wollen.

Damit Sie sich schnell einen Überblick über die Kernaussage des folgenden Abschnitts verschaffen können, haben wir diese in einem Kasten zusammengefasst.

Wir freuen uns auf den Austausch mit Ihnen, über Ihre Fragen, Anregungen und Kritik.

Sie erreichen uns unter autoren@schnee-gronauer.de. Auch auf unserem Blog berichten wir über aktuelle Entwicklungen zum Thema Unternehmensverkauf.

---

2 Urteile haben wir dabei mit dem Datum der Entscheidung und dem Aktenzeichen zitiert und nicht mit der Fundstelle in irgendwelchen juristischen Zeitschriften, die nur Experten zugänglich sind; dies erleichtert Ihnen das Auffinden im Internet.

# 1 Ausgangssituation

Der Prozess des Unternehmensverkaufs bzw. Unternehmenskaufs wird wesentlich - und oft ohne, dass es den Akteuren bewusst ist - geprägt von den Gründen und Motiven für den Kauf/Verkauf. Um diese besser zu verstehen, werfen wir zunächst einen Blick auf die unterschiedlichen Ausgangssituationen von Käufer und Verkäufer und die von ihnen anzustellenden Vorüberlegungen.

## 1.1 Für den Verkäufer

**Unternehmer schieben den Verkauf ihres Unternehmens in aller Regel zu lange vor sich her oder anders gesagt: sie leiten den Verkaufsprozess zu spät ein. Dies wirkt sich negativ auf den Kaufpreis aus.**

**Die Motive des Verkäufers können Signalwirkungen entfalten, seine Ziele beeinflussen den Verkaufsprozess — beides wirkt sich auf den zu erzielenden Preis aus.**

**Bevor ein Verkaufsprozess eingeleitet wird, muss der Verkäufer für sich Motive, Ziele und mögliche Rahmenbedingungen einer Transaktion klären.**

### 1.1.1 Gründe für den Verkauf

Es gibt zahlreiche Gründe für den Verkauf eines Unternehmens oder Unternehmensteils. Grob lassen sich persönliche Gründe von betrieblichen Gründen unterscheiden: Alter, Krankheit, Tod, eine attraktivere alternative Beschäftigung auf der einen Seite, veränderte Märkte, Finanzbedarf oder das Eingehen strategischer Partnerschaften auf der anderen.

Nach Angaben des Statistischen Bundesamts waren im Jahr 2015 rund ein Drittel der Selbstständigen älter als 55 Jahre, fast 20 % älter als 60 Jahre und immerhin 9,40 % älter als 65 Jahre.[3] Das Institut für Mittelstandsforschung hat ermittelt, dass im Zeitraum von 2014 bis 2018 bei etwa 135.000 Unternehmen die Nachfolge ansteht, weil der Unternehmer aus persönlichen Gründen ausscheidet (wobei in dieser Zahl nur Unternehmen mit einem Jahresumsatz ab 100.000,00 EUR enthalten sind).[4] Dies spiegelt sich auch in den Gründen für einen Verkauf von Unternehmen wider: In einer im Jahr 2005 durchgeführten Befragung war ein fehlender Nachfolger innerhalb der Familie mit circa 55 % der häufigste Grund für den Unternehmensverkauf. Circa 42 % der Unternehmen wurden verkauft, weil Kapi-

---

3 Statistisches Bundesamt (Hrsg.): *Mikrozensus 2015, Fachserie 1 Reihe 4.1.1, Bevölkerung und Erwerbstätigkeit Stand und Entwicklung der Erwerbstätigkeit in Deutschland*, Wiebaden 2016, insb. S. 42.

4 Kay, Rosemarie/Suprinovič, Olga: *Unternehmensnachfolgen in Deutschland 2014 bis 2018*. In: Institut für Mittelstandsforschung Bonn (Hrsg.): *Daten und Fakten Nr. 11*. Bonn, 2013, S. 6 ff.

talbedarf bestand bzw. die Eigenkapitalbasis zu dünn war. Rund 15 % wurden ausschließlich deshalb verkauft, weil dem Inhaber ein gutes Angebot vorgelegt worden war und bei immerhin 31 % war das Vorliegen eines guten Angebots mit entscheidend. Hingegen waren eine Strategieänderung oder Konzentration der unternehmerischen Tätigkeit nur bei 18 % bzw. 15 % ausschlaggebend für einen Verkauf.[5] Andere Untersuchungen zeigen ähnliche Zusammenhänge auf.[6]

Grafisch stellt sich dies wie folgt dar.[7]

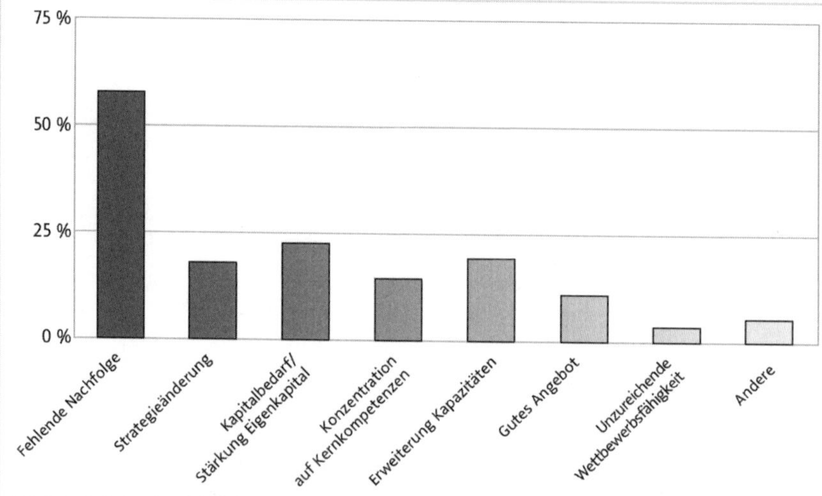


**Abb. 1: Gründe für einen Verkauf des Unternehmens**

Die Motive für den Unternehmensverkauf haben eine erhebliche Bedeutung für den gesamten Prozess. Zum einen bestimmen sie die Auswahl potenzieller Käufer, zum anderen die für den Prozess zur Verfügung stehende Zeit. Indirekt bestimmen diese Motive aber auch das Verhalten des Käufers: Dieser wertet

5 Im Rahmen einer 2005 von Center of Entrepreneurship der Universität Hohenheim durchgeführten Untersuchung wurden 269 detaillierte Fragebögen von »klassisch mittelständischen« Unternehmen, die mit Unternehmenstransaktion und Unternehmensfinanzierung nach eigenen Aussagen vertraut/erfahren waren, ausgewertet und 102 Fragebögen von Dienstleistern, die ihren Kunden explizit M&A-Dienstleistungen anboten. Im Anschluss wurden 24 Interviews mit Unternehmen und 15 mit Dienstleistern geführt. Müller, Christoph/Freiland, Dirk/Tomaselli, Harald: *Dienstleistungsansätze bei Unternehmenstransaktionen und Unternehmensfinanzierungen im Mittelstand am Beispiel Baden-Württembergs*. In: Hohenheimer Beiträge zu Entrepreneurshipforschung und -praxis Nr. 12, 2006, S. 62.

6 Schmitz-Valckenberg, Collin: *Verkaufsprozess mittelständischer Unternehmen, Empirische Untersuchung der Einflussfaktoren auf die Preisbildung*. Wiesbaden, 2003, S. 14 m. w. N.

7 Grafik in Anlehnung an: Müller, Christoph/Freiland, Dirk/Tomaselli, Harald. In: Hohenheimer Beiträge zu Entrepreneurshipforschung und -praxis Nr. 12, 2006, S. 62.

häufig die Motivation zum Verkauf als Indiz für die »Qualität« des Unternehmens und leitet daraus Aussagen über einen eventuellen Verkaufsdruck ab.[8]

Manche Verkaufsmotive haben eine positive Signalwirkung und steigern den Kaufpreis, andere senken ihn. Differenziert nach verkäuferbezogenen und unternehmensbezogenen Motiven lässt sich das wie folgt darstellen.[9]

| | **Positive Signalwirkung** | **Negative Signalwirkung** |
|---|---|---|
| **Verkäuferbezogene Motive** | • Wunsch nach Änderung der Zeitallokation des Verkäufers<br>• Liquiditätsbedürfnis des Verkäufers<br>• Alter des/der Verkäufer/s<br>• Exit eines Finanzinvestors<br>• Fehlender strategischer Fit | • Finanzielle Notlage des Verkäufers<br>• Gesundheit/persönliche Lebensumstände |
| **Unternehmerbezogene Motive** | • Strategische Situation<br>• Politische und wirtschaftliche Rahmenbedingungen | • Kapitalbedarf<br>• Negative Zukunftsaussichten<br>• Krisensituation |

Abb. 2: Signalwirkungen der Motive

Von den Verkaufsmotiven zu unterscheiden sind Nebenziele, die den Verkaufsprozess bestimmen oder einengen können. Diese Ziele beeinflussen den Kaufpreis allerdings nur indirekt über die Prozessgestaltung — diese weiteren Bestimmungsfaktoren sind in Kapitel 1.1.2.8 dargestellt.

## 1.1.2 Vorüberlegungen auf Seiten des Verkäufers

Wenn nicht gerade eine wirtschaftliche oder persönliche Krise der Auslöser für den Verkaufsentschluss ist, reift die Entscheidung, das eigene Unternehmen zu verkaufen, meistens langsam heran.[10] Dann hat der Unternehmer längere Zeit über mögliche Optionen und eventuelle Hindernisse nachgedacht sowie Alter-

---

8 Schmitz-Valckenberg, Collin. Wiesbaden, 2003, S. 10; siehe zu den Motiven im einzelnen dort S. 13 ff.

9 Grafik in Anlehnung an Schmitz-Valckenberg, Collin. Ebd., S. 21. Genau genommen stellt die Grafik die im Folgenden von Schmitz-Valckenberg untersuchten Hypothesen dar.

10 Fallbeispiele siehe auch o. Verf.: *Unternehmensnachfolge: zukunftsfähige Lösung in emotionsgeladener Situation gestalten*. ProFirma Professional Online, Dokument HI8645115 (Stand 19.10.2016).

nativen abgewogen. In dieser Phase der Entscheidungsfindung stellen sich wesentliche Fragen, über die es jetzt Klarheit zu erlangen gilt.

Nach der Erfahrung von Michael Meese, Referent im Bereich Unternehmensförderung bei der Industrie- und Handelskammer Nord Westfalen, sind typische Schwierigkeiten vor denen Unternehmer bei einer Unternehmensübertragung stehen:

- das Finden von Nachfolgern bzw. Käufern
- die Ermittlung des Kaufpreises
- steuerliche Folgen des Unternehmensverkaufs/steueroptimale Gestaltung
- korrekte rechtssichere Umsetzung des Verkaufs
- die Vermeidung von Konflikten bei familieninterner Nachfolge bzw. die Lösung bestehender Konflikte und damit im Zusammenhang stehende Fragen zu Erbausgleich und Pflichtteilsansprüchen[11]

Diese im Vorfeld anzustellenden Überlegungen helfen auch dabei, den Verkaufsprozess vorzustrukturieren und die einzelnen Fragen nacheinander zufriedenstellend zu klären. Typische Fragestellungen finden Sie nachfolgend näher beschrieben.

### 1.1.2.1 Eigene Lebensplanung

Eine schwierige Überlegung während der Entscheidungsfindung ist oft, ob der Inhaber überhaupt (schon) bereit ist, sich auf das Altenteil zurückzuziehen. Das ist auch eine Frage der eigenen Lebensplanung, der er sich nun gegebenenfalls erneut kritisch stellen muss.

Dabei ist es wichtig, sich über die eigenen Wünsche klar zu werden und sie von den Wünschen Dritter — beispielsweise der Familie oder der Bank — zu unterscheiden. Aus Sicht des Verkäufers gibt es häufig eine ganze Reihe vermeintlich »guter Gründe«, das Projekt vor sich herzuschieben; die wahre Motivation dahinter ist ihm oft nicht bewusst.[12] Wer eine reibungslose und erfolgreiche Übertragung anstrebt, sollte sich aber unbedingt klar werden über die wirklichen Motive, die zu einem Aufschieben oder auch einer Forcierung des Verkaufs führen können.

In Rahmen dieser Vorüberlegungen sollte der verkaufswillige Unternehmer auch bedenken, ob er sein Unternehmen sofort ganz verlassen oder — beispielsweise

---

11 Gespräch mit Michael Meese, Referent im Bereich Unternehmensförderung bei der Industrie- und Handelskammer Nord Westfalen, vom 6. Februar 2017.

12 Berning, Detlef/Novak, Andreas: *Erfolgsfaktoren der Kanzleinachfolge jenseits von Recht und Steuern*. Wiesbaden, 2010, beschreiben auf S. 29 den Fall, dass ein Unternehmer deshalb untätig geblieben war, weil er sein Testament noch nicht gemacht hatte.

als Angestellter - noch eine Weile mitarbeiten will. Letzteres wird oft favorisiert — und ist häufig auch aus Sicht des Käufers vorzugswürdig.

Ob sich eine weitere Tätigkeit im Unternehmen umsetzen lässt, hängt letztlich von diversen Faktoren ab — etwa der Auslastung und wirtschaftlichen Lage des Unternehmens und ob die Chemie zwischen Verkäufer und Käufer stimmt. Gleichwohl sollte sich der Unternehmer frühzeitig Gedanken darüber machen, ob und unter welchen Voraussetzungen er gegebenenfalls weiterhin zu einer Mitarbeit bereit ist oder ob diese sogar Voraussetzung für einen Verkauf ist.

Es kann ratsam sein, dass der Unternehmer diese Fragen nicht alleine klärt, sondern gemeinsam mit der Familie und mit ihr auch die Ziele des Verkaufs festlegt — schließlich muss geklärt werden, wie das Leben nach dem Verkauf aussehen, der Alltag ohne Unternehmen gestaltet werden soll.

### 1.1.2.2 Der richtige Zeitpunkt

Der richtige Zeitpunkt für eine geplante Übergabe oder einen geplanten Verkauf lässt sich nicht pauschal festlegen. Der eine Unternehmer sieht sich mit 80 Jahren noch aktiv wirken, der andere denkt mit 50 ans Aufhören.

Nach Meinung von Michael Meese (Industrie- und Handelskammer Nord Westfalen) hat sich die Auffassung der Unternehmer zum richtigen Zeitpunkt der Nachfolgeplanung deutlich gewandelt: Während früher 70 Jahre für ein angemessenes Alter gehalten wurde, sich um die eigene Nachfolge zu kümmern, gerät das Thema heute eher ab Mitte 50 in den Blickpunkt.[13]

Dennoch besteht weitgehend Einigkeit, dass die allermeisten Unternehmer das Thema immer noch zu spät aktiv angehen. Gründe dafür sind häufig, dass der Unternehmer den Gedanken an das Ende der eigenen Berufstätigkeit vor sich herschiebt oder feststellt, dass das »Projekt Nachfolge« doch schwieriger und langwieriger ist als gedacht.[14] Dazu kommen Unwägbarkeiten, wie die plötzliche Berufsunfähigkeit oder der Tod des Unternehmers.

Nach den Berechnungen des Statistischen Bundesamts liegt die durchschnittliche restliche Lebenserwartung nach Vollendung des 60. Lebensjahres bei Män-

---

13 Gespräch mit Michael Meese, Referent im Bereich Unternehmensförderung bei der Industrie- und Handelskammer Nord Westfalen, vom 6. Februar 2017.

14 Siehe auch Koch, Wolfgang: *Unternehmensnachfolge planen, gestalten und umsetzen.* Stuttgart, 2016, S. 2 ff.; wenn Sie die eigene Nachfolgeplanung nur halbherzig angehen wollen und nach Möglichkeiten suchen, diese in die Länge zu ziehen, sei Ihnen an dieser Stelle das folgende Buch empfohlen: Börjeson, Lena: *Handbuch für Projektkiller. Projekte verzögern, blockieren, sabotieren.* Köln, 2008.

nern bei 21,52 und bei Frauen 25,19 Jahren.[15] Gleichwohl liegt das Risiko eines 50 Jahre alten Mannes innerhalb der nächsten 15 Jahre zu sterben bei 12,26 %.[16]

Häufig unterschätzt wird auch das Risiko, das eigene Unternehmen nicht mehr führen zu können. Nach Zahlen der Deutschen Rentenversicherung waren im Jahr 2015 rund 18 % der Rentenempfänger Bezieher von Erwerbsminderungsrenten. Von diesen waren wiederum rund 76 % (66.156 Personen) bei Renteneintritt unter 60 Jahre und 47 % (40.862 Personen) sogar unter 55 Jahre alt.[17]

In diesen Fällen muss sehr kurzfristig und unter hohem Zeitdruck ein Käufer für das Unternehmen gefunden werden. Nicht immer ist dies unter solchen Rahmenbedingungen überhaupt möglich, da mit dem Unternehmer typischerweise eine der wesentlichen »Vermögenspositionen« des Unternehmens fehlt. Wenn es dennoch gelingt, schnell einen Käufer zu finden, dann in der Regel mit erheblichen Preisabschlägen.

Damit es also nicht so weit kommt, sollte der Unternehmer spätestens ab Mitte 50 mit der Planung seiner Nachfolge beginnen. Das bedeutet keineswegs, dass er dann schon in den Ruhestand gehen soll — vielmehr sollte er in diesem Alter erst einmal einen strukturierten Prozess anstoßen und konkret die Fortführung und Zukunft seines Unternehmens planen.

Enno Kähler, zuständig für die Bereiche Existenzgründung und Unternehmensförderung bei der Industrie- und Handelskammer in Osnabrück, beobachtet bei seiner Arbeit, dass dieser Prozess oftmals verschleppt und keine Entscheidung getroffen wird. Zwar habe die IHK einen hohen Zuspruch zu ihren Veranstaltungen zum Thema »Unternehmensnachfolge« und auch beim anschließenden gemeinsamen Networking sei jedem Unternehmer die Wichtigkeit der Thematik bewusst. Zurück im Arbeitsalltag gerate das Thema aber schnell wieder in den Hintergrund. Um ein gutes Ergebnis zu erzielen — sowohl für Verkäufer als auch für Käufer — rät Kähler, dem Thema ausreichend Zeit einzuräumen. Nur so könne die Nachfolge optimal umgesetzt werden.[18]

---

15 Statistisches Bundesamt (Hrsg.): *Durchschnittliche fernere Lebenserwartung nach ausgewählten Altersstufen.* destatis.de/DE/ZahlenFakten/GesellschaftStaat/Bevoelkerung/Sterbefaelle/Tabellen/LebenserwartungDeutschland.html.

16 Statistisches Bundesamt (Hrsg.): *Sterbetafel 2013/2015 nach Altersjahren.* destatis.de/DE/ZahlenFakten/GesellschaftStaat/Bevoelkerung/Sterbefaelle/Sterbefaelle.html, eigene Berechnungen. Zur Sterbewahrscheinlichkeit siehe auch: Kay, Rosemarie/Suprinovič, Olga. Bonn, 2013, S. 8.

17 Deutsche Rentenversicherung Bund (Hrsg.): *Rente 2015: Rentenzugang, Rentenwegfall, Rentenänderung und Rentenbestand. Statistik der Deutschen Rentenversicherung,* Band 206, Tabelle 1.00 Z (S. 3) und 34.01 Z (S. 42), eigene Berechnungen.

18 Gespräch mit Herrn Enno Kähler, Industrie- und Handelskammer Osnabrück - Emsland - Grafschaft Bentheim, 16. Januar 2017.

Ein zu langes Abwarten bringt meist eine Reihe negativer Entwicklungen mit sich, und das Unternehmen gerät dann schnell in eine Abwärtsspirale: Zusammen mit dem Unternehmer altern oft auch die Kunden bzw. die Entscheider auf Kundenseite. Häufig werden zudem erforderliche Investitionen oder Marketingmaßnahmen nicht mehr durchgeführt und die Marktposition des Unternehmens verschlechtert sich schleichend. Mitarbeiter (besonders die guten) suchen sich eine neue Arbeit und das Unternehmen büßt für neue Arbeitnehmer an Attraktivität ein. Schließlich werten auch Banken eine fehlende Nachfolgeregelung mit steigendem Alter des Unternehmers als Signal dafür, dass das Risiko aus der Gewährung oder Verlängerung von Krediten steigt, was zu einer weiteren Schwächung des Unternehmens führen kann. Im Ergebnis sinkt oft der Unternehmenswert immer weiter bis zu einem Punkt, an dem nur noch die Einstellung des Unternehmens bleibt, weil sich kein Käufer mehr findet.

Unter guten Bedingungen kann der Unternehmensverkauf bis zum Abschluss der Verträge innerhalb von etwa drei bis sechs Monaten über die Bühne gehen. Wenn allerdings die Voraussetzungen weniger gut sind, ein Käufer beispielsweise erst gefunden werden muss, kann der Prozess auch deutlich mehr Zeit in Anspruch nehmen und ohne Weiteres drei Jahre oder länger dauern.

Etwa 80 % aller Transaktionen werden nach maximal zwölf Monaten abgeschlossen, circa 40 % aller Kauf- oder Verkaufsprojekte dauern zwischen neun und zwölf Monaten und rund 10 % aller Transaktionen können in weniger als sechs Monaten abgeschlossen werden. Allerdings ziehen sich circa 20 % aller Projekte bis zu 24 Monate.[19]

### 1.1.2.3 Finanzielle und steuerliche Aspekte

Eng verbunden mit der Frage der Lebensplanung des ausscheidenden Unternehmers ist die Frage, ob er sich die Aufgabe seines Unternehmens auch finanziell leisten kann. Sie stellt sich zwingend, wenn die Altersvorsorge gar nicht oder nicht ausreichend geregelt ist.

Besonders in solchen Situationen ermitteln Verkäufer ihre Kaufpreisvorstellungen häufig anhand ihres Finanzbedarfs. Es liegt auf der Hand, dass dies für den potentiellen Käufer keine geeignete Verhandlungsgrundlage darstellt — Verhandlungen die unter diesen Vorzeichen geführt werden, sind häufig zum Scheitern verurteilt.

In diesem Zusammenhang spielt auch die Frage der steuerlichen Behandlung der erzielten Einnahmen aus der Veräußerung eine erhebliche Rolle. Denn für den

19 Müller, Christoph/Freiland, Dirk/Tomaselli, Harald. In: Hohenheimer Beiträge zu Entrepreneurshipforschung und -praxis Nr. 12, 2006, S. 120.

Verkäufer ist wichtig, was ihm nach dem Verkauf unter dem Strich bleibt — die Grundlagen dazu stellen wir in Kapitel 14 vor.

Wenn sich abzeichnet, dass sich der erhoffte Kaufpreis nicht erzielen lässt, liegt für den Verkäufer der Gedanke nah, statt eines Verkaufs eine Fortsetzung der unternehmerischen Tätigkeit in Erwägung zu ziehen. Dies dürfte allerdings in vielen Fällen eine Milchmädchenrechnung sein. Nicht nur sinkt — wie in Kapitel 1.1.2.2 beschrieben — der Unternehmenswert meist rapide, auch steigt das Risiko für den Verkäufer mit zunehmendem Alter überproportional an, berufsunfähig zu werden. Wenn es dann zu einer erzwungenen Einstellung des Unternehmens kommt, laufen die Verpflichtungen aus den Arbeits- und Dauerschuldverhältnissen weiter — mit folgenschweren Konsequenzen für den Unternehmer.

In diesem Zusammenhang muss der angehende Verkäufer außerdem klären, ob der Kaufpreis wegen anderer Verpflichtungen oder Pläne sofort komplett fließen muss. Vielleicht ist auch eine Stundung des Kaufpreises oder eine Zahlung in Raten möglich — beispielsweise durch Übernahme von regelmäßigen Versorgungsleistungen durch den Käufer — oder auf variabler Basis, beispielsweise abhängig vom Gewinn. Auch wenn der Verkäufer normalerweise die Zahlung des Kaufpreises sofort in einer Summe wünscht, kann es — mangels Alternativen — erforderlich sein, sich mit einer abweichenden Regelung einverstanden zu erklären, wenn der gewünschte Käufer den Kaufpreis nicht anders aufbringen oder finanzieren kann.

#### 1.1.2.4 Mögliche Nachfolger bzw. Käufer

Der Unternehmer muss sich auch darüber klar werden, wer nach seiner Vorstellung das Unternehmen übernehmen und fortführen soll bzw. wer als Käufer nicht infrage kommt. Viele Unternehmer favorisieren die eigenen Nachkommen oder andere Verwandte als Nachfolger. Mitunter sind diese bereits mit im Unternehmen tätig oder befinden sich in entsprechender Ausbildung, beispielsweise einem Studium oder Praktikum, und sind motiviert, eines Tages die Nachfolge des Vaters oder der Mutter anzutreten.

Nicht selten hat der Übergebende »die Rechnung aber ohne den Wirt« gemacht, also seine Vorstellungen in der Vergangenheit nicht oder nicht deutlich genug kommuniziert. Es liegt auf der Hand, dass hier frühzeitig eine Klärung erfolgen muss, damit die jeweiligen Vorstellungen und Erwartungen abgeglichen und falls notwendig angepasst werden können.

Relativ häufig kommt es nämlich vor, dass die eigenen Kinder andere Talente und Neigungen haben oder nicht bereit sind, den mit der Selbstständigkeit in der Regel einhergehenden erheblichen Zeitaufwand zu betreiben.

Wenn eine Nachfolgelösung innerhalb der Familie nicht realisiert werden kann, muss geprüft werden, welche externen Investoren infrage kommen. Typischerweise unterscheidet man hier drei Gruppen:

- Arbeitnehmer, die bereits in verantwortungsvoller Position im Unternehmen tätig sind und über entsprechende Ausbildung und Erfahrung verfügen (die Beteiligung des Managements am Unternehmen wird Management-Buy-out, MBO, genannt).
- Finanzinvestoren, die das Unternehmen entweder längere Zeit behalten und an den Erträgen partizipieren wollen oder das Unternehmen nach einer gewissen Zeit und gegebenenfalls nach Sanierung/Reorganisation mit Gewinn wieder verkaufen wollen.
- Strategische Investoren, d. h. Mitbewerber oder Unternehmen, die in angrenzenden Branchen, anderen regionalen Märkten oder vor- bzw. nachgelagerten Produktionsstufen tätig sind.

Bei der bereits zitierten Befragung des Center of Entrepreneurship aus dem Jahr 2005 gaben 50 % der befragten Unternehmer an, bereits Erfahrung mit dem Kauf von Unternehmen von strategischen Investoren zu haben. 30 % haben Erfahrung mit dem Verkauf an strategische Investoren. Der Verkauf an strategische Investoren kann daher getrost als Standardfall bezeichnet werden, wenn keine Nachfolge innerhalb der Familie erfolgt.[20]

### 1.1.2.5 Folgen für die Erben

Wird zu Lebzeiten Vermögen einzelnen Erben zugewendet, kann dies bei Eintritt des Erbfalls unter Umständen Konsequenzen haben, die der spätere Erblasser so nicht beabsichtigte.[21] Wenn das Unternehmen im Rahmen einer Nachfolge auf einen von mehreren gesetzlichen Erben übertragen werden soll, haben mögliche Pflichtteilsergänzungsansprüche der anderen Erben eine besondere Relevanz. Diese entstehen, wenn das Unternehmen zumindest teilweise unentgeltlich übertragen wird, also unter Wert verkauft oder verschenkt wird. Der Vorteil, den der eine Erbe erhalten hat, wird ausgeglichen, indem dem Erben der Wert der (Teil-)Schenkung hinzugerechnet und von dem höheren Betrag der

20 Hingegen hatten nur circa 10 % der Befragten Erfahrung mit dem Kauf von Finanzinvestoren und knapp 30 % mit dem Verkauf an Finanzinvestoren gemacht. Erfahrungen mit Management-Buy-ins und -Buy-outs sind verglichen damit eher selten. Müller, Christoph/Freiland, Dirk/Tomaselli, Harald. In: Hohenheimer Beiträge zu Entrepreneurshipforschung und -praxis Nr. 12, 2006, S. 58.

21 Siehe auch Koch, Wolfgang. Stuttgart, 2016, S. 17.

Pflichtteil berechnet wird. Die (Teil-)Schenkung wird innerhalb des ersten Jahres vor dem Erbfall in vollem Umfang berücksichtigt und dann jedes Jahr um 10 % reduziert. Zehn Jahre nach einer (Teil-)Schenkung bleibt diese unberücksichtigt.[22] Um derartige Probleme zu vermeiden, ist es sinnvoll, im Vorfeld der Unternehmensübertragung die offene Diskussion mit den anderen Erben zu suchen und, ggf. durch entsprechende Gegenleistungen, auf einen Pflichtteilsverzicht hinzuwirken.

Zu bedenken ist auch, dass Zuwendungen des späteren Erblassers an die Erben unter Umständen auf das Erbe anzurechnen sind.[23] Um Klarheit zu schaffen, sollte der Zuwendende, also der bisherige Inhaber des Unternehmens, in der Vereinbarung mit dem Nachfolger klarstellen, ob die Anrechnung oder die Nichtanrechnung gewollt ist; auch testamentarische Gestaltungen sind möglich.

Wenn im Familienkreis zumindest im Wesentlichen Einigkeit darüber herrscht, wer das Unternehmen übernehmen soll, wie und in welcher Frist die Übergabe organisiert werden soll und ob und wie die anderen Erben abgefunden werden sollen, sollte ein auf Erbrecht spezialisierter Rechtsanwalt hinzugezogen werden.

#### 1.1.2.6 Abstimmung mit dem (Ehe-)Partner

Häufig wird übersehen, dass ein verheirateter oder verpartnerter Unternehmer über sein Unternehmen nur mit Einwilligung seines Ehegatten/Lebenspartners wirksam verfügen kann, wenn es sich bei dem Unternehmen oder der Beteiligung um das im Wesentlichen einzige Vermögen des Paares handelt.[24] Wenn das Unternehmen dennoch ohne Einwilligung verkauft wird, kann dies zur Unwirksamkeit des Unternehmenskaufvertrages führen. Auch aus gegebenenfalls bestehenden Eheverträgen können sich Einschränkungen der Übertragbarkeit ergeben, die im Vorfeld bedacht werden müssen.[25]

#### 1.1.2.7 Abstimmung mit Mitgesellschaftern

Die Übertragung von Anteilen an Gesellschaften richtet sich nach den jeweiligen gesellschaftsrechtlichen Regelungen, also dem Gesellschaftsvertrag, der Satzung[26] und dem für die jeweilige Rechtsform einschlägigen Gesetz. Bei der GmbH sieht die Satzung in aller Regel vor, dass eine Abtretung von Anteilen nur

22 § 2325 BGB.
23 § 2050 BGB – siehe auch § 2316 BGB Abs. 3.
24 § 1360 Abs. 1 BGB ggf. i. V. m. § 6 LPartG.
25 Siehe auch Koch, Wolfgang. Stuttgart 2016, S. 18.
26 So wird der Gesellschaftsvertrag bei Kapitalgesellschaften genannt.

mit Zustimmung der übrigen Gesellschafter oder des Vorstandes zulässig ist.[27] Häufig wird es in diesem Zusammenhang auch satzungsmäßige Regelungen zum Ausscheiden gegen Abfindung oder zur Übertragung innerhalb der Gesellschaft geben, die zu beachten sind.

Bei Personengesellschaften ergibt sich die Pflicht zur Zustimmung aller Gesellschafter bereits aus dem Gesetz (sofern nicht der Gesellschaftsvertrag etwas Abweichendes regelt).[28] Sofern eine hiervon abweichende Übertragung eines Gesellschaftsanteils geplant ist, bleibt also nichts anderes, als zunächst mit den Mitgesellschaftern zu klären, ob und unter welchen Voraussetzungen diese damit einverstanden sind — andernfalls ist eine Übertragung des Anteils nicht möglich.[29]

#### 1.1.2.8 Ziele, die mit der Übertragung verbunden werden

Neben den dargelegten Gründen oder Motiven für den Unternehmensverkauf gibt es in der Regel noch eine Reihe von Zielen, die mit der Übertragung erreicht werden sollen:

- An erster Stelle steht in der Regel, einen möglichst hohen Gewinn aus dem Verkauf zu erzielen, was auch einschließt, dass spätere Kaufpreisnachlässe oder -minderungen vermieden werden sollen.
- Ein weiteres häufiges Ziel ist die Bewahrung der persönlichen Reputation des Verkäufers, was sich beispielsweise durch den Wunsch einer repräsentativen Position im Unternehmen äußert oder dadurch, dass zukünftige Entlassungen oder Standortschließungen verhindert werden sollen.
- Weiterhin können der Wunsch, dass der Verkauf vertraulich behandelt wird, der Verkäufer anonym bleibt oder die Gründe für den Verkauf nicht bekannt werden, den Verkaufsprozess beeinflussen.

Diese und andere Ziele bestimmen in gewisser Weise, wie der Transaktionsprozess abläuft und was in diesem Prozess möglich ist bzw. nicht möglich ist. Dadurch bestimmen sie mittelbar auch den Kaufpreis.[30] Es ist wichtig, sich diese Restriktionen möglichst klarzumachen und etwaigen Dienstleister deutlich mitzuteilen und zu kommunizieren.

27 § 15 Abs. 5 GmbHG, § 68 Abs. 2 AktG, zur Rechtsanwalts-AG siehe auch BGH vom 10. Januar 2005, AnwZ (B) 27/03.
28 Für die Gesellschaft bürgerlichen Rechts § 717 BGB für die Partnerschaftsgesellschaft § 1 Abs. 4 PartGG i. V. m. § 717 BGB.
29 Siehe auch Koch, Wolfgang. Stuttgart 2016, S. 15 f.
30 Siehe hierzu und zu den Zielen im Einzelnen: Schmitz-Valckenberg, Collin. Wiesbaden. 2003, S. 21 ff.

## 1.2 Für den Käufer

**Wesentlicher Grund für den Kauf von Unternehmen ist häufig der Ausbau von Marktanteilen und die Erschließung neuer Märkte. Auch die Ausschaltung eines Mitbewerbers ist ein häufiges Ziel.**

### 1.2.1 Gründe für den Kauf

Für den Käufer eines Unternehmens, Unternehmensteils oder Gesellschaftsanteils geht es – je nach individueller Situation – entweder primär darum, einen Einstieg in die Selbständigkeit oder die Branche zu finden, sich Umsatzpotential hinzuzukaufen oder in einem bestehenden Unternehmen zusammen mit Partnern bessere Marktchancen zu haben. Während der Verkäufer in erster Linie das Motiv hat, eine Abwärtsentwicklung zu verhindern, ist beim Käufer ein aufwärtsgerichtetes Szenario Ausgangspunkt seines Handelns: Seine Lebenssituation soll sich durch die Übernahme eines Unternehmens verbessern.[31] Die Ausgangssituation für potentielle Käufer ist dabei – zumindest verglichen mit verkaufswilligen Unternehmern – insoweit besser, als sie in jedem Fall mehrere Alternativen haben, beispielsweise die Gründung eines eigenen Unternehmens oder die Tätigkeit im Angestelltenverhältnis.

In der bereits genannten Befragung des Center of Entrepreneurship[32] waren der Ausbau von Anteilen in bestehenden Märkten bzw. die Erschließung neuer Märkte mit 42 % bzw. 37 % die Hauptanlässe für Unternehmenskäufe. Etwa 30 % der Unternehmen verbanden mit dem Unternehmenskauf eine Erweiterung des Produktangebots – allerdings nur moderat: in Produkte außerhalb ihres bisherigen Produktbereichs diversifizierten lediglich 9 % von ihnen. Überraschenderweise spielte der Erwerb neuer Technologien oder speziellen Knowhows mit 18 % bzw. 12 % eine eher untergeordnete Rolle. Durchaus interessant ist aber, dass fast jedes vierte befragte Unternehmen angab, dass es mit dem Kauf »lediglich« einen Wettbewerber vom Markt nehmen wollte. Schließlich griffen 19 % der Befragten insbesondere aufgrund des attraktiven Kaufpreises zu, d. h. der Unternehmenskauf war eher opportunistisch als strategisch motiviert.

31 Berning, Detlef/Novak, Andreas, Wiesbaden 2010, S. 59.
32 Müller, Christoph/Freiland, Dirk/Tomaselli, Harald. In: Hohenheimer Beiträge zu Entrepreneurshipforschung und -praxis Nr. 12, 2006, S. 61.

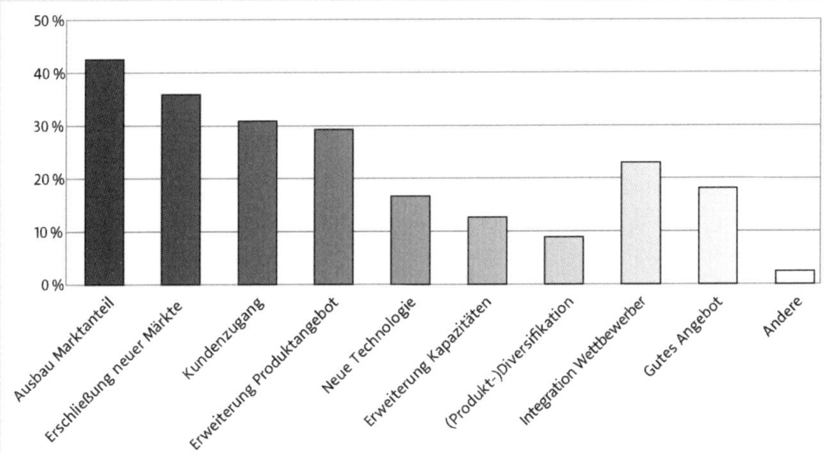


Abb. 3: Gründe für den Unternehmenskauf[33]

## 1.2.2 Vorüberlegungen auf Seiten des Käufers

Während sich für Finanzinvestoren vor allem die Frage nach der Eigenkapitalrendite und dem Ausstiegsszenario stellt, müssen strategische Investoren in erster Linie klären, ob der Erwerb eines Unternehmens überhaupt eine sinnvolle Option ist, welche strategischen Gegebenheiten es mitbringen muss und unter welchen Voraussetzungen eine Finanzierung darstellbar ist.

Gründern, die sich mit dem Kauf eines Unternehmens auseinandersetzen, stellen sich wieder andere Fragen. Neben den allgemeinen Themen, denen sich jeder – angehende – Unternehmer stellen muss [34], sind hier auch speziellere Fragen – wie nach dem Gegenstand des Unternehmens und dem Standort – zu beantworten oder zumindest einzugrenzen, um die Suche nach einem Unternehmen nicht zu einer »unendlichen Geschichte« werden zu lassen.

Hier geht es im Kern darum, wie der Unternehmer sich seine eigene Berufstätigkeit vorstellt und wie er sich selbst sieht. Je nachdem wie die Antworten ausfal-

33 Grafik in Anlehnung an ebd.

34 Die Ratgeberliteratur ist voll mit mehr oder weniger hilfreichen Fragen, beispielsweise »Sind Sie bereit, vor allem in den ersten Jahren überdurchschnittlich viel zu arbeiten (evtl. auch abends und am Wochenende)?« oder »Können Sie ruhig schlafen, auch wenn Sie kein festes Einkommen haben?«. Beide sind der vom Bundesministerium für Wirtschaft und Energie herausgegebenen Broschüre »Unternehmensnachfolge: Die optimale Planung« entnommen. Diese kann kostenlos heruntergeladen werden unter www.existenzgruender.de/SharedDocs/Downloads/DE/Broschueren-Flyer/Unternehmensnachfolge-optimale-Planung.html (abgerufen am 07.05.2017).

len, werden bestimmte Optionen ausscheiden oder doch deutlich weniger verlockend sein.

Sich diese Fragen zu stellen, bedeutet, sich mit seinen Wünschen zu beschäftigen, oder, wie Berning und Novak formulieren: »Wer sich vor Beginn jeglicher nach außen gerichteter Aktivitäten mit sich beschäftigt hat und weiß, was seine Motive sind, sich durch eine Übernahme selbstständig zu machen, dem ist gut geraten, sich diese Einsichten immer wieder vor Augen zu führen.«[35]

Auch die Möglichkeit der Finanzierung muss entsprechend bedacht werden (was sowohl für den Kaufpreis gilt als auch für die Finanzierung während der Anlaufphase). Das hilft, den eigenen Rahmen einzugrenzen.

35 Bezogen auf Freiberufler-Kanzleien, siehe Berning, Detlef/Novak, Andreas. Wiesbaden, 2010, S. 75.

# 2 Arten des Unternehmensverkaufs

**Standardvarianten des Unternehmensverkaufs sind der Asset-Deal, bei dem alle Gegenstände verkauft werden, die das Unternehmen ausmachen, und der Share-Deal, bei dem Gesellschaftsanteile übertragen werden. Beide Varianten sind in der Praxis relativ einfach umzusetzen.**

## 2.1 Asset-Deal

Aus juristischer Sicht ist ein Unternehmen eine Gesamtheit von Sachen und Rechten. Bei einem Asset-Deal erwirbt der Käufer des Unternehmens diese Sachen und Rechte einzeln; das können beispielsweise Markenrechte, Büromöbel, Maschinen, Rohstoffe und Vorräte sein, aber auch bestimmte Verbindlichkeiten. Auch einzelne Schuldverhältnisse wie z. B. Lieferverträge oder Mietverträge können übertragen werden (wenn der Vertragspartner zustimmt).

Das bedeutet, dass bei einem Asset-Deal nur die ausdrücklich mitverkauften Vermögensgegenstände auf den Käufer übergehen. Es gilt das Prinzip der Einzelrechtsnachfolge: jeder Gegenstand muss nach den für diesen geltenden sachenrechtlichen Regeln übereignet werden und jeder Vertrag und jede Verbindlichkeit mit Zustimmung des jeweiligen Vertragspartners bzw. Gläubigers auf den Käufer übergeleitet werden.

Regelmäßig ist daher bezüglich der einzelnen Gegenstände eine Einigung über den Eigentumsübergang und eine Übergabe oder ein Ersatz für die Übergabe erforderlich, beispielsweise die Abtretung des Herausgabeanspruchs oder die Eigentumsumschreibung in öffentlichen Registern.

Praktisch wird diesem sachenrechtlichen Bestimmtheitsgrundsatz dadurch Rechnung getragen, dass dem Kaufvertrag ein Inventarverzeichnis und ein Verzeichnis der sonstigen Vermögensgegenstände beigefügt wird und/oder dem Vertrag ein Plan angehängt wird, auf dem die Örtlichkeiten umrandet sind, an denen sich die zu übertragenden Gegenstände befinden.

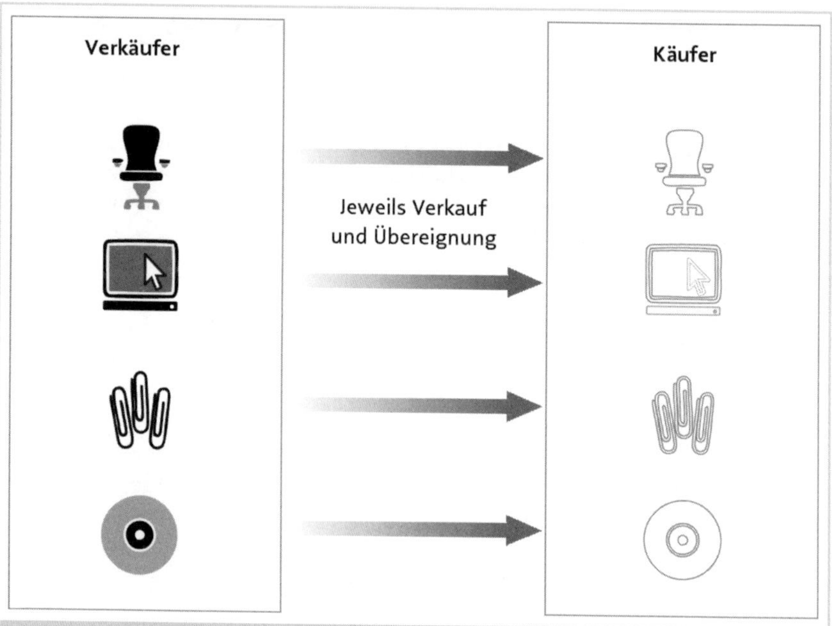


Abb. 4: Schema Asset-Deal

Für den Käufer liegt der Vorteil eines Asset-Deals insbesondere darin, dass der Kaufpreis auf die einzelnen Wirtschaftsgüter verteilt werden kann. Außerdem wird die Steuerbelastung gemindert, denn es entsteht Abschreibungspotential, das zukünftig als Aufwand verbucht werden kann. Weiterhin müssen schlechte bzw. wenig werthaltige Verträge und Verbindlichkeiten nicht übernommen werden, ebenso wie bestimmte Haftungsrisiken.

Es kann aber auch von Nachteil sein, dass bestimmte Lieferanten-, Kunden- und Rahmenverträge oder Genehmigungen dem Käufer nicht automatisch erhalten bleiben. Bei werthaltigen Verträgen ist es daher in jedem Fall sinnvoll, dem jeweiligen Vertragspartner das Interesse an der Fortführung des bestehenden Vertrags mitzuteilen — oder den Vertrag oder den Kaufpreis sogar davon abhängig zu machen, dass bestimmte Verträge übernommen werden.

Typische Anwendungsbereiche für einen Asset-Deal sind: der Verkauf von Einzelunternehmen, die Veräußerung von nicht selbstständigen Betriebsteilen oder von Unternehmen aus der Insolvenz, da hier die Schulden selbstverständlich nicht mit übernommen werden sollen. Oft gründet der Käufer auch ein neues Unternehmen, in der Regel eine UG, GmbH oder GmbH & Co. KG, die dann als Käufer auftritt.

**Beispiel: Asset-Deal**

Harry Späne will aus Altersgründen seine alt eingesessene Tischlerei verkaufen. Mit seinem angestellten Tischlermeister Uwe Nagel wird er sich schnell einig.

Nagel erwirbt sämtliche Maschinen, Werkzeuge, den Fuhrpark und das gesamte Büroinventar. Sämtliche Arbeitsverhältnisse gehen ebenfalls auf Nagel über, und zwar mit den bisherigen Bedingungen und Konditionen. Die Gewerbeimmobilie, in der Harry Späne seine Tischlerei bisher betrieben hat, war angemietet und nach einem Gespräch mit dem Vermieter ist dieser gerne bereit, den Mietvertrag mit Uwe Nagel fortzusetzen.

Harry Späne war spezialisiert auf hochwertige Möbeleinbauten. Er hat langjährige Geschäftsbeziehungen zu mehreren Architekten, für die er Einbauten auf Maß fertigte. Über Rahmenverträge sind die Eckdaten dieser Beauftragungen festgehalten. Da es sich um sehr ertragreiche Verträge handelt und Uwe Nagel daran interessiert ist, diese Kunden auch künftig zu behalten, setzt er sich mit den Vertragspartnern in Verbindung und überzeugt sie, die Zusammenarbeit mit ihm fortzusetzen.

Einen weniger ertragreichen Vertrag mit einem Küchenmöbelhersteller, für den Späne bisher die Küchenmontage ausführte, will Nagel hingegen nicht fortführen. Da Späne den Vertrag ohne Unternehmen nicht erfüllen kann, verhandelt er eine Vertragsauflösung mit dem Küchenhersteller.

Die betrieblichen Schulden von Späne übernimmt Nagel ebenfalls nicht — diese tilgt Späne aus dem Kaufpreis.

Als Existenzgründer konnte Nagel Fördermittel in Anspruch nehmen.

## 2.2 Share-Deal

Bei einem Share-Deal werden nicht die einzelnen Gegenstände des Unternehmens verkauft, sondern das Unternehmen wechselt als Ganzes den Inhaber. Damit gehen als Folge der Anteilsübertragung sämtliche Verträge und Genehmigungen gewissermaßen automatisch auf den Käufer über. Dabei ändern sich nur die Gesellschafter, das erworbene Unternehmen selbst bleibt in seiner Gesamtheit unverändert bestehen.

Anwendungsbeispiele für Share-Deals sind der Erwerb von (nicht überschuldeten) Kapitalgesellschaften oder Kommanditbeteiligungen. Bei einem Einzelunternehmen kommt ein Share-Deal nur in Betracht, wenn dieses zuvor in eine Gesellschaft umgewandelt wird — typischerweise eine GmbH oder UG.

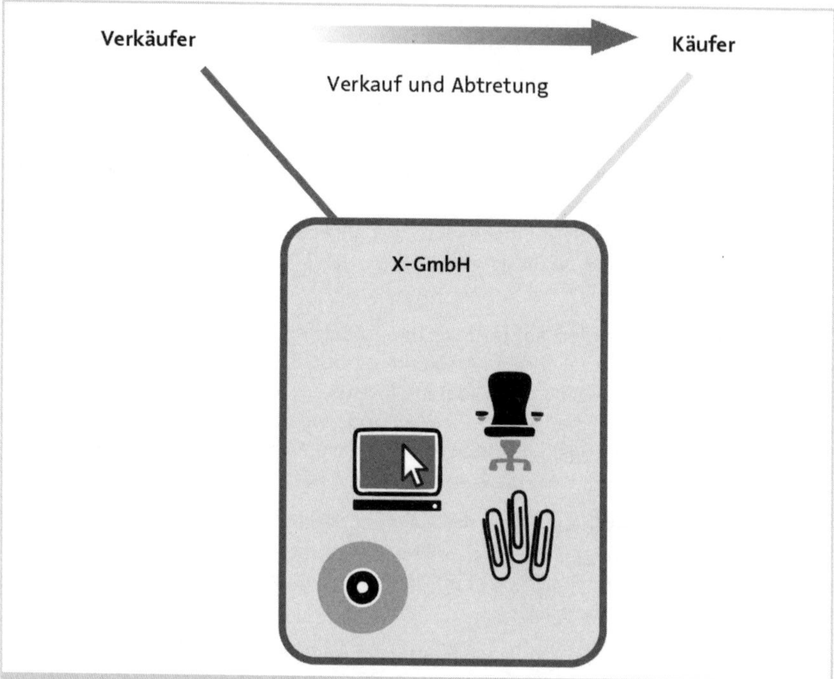


Abb. 5: Schema Share-Deal

Dadurch, dass bei einem Share-Deal nicht sämtliche zu übertragenden Vermögensgegenstände aufgelistet werden müssen, ist der Kaufvertrag relativ übersichtlich. Es sind die für die jeweilige Rechtsform geltenden Formvorschriften maßgebend – beispielsweise können GmbH-Anteile nur in notarieller Form übertragen werden.[36]

**Beispiel: Share-Deal**

Timo Klever will einen zum Verkauf stehenden Betrieb aus der Metallindustrie übernehmen, der als GmbH geführt wird.

40 % seines Umsatzes generiert das Unternehmen aber mit Aufträgen im Bereich von Kernkraftwerken. Für die Tätigkeit in Kernkraftwerken ist eine Zertifizierung durch den Kerntechnischen Ausschuss (KTA) erforderlich, sie zu erlangen kostet Zeit und Geld.

Würde Klever lediglich die Assets des Unternehmens erwerben, müsste er die Zertifizierung neu beantragen. Bis die Zertifizierung durch ist, würden Monate vergehen, in dieser Zeit würden sich die Kunden neu orientieren und ihm verloren gehen.

Timo Klever zieht daher einen Share-Deal in Betracht und erwirbt schließlich sämtliche Gesellschaftsanteile der GmbH. So bleibt dem Unternehmen die Zertifizierung erhalten.

36 § 15 Abs. 3 und 4 GmbHG.

**Achtung** !

**Da das Unternehmen in seiner Gesamtheit unverändert fortbesteht, bleiben sämtliche Verbindlichkeiten bestehen – auch unbekannte. Beim Share-Deal muss also besonders sorgfältig geprüft werden. Gegebenenfalls sollte der Käufer sich auch weitergehende Garantien vom Verkäufer geben lassen (siehe dazu auch Kapitel 15).**

## 2.3 Sonstige Arten des Unternehmenskaufs

Neben den beiden skizzierten Grundmodellen gibt es eine Vielzahl weiterer Gestaltungen und Mischformen, die wir hier nur kurz erwähnen. Statt durch Erwerb einer Beteiligung im Wege eines Share-Deals kann das gleiche prozentuale Beteiligungsergebnis sowohl bei Kapitalgesellschaften als auch bei Personengesellschaften erzielt werden, indem das Kapital der Gesellschaft erhöht wird und der neue Gesellschafter dieses Kapital übernimmt. Achten Sie darauf, ob Sie dabei gesellschaftsrechtliche Bezugsrechte von Altgesellschaftern berücksichtigen müssen.

Möglich ist auch eine Mischung aus Share-Deal und Asset-Deal. Der Käufer erbringt die Kapitalerhöhung zur Gewährung der Anteile (Share-Deal) nicht durch eine Bareinlage, sondern bringt mit einer Sacheinlage ein Unternehmen in die Gesellschaft ein (Asset-Deal).

Auch zulässig, und insbesondere bei kriselnden Unternehmen verbreitet, ist, eine Forderung gegenüber der Gesellschaft als Sacheinlage einzubringen. Hier wird im Ergebnis eine Forderung in eine Beteiligung an dem Unternehmen getauscht – das nennt man »Debt-Equity-Swap«.

Weitere Möglichkeit: Der Unternehmer verkauft Anteile und erhält dafür andere Gesellschaftsanteile. Der Beteiligungstausch ist in unterschiedlichen Varianten möglich. Weit verbreitet ist außerdem: Der Verkäufer legt seine Anteile an der Gesellschaft A in eine Gesellschaft B ein und erhält im Gegenzug Anteile der Gesellschaft B.

Die möglichen Spielarten von Unternehmenszusammenschlüssen und Verschmelzungen sind vielfältig – sie alle können im Ergebnis auch Unternehmenskäufe darstellen. Anders als beim klassischen Unternehmenskauf sind hier alle Parteien gleichzeitig Verkäufer und Käufer.

Eine besondere Form des Unternehmenskaufs stellen sogenannte Management-Buy-outs (MBO) dar, bei denen leitende Mitarbeiter eines Unternehmens dieses erwerben. Allerdings besteht hier eine besondere Situation, die durch einen

Interessenkonflikt des am Kauf des Unternehmens interessierten Managements im Vorfeld der Übertragung geprägt sein kann. Einerseits ist das Management den Interessen des Unternehmens und seiner jetzigen Gesellschafter verpflichtet, andererseits haben die gleichen Personen als potentielle Käufer entgegenstehende, eigene Interessen.

Verglichen damit sind Management-Buy-ins (MBI) unproblematisch: Führungskräfte eines anderen Unternehmens erwerben die zum Verkauf stehende Firma.

Wird der Kauf überwiegend (> 50 %) mithilfe von Fremdkapital finanziert, nennt man das Leveraged-Buy-out (LBO). Dabei tritt der namensgebende Leverage-Effekt ein (zu Deutsch etwa »Hebelwirkung«), was bedeutet: die Eigenkapitalrendite steigt, wenn die Gesamtkapitalrendite größer ist als der für Kredite zu zahlende Zins. Dies funktioniert allerdings nur bei relativ niedrigen Zinsen – steigen sie, schlägt er ins Gegenteil um: die Eigenkapitalrendite sinkt und kann sogar negativ werden. Da auch bei niedriger Rentabilität Zinsen an die Bank zu zahlen sind, kann das dazu führen, dass das Eigenkapital aufgebraucht wird.

Die Finanzierung mit Fremdkapital kann für den Käufer aus einem weiteren Grund interessant sein: Das Vermögen des erworbenen Unternehmens kann als Kreditsicherheit für die Kaufpreisfinanzierung verwendet werden.

Die hier erwähnten sonstigen Arten des Unternehmensverkaufs sind häufig rechtlich und auch steuerlich anspruchsvoller als einfache Asset- bzw. Share-Deals und eignen sich nur sehr begrenzt für »do it yourself«. Nichtdestotrotz: Wer die steuerlich und gesellschaftsrechtlich optimale Lösung finden will, sollte auch um die Ecke denken.

## 2.4 Besonderheit Distressed M&A

Eine Besonderheit stellt der Kauf oder Verkauf eines Unternehmens dar, das sich in einer Krise befindet. Das kann bedeuten, dass ein Insolvenzantrag gestellt wurde oder gestellt werden muss, Kredite gekündigt oder nicht verlängert oder weiteres Eigenkapital nicht zur Verfügung gestellt wurde. Unternehmensverkäufe in einer solchen für das Unternehmen existenzbedrohenden Situation werden in der Regel unter dem Begriff »Distressed M&A« zusammengefasst.[37]

Nach Eintritt der Zahlungsunfähigkeit müssen die Organe von GmbH, AG und Personengesellschaften deren Vollhafter juristische Personen sind, in der Regel

37 M&A steht für mergers and aquisitions, auf Deutsch: Unternehmenszusammenschlüsse und Aufkäufe.

innerhalb von drei Wochen einen eigenen Insolvenzantrag stellen, um sich nicht strafbar zu machen und das eigene Haftungsrisiko zu reduzieren [38]. Auch nach Anordnung eines vorläufigen Insolvenzverfahrens bleibt in der Regel nur ein kurzer Zeitraum innerhalb dessen das Unternehmen fortgeführt und verkauft werden kann.[39]

In solchen Fällen herrscht ein sehr hoher Zeit- und Entscheidungsdruck, das Unternehmen muss sich intensiv um die Beziehungen zu Kunden und Lieferanten kümmern, parallel Verhandlungen mit verschiedenen Beteiligten führen und intern und extern viele Details erklären und kommunizieren. Zudem ist das Unternehmen bzw. dessen Management häufig nicht mehr voll handlungsfähig.[40] Die Unternehmenstransaktionen verlaufen deshalb in vielerlei Hinsicht untypisch.

Der kritischste Punkt ist meist die Zeit, da die finanzielle Situation des Unternehmens in aller Regel derart angespannt ist, dass unklar ist, wie lange es noch seinen laufenden Verpflichtungen (Gehälter, Wareneinkauf etc.) nachkommen kann und ob eine Fortführung überhaupt möglich ist. Da ein Unternehmensverkauf Zeit in Anspruch nimmt, sollte der Transaktionsprozess bestenfalls noch vor Stellung des Insolvenzantrags angestoßen werden. Daneben kommt der Qualität der Steuerung des Verkaufsprozesses eine erhebliche Bedeutung bei: je besser der Verkaufsprozess organisiert ist und je straffer er geführt wird, desto schneller und reibungsloser schreitet er voran.[41]

Aufgrund der vielfältigen, hohen Anforderungen bei einem Distressed M&A-Projekt sollte der Verkäufer einen spezialisierten Transaktionsberater beauftragen, der den Verkaufsprozess steuert und die Verhandlungen führt. Die gesamte Projektverantwortung bleibt aber dennoch bei der Unternehmensleitung bzw. dem Insolvenzverwalter.[42]

---

38 Typische Haftungsfallen sind § 15a InsO (Antragspflicht bei juristischen Personen und Gesellschaften ohne Rechtspersönlichkeit), § 266 StGB (Untreue), § 266a StGB (Vorenthalt und Veruntreuung von Arbeitsentgelt), § 283 ff. StGB (Bankrott), § 370 AO (Steuerhinterziehung), § 823 Abs. 2 BGB (Haftung aus unerlaubter Handlung), § 84 GmbHG (Verletzung der Verlust-Anzeigepflicht), § 43 GmbHG (Haftung der Geschäftsführer), § 64 GmbHG (Haftung für Zahlungen nach Zahlungsunfähigkeit oder Überschuldung), § 34 AO (Pflichten der gesetzlichen Vertreter und der Vermögensverwalter) und § 69 AO (Haftung der Vertreter).

39 Hintergrund ist die Dauer des Insolvenzgeldzeitraums von maximal drei Monaten nach § 165 Abs. 1 SGB III, danach muss der Verwalter das Unternehmen unter voller Kostenlast fortführen, was in vielen Fällen nicht möglich ist.

40 Bauer, Christoph: *Projektmanagement. Erfolgsfaktoren bei Distressed M&A-Projekten*, in: Bauer, Christoph/von Düsterlho, Jens-Eric (Hrsg.): *Distressed Mergers & Acquisitions*. Wiesbaden, 2016, S. 23–35 (24).

41 Ebd., S. 23–35 (25).

42 Ebd., S. 23–35 (31 ff.).

Der Kauf eines Unternehmens in der Krise kann auch für den Käufer sinnvoll sein. Insbesondere der Erwerb vom Insolvenzverwalter nach Eröffnung des Insolvenzverfahrens bietet gute Chancen bei gleichzeitig überschaubaren Risiken. Der Insolvenzverwalter kann auch solche Gegenstände wirksam verkaufen und unbelastet übertragen, an denen Sicherungsrechte bestehen.[43]

Der Erwerb eines Unternehmens aus der Insolvenz ist in mehreren Punkten privilegiert. In der Regel wird der Geschäftsbetrieb auf Basis eines Asset Deals übertragen, das heißt, der Käufer erwirbt nur die Vermögensgegenstände, die Schulden bleiben zurück. Der Käufer haftet auch bei einer Firmenfortführung nicht[44] — ebenso nicht für rückständige Steuern[45], nicht für vor Insolvenzeröffnung entstandene Verbindlichkeiten aus Arbeitsverhältnissen (Gehälter, Sozialversicherungsbeiträge) und auch nicht für vor Insolvenzeröffnung entstandene Betriebsrenten.[46]

Die Alternative des Insolvenzverwalters ist, den Betrieb einzustellen und das Sachanlagevermögen zum Liquidationswert zu veräußern. Dabei wird er bei der Verhandlung des Kaufpreises auch in Betracht ziehen, dass im Fall der Liquidation die Insolvenzmasse in der Regel zusätzlich mit diversen Aufwendungen belastet wird. Ein Grund dafür können die bis zum Wirksamwerden der Kündigung fortbestehenden Arbeitsverhältnisse sein.

Auch die Verhandlung mit dem Insolvenzverwalter ist in aller Regel sachorientiert und unproblematisch, da er mit dem Unternehmen nicht emotional verbunden ist. Allerdings wird er meist nicht bereit sein, Garantieren zu übernehmen. Weiterhin wird er die Gewährleistung für die verkauften Gegenstände im größtmöglichen Umfang ausschließen wollen.[47]

43 § 166 ff. InsO.

44 Allg. Begründung zum Regierungsentwurf einer Insolvenzordnung, BT-Drs. 12/2443.

45 § 75 Abs. 2 InsO.

46 Siehe Thiele, Frank in: Wimmer, Klaus/Dauernheim, Jörg/Wagner, Martin/Gietl, Josef (Hrsg.): *Handbuch des Fachanwalts Insolvenzrecht*. München, 2015, Kapitel 14, Rn. 66 ff. Siehe auch: Bauer, Joachim (Hrsg.): *Die GmbH in der Krise*. Bonn, 2013, Rn. 1965 ff.

47 Gut verständlich zu dem gesamten Ablauf: Ehlers, Harald: Abschnitt: *M. Sanierungsarbeit im Insolvenzbüro* und Boddenberg, Mark/Ringstmeier, Andreas: *Abschnitt: G. Verwaltung und Verwertung der Insolvenzmasse*. In: Schmidt, Thomas/Haarmeyer, Hans/Albrecht, Achim (Hrsg.): Praxis und Ausbildung im Insolvenzbüro. Köln, 2010.

Lediglich der Vollständigkeit halber soll erwähnt werden, dass es auch im Insolvenzverfahren weitere Möglichkeiten des Unternehmenserwerbs gibt, namentlich im Rahmen eines Insolvenzplans.[48]

## 2.5 Alternativen zum Unternehmenskauf

Wenn das Ziel einer Transaktion beispielsweise ist, sich dauerhaft Knowhow, Mitarbeiter oder Zugang zu bestimmten Kunden zu sichern, können statt eines Unternehmenskaufs unter Umständen auch lockerere Kooperationsformen in Betracht kommen. Hier lässt sich ein ähnliches Ziel oft auch mit einem Joint Venture oder einer Arbeitsgemeinschaft (ARGE) erreichen; bei beiden Formen der Kooperation handelt es sich rechtlich um Gesellschaften bürgerlichen Rechts. Eine weitere Alternative zum Unternehmenskauf ist die (Ver-)Pachtung des gesamten Betriebs.

Nicht selten besteht auch bei Käufer oder Verkäufer das Bedürfnis nach einem »verdeckten« Unternehmenskauf. Hier kommt beispielsweise eine stille Beteiligung am Unternehmen in Betracht, die Unterbeteiligung (also eine Beteiligung an der Beteiligung) an der Gesellschaftsbeteiligung des Verkäufers, ein Treuhandvertrag mit dem Verkäufer oder ein (länger laufendes) Übertragungsangebot des Verkäufers[49]. Wenn ein Unternehmenskauf nicht realisiert werden kann oder nicht gewollt ist, lohnt es sich, mögliche Alternativen in Betracht zu ziehen.

48 Siehe dazu Bauer, Joachim (Hrsg.): *Die GmbH in der Krise*. Bonn, 2013, Abschnitte XIII, IX und X. Durch seinen Beschluss vom 28.11.2016, GrS1/17, hat der Große Senats des BFH den Sanierungserlass des BMF gekippt; bis dieser auf eine gesetzliche Grundlage gestellt ist, bleibt als rechtlich sichere und planbare Lösung nahezu nur ein Asset-Deal. Hierzu liegt derzeit (Stand 07.05.2017) der Entwurf eines Gesetzes gegen schädliche Steuerpraktiken im Zusammenhang mit Rechteüberlassungen vor (Drucksachen 18/11233, 18/11531, 18/11683 Nr. 8, 18/12128) sowie ein Schreiben des Bundesfinanzministeriums vom 27.04.2017, IV C 6 - S 2140/13/10003.

49 Siehe dazu auch das Skript von Weigl, Gerald: *Unternehmenskauf — Unternehmensverkauf*, Stand 31.12.2016, das von der Internetseite der Landesnotarkammer Bayern, der Notarkasse und des Bayerischen Notarvereins heruntergeladen werden kann unter www.notare.bayern.de/fileadmin/files/notarhomepages/Weigl_Grob/unternehmenskauf.pdf (abgerufen am 07.05.2017).

# 3 Der Verkaufsprozess im Überblick

**Während des Verkaufsprozesses ist mit vielen »Störfaktoren« zu rechnen – umso wichtiger ist ein straffes, zielgerichtetes Projektmanagement.**

Jedes Unternehmen, jeder Verkäufer und jeder Käufer hat seine Eigenheiten und so verläuft auch jede Unternehmensübertragung und -beteiligung anders. Der Verkauf eines größeren Unternehmens mit vielen Haftungsrisiken und möglicherweise komplizierten Verträgen und Patenten im Wege eines Share-Deals läuft anders ab, als der Verkauf eines kleineren Handwerksunternehmens im Rahmen eines Asset-Deals.

Meist werden, von der Entscheidungsfindung bis hin zum Abschluss der Übertragung des Unternehmens, folgende Phasen durchschritten, die je nach Unternehmen mehr oder weniger umfangreich sind:

1. Nachdem die Entscheidung getroffen ist, das Unternehmen zu übertragen, folgt eine Phase der Vorüberlegungen. Jetzt wird sich der Unternehmer Gedanken machen zu seinen Motiven und Zielen und er wird die Rahmenbedingungen für den Verkauf klären (siehe Kapitel 1). In dieser Phase entscheidet sich auch, ob und welche Berater in den Prozess einbezogen werden (siehe hierzu auch das folgende Kapitel 4).
2. Es folgt die Dokumentations-Phase. Der Verkäufer stellt die erforderlichen Informationen zusammen und verfasst ein sogenanntes Exposé über das Unternehmen, auch Verkaufsmemorandum genannt (siehe Kapitel 5.4). In aller Regel erstellt der Verkäufer auch eine eigene Unternehmensbewertung (Kapitel 10).
3. Darauf folgt die eigentliche Suchphase, in der potentielle Interessenten identifiziert und direkt angesprochen werden (Kapitel 6), sie endet in der Regel mit dem Abschluss von Vertraulichkeitsvereinbarungen (NDA). Diese Vertraulichkeitsvereinbarungen bilden die Grundlage und sind Voraussetzung für sämtliche weiteren Gespräche und Verhandlungen.
4. Nach Abschluss der Vertraulichkeitsvereinbarung prüft und analysiert der Käufer das Unternehmen kritisch – die sogenannte Due Diligence (Kapitel 10). Während dieser Phase schließen Verkäufer und Käufer manchmal eine weiterreichende Absichtserklärung, den sogenannten Letter of Intent (LOI).
5. Ist die Prüfung durch den Interessenten positiv verlaufen, verhandeln die Parteien anschließend und werden sich im besten Fall handelseinig (Kapitel 11).
6. Darauf folgt die eigentliche Übertragung. Je nachdem, was zwischen den Parteien vereinbart wurde, kann es einige Monate oder sogar länger dauern, bis die Übergabe endgültig abgeschlossen ist (Kapitel 12).

Grafisch wird dieser Prozess meist wie folgt dargestellt:

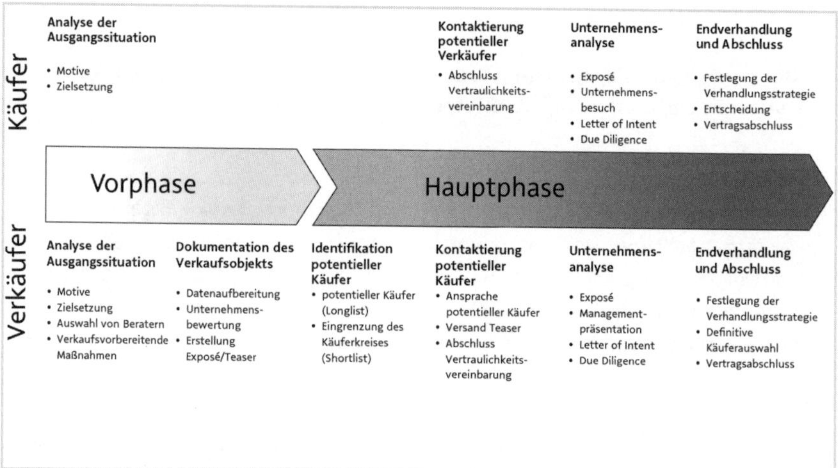


Abb. 6: Ablauf des Transaktionsprozesses

In der Praxis läuft dieser Prozess zumeist deutlich unstrukturierter ab als hier beschrieben und grafisch dargestellt. Es kommt meist zu zahlreichen Schleifen und überraschenden Wendungen: Neue Fragen treten auf, Kaufinteressenten kommen hinzu oder ziehen sich zurück, es ergeben sich Finanzierungsschwierigkeiten auf Seiten des Käufrs oder Ähnliches. Daher ist ein effizientes Projektmanagement erforderlich, das die Fäden in der Hand behält und verhindert, dass der Prozess sich unnötig in die Länge zieht oder versandet.

# 4 Einschaltung von Beratern

**Holen Sie geeignete Berater möglichst frühzeitig mit ins Boot, das ist nicht nur sinnvoll, sondern sorgt auch für eine optimale Durchführung des Verkaufsprozesses und ist zudem billiger, als die Berater erst einzukaufen, wenn es Probleme gibt.**

**Spezialisierte Anwälte/Steuerberater sind in der Regel ein Muss. Daneben sorgen spezielle Transaktionsberater für einen reibungslosen Verkaufsprozess und beeinflussen damit indirekt auch den zu erzielenden Kaufpreis positiv.**

Unternehmenstransaktionen sind keine Zauberei. Gleichwohl stellt sich früher oder später die Frage, ob Berater beauftragt werden sollen bzw. müssen.

Oft macht der Unternehmer die Entscheidung für oder gegen eine Transaktion zunächst einmal mit sich selbst aus und zieht erst danach und im Laufe des Prozesses Dienstleister hinzu.[50] Dabei unterschätzen viele Unternehmer am Anfang die fachlichen und vor allem organisatorischen Anforderungen des Transaktionsprozesses.

Vor diesem Hintergrund verwundert es nicht, dass nach der bereits zitierten Studie des Center of Entrepreneurship 84 % der Unternehmer, die bereits Erfahrung mit Unternehmenskäufen oder -verkäufen gesammelt hatten, angeben, ein externer Berater sei zur Koordination der verschiedenen Dienstleister und des Transaktionsprozesses notwendig. Als Hauptgründe nannten die Befragten die hohe Komplexität des Projektmanagements sowie das erforderliche Spezialwissen insbesondere in den Bereichen Transaktionskonzept, Recht und Steuern. Ein weiterer Grund war für fast 55 % der Befragten die neben dem Tagesgeschäft überdurchschnittlich hohe zeitliche und emotionale Belastung durch die Transaktion. Obwohl über 80 % der befragten Unternehmer angaben, mit einem externen Berater zusammenzuarbeiten, waren viele mit ihnen unzufrieden; sie bemängelten unzureichendes Wissen und die schlechte Koordination der im Prozess involvierten Dienstleister.[51]

Aber auch wenn ein Projektmanager engagiert wird: die Verantwortung kann der Unternehmer nicht komplett an ihn abgeben. Von allen am Verkaufsprozess Beteiligten kennt der Unternehmer sein Unternehmen und dessen Besonderheiten und vor allem seine eigenen Ziele am besten. Deshalb ist es wichtig, dass er

50 Müller, Christoph/Freiland, Dirk/Tomaselli, Harald. In: Hohenheimer Beiträge zu Entrepreneurshipforschung und -praxis Nr. 12, 2006, S. 84.
51 Alle Angaben in diesem Abschnitt aus: Müller, Christoph/Freiland, Dirk/Tomaselli, Harald. In: Hohenheimer Beiträge zu Entrepreneurshipforschung und -praxis, Nr. 12, 2006, S. 75 ff.

trotz eingeschalteter Berater, den Prozess aktiv mitgestaltet, Fragen stellt, Hinweise gibt und so dafür sorgt, dass die Übertragung in seinem Sinne durchgeführt wird. Wichtig ist auch, dass weder Käufer noch Verkäufer sich die eigene Souveränität und Handlungssicherheit nehmen lassen.[52]

## 4.1 Welcher Berater wofür?

Folgende Fachberater kommen im Hinblick auf den Kauf oder Verkauf eines Unternehmens neben den Betriebsberatern der Kammern, auf die hier nicht weiter eingegangen wird, in Betracht:

- spezialisierte Transaktionsberater
- Wirtschaftsprüfer
- Steuerberater
- Rechtsanwälte[53]

Folgende Grafik zeigt Ihnen, welche Transaktionsberater typischerweise mit welchen Teilleistungen beauftragt werden.[54]

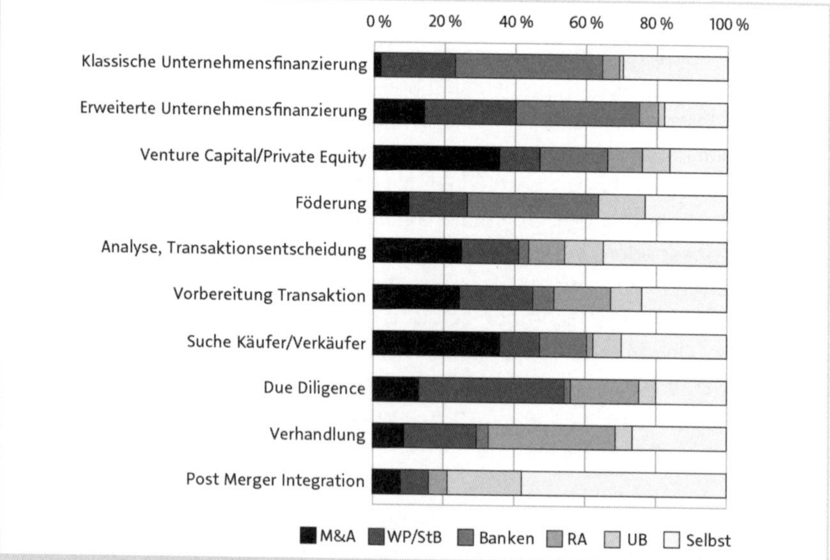


Abb. 7: Dienstleister im Projekt

52 Siehe hierzu Berning, Detlef/Novak, Andreas. Wiesbaden, 2010, S. 23, 27. Siehe auch Koch, Wolfgang. Stuttgart, 2016, S. 44 ff.

53 Eine differenzierte Darstellung zu den Beraterprofilen innerhalb des M&A Prozesses findet sich bei Schmitz-Valckenberg, Collin. Wiesbaden, 2003, S. 26 ff.

54 Grafik in Anlehnung an Müller, Christoph/Freiland, Dirk/Tomaselli, Harald. In: Hohenheimer Beiträge zu Entrepreneurshipforschung und -praxis, Nr. 12, 2006, S. 78.

## 4.2 Transaktionsberater

Transaktionsberater sind auf den Kauf und den Verkauf von Unternehmen spezialisierte Unternehmensberater; sie werden auch M&A-Berater genannt. Diese werden meist mit der Suche nach Käufern/Verkäufern und der Vorbereitung der Transaktion beauftragt.

Argumente, die für den Einsatz eines Transaktionsberaters sprechen, sind: er bringt einen umfassenden professionellen Blick von außen mit, ohne von der Situation persönlich oder emotional belastet zu sein; er verfügt über spezielles Fachwissen und kann aufgrund seiner Erfahrungen den Markt einschätzen und strategische Ratschläge geben. Außerdem kann der Transaktionsberater sein Netzwerk nutzen, um die relevanten Interessenten direkt und vertraulich anzusprechen.

Der Einsatz eines Transaktionsberaters führt zudem zu einer erheblichen zeitlichen und emotionalen Entlastung des Unternehmers, schließlich muss er jetzt neben dem Tagesgeschäft nicht auch noch den Such- und Übergabeprozess bewältigen.

Gute Berater sorgen gemeinsam mit den Parteien für einen optimalen Verkaufsprozess, achten darauf, dass die relevanten Fragen gestellt und beantwortet werden und sind Sparringspartner für die Beteiligten. Einen nicht zu unterschätzenden Vorteil haben Sie durch die Einschaltung spezialisierter Transaktionsberater auch deshalb, weil sie die Kommunikation zwischen den Parteien unterstützen und helfen, die wechselseitigen Erwartungen abzugleichen (siehe hierzu auch (Kapitel 11). Schließlich — und das ist der entscheidende Punkt — führt der Einsatz von Transaktionsberatern im Ergebnis regelmäßig auch zu einem höheren Verkaufspreis.[55]

---

55 In seiner methodisch aufwendigen Studie (Doktorarbeit) konnte Schmitz-Valckenberg statistisch valide einen deutlichen Wertbeitrag der M&A-Berater nachweisen — der Kaufpreis lag, gemessen am EBIT, rund 24 % höher als ohne Berater. Er stellt fest, dass »die Begleitung des Verkaufsprozesses durch einen professionellen M&A-Berater der Maximierung des Verkaufspreises dient«. Schmitz-Valckenberg, Collin. Wiesbaden, 2003, S. 137 ff., 205, 209.

Transaktionsberater erhalten typischerweise eine erfolgsabhängige Vergütung, die nur entsteht, wenn es zum Verkauf des Unternehmens kommt. Meist werden rund 3 % bis 5 % des Transaktionsvolumens fällig, wobei die Spannbreite zwischen 1 % und 10 % liegt und auch darüber hinaus gehen kann.[56] Als Faustregel gilt: Je höher der Kaufpreis, desto geringer der prozentuale Anteil der Erfolgsvergütung.

Meistens verlangen Transaktionsberater neben dem erfolgsabhängigen Honorar eine einmalige und/oder monatliche Pauschale, die die laufende Beratung und Betreuung bei der Durchführung des Verkaufsprozesses abdeckt. Dieses Festhonorar liegt in den meisten Fällen zwischen insgesamt 10.000 EUR und 30.000 EUR. Auch dieses Honorar ist in hohem Maße abhängig von dem erwarteten Transaktionsvolumen.[57] Es lässt sich nachweisen, dass der erzielte Verkaufspreis höher ist, wenn dem Transaktionsberater zusätzlich ein Fixhonorar gezahlt wird.[58] Die Beauftragung eines Transaktionsberaters ist demnach sinnvoll, um ein optimales Verkaufsergebnis zu erzielen.[59]

In der Vergangenheit haben allerdings einzelne schwarze Schafe die Branche der Transaktionsberater in Verruf gebracht. Diese verschickten Massenanschreiben an verschiedene Unternehmen, in denen sie suggerierten, es gebe bereits einen Käufer. Anschließend drängten sie sie aggressiv zum Abschluss teurer aber wertloser Verträge.[60] Damit Sie solche Reinfälle vermeiden können, haben wir Ihnen in Kapitel 4.5 aufgelistet, worauf Sie bei der Auswahl seriöser Berater achten sollten.

---

56 Rund 20 % der M&A-Berater verlangen ein erfolgsorientiertes Honorar zwischen 1 % und 3 % des Transaktionsvolumens, rund 55 % der Dienstleister zwischen 4 % und 6 % und rund 25 % zwischen 7 % und 10 % – vgl. Müller, Christoph/Freiland, Dirk/Tomaselli, Harald. In: Hohenheimer Beiträge zu Entrepreneurshipforschung und -praxis Nr. 12, 2006, S. 119. Schmitz-Valckenberg kommt bei %-Sätzen zwischen 1 % und 10 % auf einen »Mittelwert« von 3 %. Schmitz-Valckenberg, Ebd., S. 168

57 Etwa 80 % der M&A-Berater verlangen zusätzlich ein Fixhonorar. Dabei verlangen etwa 65 % der M&A-Berater ein Festhonorar zwischen 10.000,00 EUR und 30.000,00 EUR, 20 % zwischen 40.000,00 EUR und 60.000,00 EUR und 15 % zwischen 70.000,00 EUR und 100.000,00 EUR. Vgl. Müller, Christoph/Freiland, Dirk/Tomaselli, Harald. In: Hohenheimer Beiträge zu Entrepreneurshipforschung und -praxis Nr. 12, 2006, S. 119.

58 Schmitz-Valckenberg, Collin. Wiesbaden, 2003, S. 168. Gemessen am EBIT.

59 So Schmitz-Valckenberg, Collin. Ebd., S 205: »Eine sehr signifikante und leicht umsetzbare Schlussfolgerung ergibt sich im Bereich der Mandatierung von M&A-Beratern. Es kann auf Grundlage der vorliegenden Stichprobe von einem starken Einfluss des M&A-Beraters auf die Prozessgestaltung und damit indirekt auf den Kaufpreis ausgegangen werden. Der Verkäufer sollte daher einen professionellen M&A-Berater beauftragen. [...] Bei der Mandatierung sollte der Verkäufer bereit sein, mit dem M&A-Berater ein Fixhonorar zu vereinbaren, da bei den Beratern mit rein variabler, erfolgsabhängiger Bezahlung offensichtlich eine adverse Selektion vorliegt.«

60 Siehe hierzu Hetzer, Jonas: *Hier kommt Udo*. In: impulse-Ausgabe 01/2012.

Aus unserer Sicht ist die Beauftragung eines Transaktionsberaters insbesondere sinnvoll:

- ab einer Unternehmensgröße von etwa 10 Mitarbeitern
- bei komplizierten Verhältnissen im Gesellschafter- oder Familienkreis
- bei einem schwierigen Marktumfeld
- wenn Interessenten vertraulich angesprochen werden sollen

## 4.3 Wirtschaftsprüfer, Steuerberater, Rechtsanwälte

Welche Leistungen Wirtschaftsprüfer, Steuerberater und Rechtsanwälte im Allgemeinen anbieten, ist bekannt. Was sind nun ihre Aufgaben bei Unternehmensverkäufen?

Rechtsanwälte werden typischerweise bei der Verhandlung und der rechtlichen Prüfung eingeschaltet, während Wirtschaftsprüfer und Steuerberater für die entsprechenden steuerlichen Fragen und gegebenenfalls die Bewertung des Unternehmens zuständig sind.[61] Allerdings verfügen nicht alle Wirtschaftsprüfer, Steuerberater und Rechtsanwälte über ausreichende Erfahrungen in den hier relevanten Bereichen. Es kann daher sinnvoll sein, auf entsprechend spezialisierte Berater zurückzugreifen, statt die Beratung und Begleitung der Verhandlungen bei einen Unternehmensverkauf nur aus Gründen der persönlichen Bekanntheit in die Hände des eigenen Steuerberaters oder des Haus-und-Hof-Anwalts zu geben. Erfahrungsgemäß sind diese froh, von einschlägig spezialisierten Kollegen unterstützt zu werden, reduziert dies doch ihr eigenes Risiko einer Falschberatung.

Den Rahmen für die Vergütung bilden die jeweiligen Vergütungsordnungen, also das Rechtsanwaltsvergütungsgesetz, die Steuerberatervergütungsverordnung und die Wirtschaftsprüferordnung.[62] Für die im Zusammenhang mit dem Unternehmenskauf bzw. -verkauf relevanten Leistungen sind Honorare auf Stundenbasis üblich, also anders, als Sie es von sonstigen Aufgaben der Rechtsberater, Steuerberater und Wirtschaftsprüfer kennen.

Die Stundensätze von Wirtschaftsprüfungskanzleien reichen von etwa 120,00 EUR bis 165,00 EUR [63] und bei Steuerberaterkanzleien von 60,00 EUR bis 120,00 EUR.[64] Allerdings variieren die Stundensätze zwischen unterschiedlichen

61 Müller, Christoph/Freiland, Dirk/Tomaselli, Harald. In: Hohenheimer Beiträge zu Entrepreneurshipforschung und -praxis Nr. 12, 2006, S. 77, 82.

62 RVG, StBVV und WPO.

63 Honorarumfrage der Wirtschaftsprüferkammer für 2015: www.wpk.de/mitglieder/praxishinweise/honorarumfrage-der-wpk (abgerufen am 07.05.2017)

64 Institut für Freie Berufe (IFB) an der Friedrich-Alexander-Universität, STAX 2012, Statistisches Berichtssystem für Steuerberater, 2013.

Kanzleien erheblich. Weiterhin geht aus den vorliegenden Zahlen nicht hervor, ob es sich um Stundensätze von Kanzleiinhabern, angestellten Berufsträgern oder Fachangestellten bzw. Prüfungsassistenten handelt.

Die Stundensätze der Top-Anwaltskanzleien im Bereich M&A lagen im Jahr 2016 bei 336,00 EUR für die Partner und 265,00 EUR für die angestellten Anwälte.[65] Wer eine regionale Kanzlei beauftragt, zahlt hingegen pro Stunde meist deutlich weniger, das ergab eine weitere im Jahr 2006 durchgeführte Umfrage. Über alle Anwälte hinweg und egal, ob spezialisiert oder nicht, lag der durchschnittliche Stundensatz im Jahr 2006 bei rund 180,00 EUR.[66] Derzeit liegen die durchschnittlichen festen Stundensätze bei 234,00 EUR.[67] In die Stundensätze sind im Regelfall auch die Tätigkeiten nicht anwaltlicher Mitarbeiter eingepreist, da diese – anders als bei Wirtschaftsprüfern und Steuerberatern – nicht gesondert abgerechnet werden.

Wenn Stundensatzvereinbarungen geschlossen werden, sollten Sie als Mandant versuchen, eine Kappungsgrenze (Preisobergrenze) zu vereinbaren. Viele Berater sind auch mit Pauschalhonoraren einverstanden. Erfolgshonorare sind hingegen zumindest bei Rechtsanwälten nur eingeschränkt zulässig.[68]

## 4.4 Sonstige Berater

Als weitere Berater kommen in der Phase der Due Diligence beispielsweise technische Sachverständige oder IT-Berater in Betracht zur Beurteilung und Bewertung von Umweltrisiken, Verfahren oder Anlagen. Wenn Grundbesitz zum Vermögen gehört, kann auch die Einschaltung eines Immobiliensachverständigen angezeigt sein. Im Hinblick auf Finanzierungen und Fördermittel sind Banken oder spezielle Fördermittelberater hilfreich.

Neben den eher faktenorientierten Beratern kann auch der Einsatz von Coaches sinnvoll sein, die sich um den Menschen an sich und allgemeine Fragen zu Führung, Kommunikation und Zusammenarbeit[69] kümmern. Beispielsweise helfen sie beim Lösen von persönlichen Blockaden.

---

65 Siehe unter: www.juve.de/rechtsmarkt/stundensaetze (abgerufen am 07.05.2017)

66 Soldan Institut für Anwaltmanagement e. V.: Der Preis der Zeit. Stundensätze deutscher Rechtsanwälte, In: Anwaltsblatt (AnwBl), 2006, S. 473–476.

67 Vortrag Prof. Matthias Kilian, Deutscher Anwaltstag, 29.05.2017.

68 Vgl. § 4a RVG.

69 Siehe unter: https://de.wikipedia.org/wiki/Coaching

Auch nach dem Abschluss des Vertrags kann ein Coaching sinnvoll sein, wenn Verkäufer und Käufer noch eine Phase der gemeinsamen Zusammenarbeit vereinbart haben und dabei Schwierigkeiten auftreten.[70]

## 4.5 Auswahl geeigneter Berater

Wenn der Käufer des Unternehmens feststeht und Einigkeit zumindest über die wesentlichen Punkte herrscht, genügen in der Regel ein spezialisierter Rechtsanwalt und ein Steuerberater. Wenn es sich aber um ein größeres Unternehmen handelt oder erst ein Käufer gesucht werden muss, empfiehlt sich – wie bereits geschildert – der Einsatz eines Transaktionsberaters.

In der Studie des Center of Entrepreneurship gaben fast alle befragten Unternehmen an, dass bei der Auswahl von Beratern »Verständnis für die Unternehmenssituation« und »Transaktionserfahrung« besonders wichtig seien. Bekanntheit, Renommee, räumliche Nähe und Netzwerk fanden hingegen nur 10 % bis 30 % der Unternehmen relevant.[71] Häufig empfanden die Unternehmer es als schwierig, die richtigen Dienstleister für ihre Belange zu finden. Zudem befürchteten viele der Befragten, sie könnten auf unseriöse und inkompetente Berater treffen.[72]

Diese Besorgnis erscheint nicht ganz abwegig, selbst dann nicht, wenn man die schwarzen Schafe mit ihren Massenmailings einmal außen vor lässt. Viele in diesem Bereich tätige Dienstleister verfügen über erstaunlich geringe Kenntnisse und lediglich sehr geringe Erfahrung bei der Umsetzung von Transaktion – dies gilt selbst für Wirtschaftsprüfer und Steuerberater und zu weiten Teilen auch für Rechtsanwälte.[73] Zertifikate und ISO-Zertifizierungen sind bei Unternehmenstransaktionen nicht relevant. Das Geschäft ist zu individuell und kaum standardisierbar, sodass prozessorientierte Zertifikate nichts aussagen, sondern es letztlich nur auf die fachliche Qualität der Berater ankommt.[74]

In jedem Fall sollte der Auftraggeber sich vergewissern, dass die Interessen seiner Berater seinen eigenen Interessen entsprechen. Etwaige Interessenkonflikte

---

70 Unter der Vielzahl der Coaching-Tools haben sich in diesen Situation nach Ansicht von Berning/Novak besonders Lebens- und Karrierecharts und die Arbeit mit dem inneren Team nach Schulz von Thun bewährt. Sie halten 2 bis 4 Sitzungen von ca. 2,5 Stunden in der Regel für ausreichend: Berning, Detlef/Novak, Andreas. Wiesbaden, 2010, S. 35 ff.

71 Müller, Christoph/Freiland, Dirk/Tomaselli, Harald. In: Hohenheimer Beiträge zu Entrepreneurshipforschung und –praxis, Nr. 12, 2006, S. 77, 82.

72 Ebd., S. 91.

73 Ebd., S. 59 f.

74 Siehe hierzu auch Hetzer, Jonas: *Hier kommt Udo*. In: impulse-Ausgabe 01/2012.

können aus der Honorarstruktur, dem Interesse an Anschlussaufträgen oder den sonstigen Tätigkeiten der Berater resultieren.[75] Auf diese Punkte ist hier besonders zu achten.

| **Checkliste für die Auswahl des Beraters** | |
|---|---|
| Hat der Berater nennenswerte Erfahrung in dem Bereich, in welchem er für Sie tätig sein soll und kann er Referenzen nennen? | ❑ |
| Verfügt der Berater auch über theoretische Kenntnisse, beispielsweise nachgewiesen durch entsprechende Veröffentlichungen? | ❑ |
| Kann der Berater Vertraulichkeit garantieren? Fragen Sie diesbezüglich nach seiner speziellen Vorgehensweise, beispielsweise auch nach dem Einsatz elektronischer Datenräume. | ❑ |
| Nimmt der Berater sich in einem Erstgespräch Zeit und weist auch auf mögliche Risiken oder Schwierigkeiten hin? | ❑ |
| Zeigt Ihnen der Berater transparent, welche Kosten im Falle einer Zusammenarbeit entstehen? Ist das Vergütungsmodell nachvollziehbar? | ❑ |
| Überlässt der Berater Ihnen im Vorfeld einen Entwurf der zu schließenden Vereinbarungen? | ❑ |
| Deckt sich die Anreizwirkung der Vergütung mit den Zielen des Auftraggebers? (Wenn der Berater nach Stunde bezahlt wird, hat er einen Anreiz, viele Stunden zu arbeiten. Wird er nur in Abhängigkeit vom Verkaufspreis bezahlt, hat er einen Anreiz, dass dieser möglichst hoch wird. Hat er daneben eine monatliche Pauschale vereinbart, gibt es unter Umständen einen Anreiz, den Prozess gegebenenfalls in die Länge zu ziehen – andererseits aber auch, sich intensiv zu kümmern). | ❑ |
| Besondere Vorsicht ist geboten, wenn die Beratungsfirma Sie mit einem Massenanschreiben kontaktiert hat, wenn Ihr Gesprächspartner nicht der spätere Berater ist und wenn man Sie, »noch heute« zu einer Entscheidung drängt! | ❑ |

75 Schmitz-Valckenberg, Collin. Wiesbaden, 2003, S. 31. Siehe auch Dobelli, Rolf: *Die Kunst des klaren Denkens*. München, 2011, S. 69 ff., 229.

# 5 Verkaufsvorbereitende Maßnahmen

Gute Vorbereitung zahlt sich (mindestens) doppelt aus. Zum einen verbessern eine gute Dokumentation und ausführliche Planung den Transaktionsprozess, da die relevanten Dokumente auf Abruf bereit stehen, Antworten auf die zu erwartenden Fragen vorbereitet werden können und der gesamte Prozess besser gelenkt werden kann. Zum anderen können im Vorfeld Schritte unternommen werden, um das Unternehmen für den Käufer wirtschaftlich interessanter zu machen. Beides erhöht den Kaufpreis.

Wesentliche Hebel hierfür sind bilanzielle Maßnahmen, wie der vorbereitende Verkauf nicht betriebsnotwendigen Vermögens und eine möglichst große Unabhängigkeit des Unternehmens vom Verkäufer.

Das Ergebnis dieser Maßnahmen wird in einem aussagefähigen Exposé festgehalten. Sowohl der Inhalt als auch die Gestaltung des Exposés sind maßgeblich mit entscheidend für den Verkauf. Die Bedeutung des Exposés kann kaum überschätzt werden.

## 5.1 Analyse des eigenen Unternehmens

Während der Vorbereitungsphase sollte der Verkäufer das eigene Unternehmen sorgfältig und mit dem Blick eines fiktiven Kaufinteressenten analysieren. Diese Prüfung durch den Verkäufer – im Jargon der M&A-Branche Vendor's Due Diligence genannt – dient dazu, die Stärken und Chancen des Unternehmens herauszuarbeiten. Sie liefert auch die Grundlage, um etwaige Schwächen im Vorfeld zu beseitigen. Um sich möglichst gut in den fiktiven Käufer hineinversetzen zu können, sollte der Unternehmer dieselbe Prüfung vornehmen, die auch der Käufer vornehmen wird. Sie finden sie in Kapitel 10 ausgeführt und weiterhin in der Anlage A. und B. als Checklisten.

Diese Vorprüfung ist auch sinnvoll, um den weiteren Prüfungsprozess zu beschleunigen. Zwar wird der potentielle Käufer in den allermeisten Fällen eine eigene Prüfung des Unternehmens durchführen, aber viele (vorhersehbare) Fragen können so vorab geklärt und der Prozess gezielt in die gewünschte Richtung gelenkt werden.

## 5.2 Schritte zur Erhöhung des Kaufpreises

Bei den meisten Unternehmen ist es möglich und sinnvoll, dass Unternehmen – im zulässigen Rahmen – »aufzuhübschen« (zumindest wenn es um einen geplanten Verkauf und nicht um einen »Notverkauf« geht). Das wird, wie sich empirisch zeigen lässt, im Durchschnitt mit einem höheren Kaufpreis belohnt. Im Folgenden gehen wir auf die Aspekte ein, die tendenziell den größten Effekt auf den Kaufpreis erwarten lassen.

### 5.2.1 Bilanzielle Maßnahmen

Den Zahlen des Unternehmens kommt bei einem Unternehmensverkauf eine ganz erhebliche Bedeutung zu; beispielsweise sind die Angaben aus dem Rechnungswesen Ausgangspunkt für die Ermittlung des Unternehmenswerts.

Bei der Ermittlung des Gewinns gibt es legale Spielräume, die es in bestimmten Grenzen erlauben, den Gewinn höher oder niedriger auszuweisen.[76] Es lässt sich feststellen, dass für Unternehmen, die eine auf Erhöhung des Gewinns gerichtete Bilanzierungspolitik betreiben, im Vergleich höhere Verkaufspreise erzielt werden.[77] Bilanzpolitische Maßnahmen lassen sich unterscheiden in Bilanzierungswahlrechte (auch Ansatzwahlrechte genannt), Bewertungswahlrechte und sachverhaltsgestaltende Maßnahmen.[78] Diese drei Möglichkeiten sind im Folgenden dargestellt:

Bei den Bilanzierungswahlrechten entscheiden Sie, ob bestimmte Positionen in der Bilanz ausgewiesen werden sollen oder ob auf eine Bilanzierung verzichtet wird und die jeweiligen Aufwendungen direkt gewinnmindernd behandelt werden.

Wenn ein höherer Gewinn ausgewiesen werden soll, werden mehr Vermögenspositionen auf der Aktivseite der Bilanz eingestellt, was automatisch zur Folge hat, dass in dieser Periode weniger Aufwand den Ertrag schmälert. Entsprechendes gilt bei der Nichtausübung von Passivierungswahlrechten.

---

76 Über die gesamte Lebensdauer des Unternehmens handelt es sich freilich nur um eine Verschiebung des Gewinns. Unterschiedliche handelsrechtliche und steuerrechtliche Wahlrechte können zur Folge haben, dass die Einheitsbilanz, die gleichzeitig Handels- und Steuerrecht entspricht, aufgegeben werden muss.

77 Schmitz-Valckenberg, Collin. Wiesbaden, 2003, S. 170 f., 205 f. Schmitz-Valckenberg stellt in seiner Untersuchung auf das EBIT ab, also den Gewinn vor Zinsen und Steuern, dies ist allerdings für die Kernaussage unseres Erachtens ohne Einfluss.

78 Ob diese im Einzelfall anwendbar sind, hängt auch davon ab, ob zur Gewinnermittlung eine Bilanz oder eine Einnahmenüberschussrechnung erstellt wird. Anschauliche Beispiele finden sich auch in: Hans-Böckler-Stiftung (Hrsg.): *Bilanzpolitik und Jahresabschlussanalyse. Kapitel 2 — Instrumente und Methoden der Bilanzpolitik.* Düsseldorf, 2010.

Gestaltungsmöglichkeiten ergeben sich beispielsweise bei folgenden Sachverhalten:

- Aufwand für die Schaffung immaterieller Vermögensgegenstände des Anlagevermögens kann aktiviert werden;[79] dies können beispielsweise selbsterstellte Software, Patente, Modelle oder Prototypen sein.
- In der Handelsbilanz können aktive latente Steuern aktiviert werden.[80] Diese entstehen, wenn der steuerliche Gewinn höher ist als der handelsrechtliche.
- Für ein Disagio – die Differenz zwischen dem Erfüllungsbetrag einer Verbindlichkeit und dem Ausgabebetrag – darf ein Rechnungsabgrenzungsposten auf der Aktivseite der Bilanz aufgenommen werden.[81]
- Für Pensionsverpflichtungen, die aus vor dem 1. Januar 1987 erteilten unmittelbaren Zusagen resultieren, kann ein Passivposten in der Bilanz gebildet werden.[82] Die Passivierung ist in der jeweiligen Periode gewinnerhöhend.

Bei den Bewertungswahlrechten entscheiden Sie, mit welchem Wertansatz die in der Bilanz erfassten Positionen ausgewiesen werden. Wenn ein möglichst hoher Gewinn ausgewiesen werden soll, erfordert dies einen möglichst hohen Wertansatz von Vermögensgegenständen und einen möglichst niedrigen Ansatz von Verbindlichkeiten. Folgendes bietet sich an:

- Eine große Bedeutung innerhalb der Bewertungswahlrechte haben die Abschreibungen auf Gegenstände des Anlagevermögens. Dabei ergeben sich Spielräume sowohl bei der Nutzungsdauer als auch bei der Wahl der Abschreibungsmethode.[83] Kurz gesagt: Je niedriger die Abschreibung, desto höher der Gewinnausweis. Auch die Aktivierung geringwertiger Wirtschaftsgüter statt ihrer Sofortabschreibung ist möglich [84] und führt zu einem höheren Gewinn in der Periode.
- Erhebliche Spielräume gibt es auch bei der Bewertung der Vorräte. Hierbei bestehen Gestaltungsspielräume durch die Nutzung von Bewertungsvereinfachungen bzw. Verbrauchsfolgeverfahren in Abhängigkeit von der Entwicklung der Einkaufspreise.[85] Daneben besteht bei der Ermittlung der Herstellungskosten die Möglichkeit, Teile der allgemeinen Verwaltungskosten in

---

79 § 248 Abs. 2 Satz 1 HGB.

80 § 274 Abs. 1 Satz 2 HGB.

81 § 250 Abs. 3 HGB.

82 Art. 28 Abs. 1 EGHGB, Nach Auffassung von Schmitz-Valckenberg kann dem Käufer gegenüber argumentiert werden, dass Pensionsrückstellungen Vorteile gegenüber verzinslichem Fremdkapital haben und daher bei der Unternehmensbewertung nicht preismindernd zu behandeln sind. Dies dürfte aus unserer Sicht aber nicht in jedem Fall gelingen. Schmitz-Valckenberg, Collin. Wiesbaden, 2003, S. 205.

83 § 253 Abs. 1 Satz 1 HGB.

84 § 6 Abs. 2 Satz 1 EStG.

85 § 256 Satz 1 HGB.

diese einzurechnen[86]. Eine höhere Bewertung des Vorratsvermögens führt zu einem höheren Gewinnausweis.

- Ermessenspielräume bestehen für den Bilanzierenden auch bei der Bestimmung des Ausfallrisikos im Rahmen der Wertberichtigung von Forderungen und bei der Beurteilung der Eintrittswahrscheinlichkeit von Rückstellungen. Eine optimistische Risikoeinschätzung führt in beiden Fällen zu einem höheren Gewinn.

Unter sachverhaltsgestaltenden Maßnahmen schließlich wird die Gestaltung von Geschäftsvorfällen vor dem Bilanzstichtag verstanden. Zu nennen sind beispielsweise die zeitliche Verlagerung von Geschäftsvorfällen, das Hinausschieben von Investitionen oder das Vorziehen von ursprünglich für das Folgejahr geplanten Lieferungen.

Daneben sind auch Maßnahmen möglich, die zwar keine oder nur eine geringe Auswirkung auf den Gewinn haben, aber die Bilanzstruktur beeinflussen. Dazu gehören beispielsweise die Aufrechnung von Forderungen und Verbindlichkeiten zwischen verbundenen Unternehmen, die Verschiebung von Zahlungen zur Erhöhung der liquiden Mittel, der Einsatz von Leasing, sale-and-lease-back oder Factoring. Derartige Maßnahmen können sich im Rahmen einer durch Kennzahlen gestützten Bilanzanalyse, wie sie beispielsweise bei der Prüfung von Finanzierungen durchgeführt wird, positiv auswirken.

Bei bilanziellen Maßnahmen müssen Sie im Einzelfall prüfen, ob aus der Gewinnerhöhung eventuell betriebswirtschaftliche oder steuerliche Nachteile resultieren. Auch etwaige Auswirkungen auf künftige Ausschüttungen müssen Sie bedenken.[87]

### 5.2.2 Verkauf von nicht betriebsnotwendigem Vermögen

In den meisten Unternehmen gibt es nicht betriebsnotwendiges Vermögen. Darunter fallen Gegenstände, die aktuell nicht (mehr) gebraucht werden, um die Leistung des Unternehmens zu erbringen. Der Verkauf von nicht betriebsnotwendigem Vermögen ist eine sachverhaltsgestaltende Maßnahme. Durch sie erhöht sich nicht nur typischerweise der Verkaufspreis,[88] mit ihr schlagen Sie auch mehrere Fliegen mit einer Klappe:

---

86 § 255 Abs. 2 Satz 3 HGB; vgl. R 6.3 EStR; Schreiben des BMF vom 12.03.2010 und vom 22.06.2010 zur Maßgeblichkeit der handelsrechtlichen Grundsätze ordnungsmäßiger Buchführung für die steuerliche Gewinnermittlung.

87 Siehe zur Auswirkung von Änderungen des Bilanzrechts auf das Entscheidungsverhalten Schnee-Gronauer, Andreas: *Bilanzrecht und Verhalten*. Norderstedt, 2005.

88 Schmitz-Valckenberg, Collin. Wiesbaden, 2003, S. 209.

- Zum einen dient der Verkauf des nicht betriebsnotwendigen Vermögens, wenn der Verkaufspreis über dem Buchwert liegt, der Aufdeckung von stillen Reserven und führt im Jahr der Veräußerung zu einer Erhöhung des Gewinns.
- Wenn der Verkauf des nicht betriebsnotwendigen Vermögens mit einem gewissen Vorlauf angegangen wird, kann ein höherer Erlös erzielt werden, als dies im Rahmen des Unternehmensverkaufs typischerweise der Fall wäre, da nicht betriebsnotwendiges Vermögen bei der Bewertung des Unternehmens nur mit dem (gegebenenfalls diskontierten) Liquidationswert berücksichtigt wird (siehe Kapitel 13).
- Dem Erwerber erleichtert es die Finanzierung des Kaufpreises, wenn er nicht auch noch das für ihn zunächst wertlose nicht betriebsnotwendige Vermögen erwerben muss. Da die Finanzierung in vielen Transaktionen ein Problem darstellt, kann gerade dieser Aspekt von ganz erheblicher Bedeutung für das Gelingen des Verkaufs sein.

### 5.2.3 Verringerung von Abhängigkeiten

Ein kritischer Punkt beim Verkauf kleiner und mittelständischer Unternehmen ist regelmäßig die Frage, ob sich die persönlichen Kontakte, Kundenbeziehungen und das Know-how des Inhabers auf den Käufer übertragen lassen. Dabei gilt grundsätzlich, dass sich der Wert des Unternehmens um so leichter übertragen lässt, je weniger es individuell auf den Inhaber zugeschnitten ist. Wenn Abhängigkeiten bestehen, wird der Käufer dies mit einem Abschlag beim Kaufpreis berücksichtigen – die Beseitigung derartiger Abhängigkeiten wird sich daher in der Regel in einem höheren Kaufpreis für das Unternehmen niederschlagen.[89]

Der Verkäufer sollte deshalb frühzeitig das Unternehmen weitgehend unabhängig von seinen Eigentümern machen. Abhängigkeiten, beispielsweise durch die Tätigkeit der Eigentümer im Management oder durch eigentümerbezogene Kunden- bzw. Lieferantenbeziehungen, erschweren den Verkauf des Unternehmens.

Auch eine hohe Abhängigkeit von großen Aufträgen kann sich kaufpreismindernd auswirken. Hier empfiehlt sich eine Aufteilung in Einzelaufträge sowie jeweils eine transparente Vor- und Nachkalkulation.[90] Schwieriger ist es, wenn Abhängigkeiten gegenüber wenigen Auftraggebern oder Lieferanten bestehen, da diese sich kaum beseitigen lassen.

---

89 Ebd., S. 206 ff.
90 Ebd., S. 206.

### 5.2.4 Personalmaßnahmen

Die Einstellung oder Entlassung von Mitarbeitern ist kein Selbstzweck. Nicht selten sind in Unternehmen allerdings Personalmaßnahmen lange überfällig und vom Inhaber immer wieder aufgeschoben worden. Typisch ist dies hinsichtlich der Kündigung von Mitarbeitern, die keine echte Beschäftigung mehr haben oder ihrerseits innerlich gekündigt haben. Die gesetzliche Kündigungsfrist beträgt nach der Probezeit zwischen einem Monat und sieben Monaten zum Ende eines Kalendermonats. Letzteres, wenn das Arbeitsverhältnis in dem Betrieb oder Unternehmen bereits 20 Jahre oder länger besteht.[91]

Außerdem muss dem Arbeitnehmer regelmäßig eine Abfindung gezahlt werden, wenn er wegen »dringender betrieblicher Erfordernisse« entlassen wurde und daraufhin vor das Arbeitsgericht zieht. Die Arbeitsgerichte orientieren sich bei der Höhe der Abfindung meist an den Regeln des Kündigungsschutzgesetzes[92] und sprechen dem Arbeitnehmer eine Abfindung in Höhe von 0,5 (Brutto-)Monatsverdiensten für jedes Jahr des Bestehens des Arbeitsverhältnisses zu.

Gleichwohl kann es, auch im Hinblick auf die Personalkosten, sinnvoll sein, diese »Altlasten des Unternehmers« zu bereinigen. Im Einzelfall müssen Kosten und Nutzen gegeneinander abgewogen werden.

### 5.2.5 Identifizierung von Potentialen

Es versteht sich von selbst, dass ein effizient produzierendes Unternehmen mit Kostenvorteil gute Chancen hat, einen hohen Kaufpreis zu erzielen. Was aber, wenn es noch den einen oder anderen Bereich gibt, der schwächelt, in dem etwas getan werden müsste? Das gerne zitierte Bonmot von Hartmut Mehdorn, dass einer die Schuhe nicht auszieht, wenn er ein Loch in der Socke hat,[93] stimmt in diesem Zusammenhang nur bedingt. Vielmehr kann der Verkäufer ein klar ersichtliches operatives Verbesserungspotenzial teilweise in einen höheren Kaufpreis ummünzen. Eine ausführliche Analyse und Darstellung von Verbesserungspotenzialen während des Verkaufsprozesses ist also zu empfehlen.[94] Teilweise bietet es sich an, diese Verbesserungspotentiale im Vorfeld durch einen Unternehmensberater plausibilisieren und beziffern zu lassen, sodass der Käufer direkt einen mit Zahlen unterlegten Maßnahmenplan an die Hand bekommt.

---

91 § 622 BGB.
92 § 1a KSchG – diese Vorschrift bezieht sich indes nur auf das Angebot des Arbeitgebers an den Arbeitnehmer das gerade der Vermeidung der Klagerhebung diesen soll.
93 Zitiert nach Wacket, Markus: *Mehdorn, die Bahn und die Börse*. München, 2009, S. 148.
94 Schmitz-Valckenberg, Collin. Wiesbaden, 2003, S. 205 f.

### 5.2.6 Sonstige Maßnahmen

Für jedes Unternehmen ist jeweils im Einzelfall zu prüfen, (1) ob und wo Ansatzpunkte für wertsteigernde Maßnahmen bestehen, (2) ob zu erwarten ist, dass deren Umsetzung sich in einem höheren Kaufpreis oder einer besseren Verkäuflichkeit bemerkbar machen und schließlich, (3) ob dieser Mehrertrag den Aufwand rechtfertigt.

Dabei können die jeweiligen Maßnahmen völlig unterschiedlicher Natur sein; beispielsweise:

- Das endgültige Ausbuchen von verjährten Altforderungen; die Bereinigung von Daten, indem zum Beispiel nicht mehr existierende Kunden- und Lieferantenbeziehungen archiviert werden. Beide Maßnahmen signalisieren dem Käufer, dass die Organisation des Unternehmens funktioniert und keine Leichen im Keller zu erwarten sind. Außerdem sorgen Sie so gleichzeitig dafür, dass er nicht mit der Nase auf Forderungsausfälle und die Abwanderung von Kunden gestoßen wird.
- Die Optimierung des Wissensmanagements. Damit signalisieren Sie dem Käufer, dass auch das Know-how ohne Verluste reibungslos übertragen wird.
- Die Durchführung von Wartungs- und Instandsetzungsarbeiten um einen guten Eindruck zu machen. Selbst eine Renovierung der Geschäftsräume kann sich bezahlt machen und die Kosten über einen höheren Kaufpreis wieder einspielen.
- Die Eintragung von gewerblichen Schutzrechten, um immaterielle Werte »greifbar« zu machen – dies erleichtert dem Käufer gegebenenfalls auch die Finanzierung eines Firmenwerts.

## 5.3 Zusammenstellung der relevanten Unterlagen

Für den Verkäufer wird, neben den soeben beschriebenen Maßnahmen zur Erhöhung des Kaufpreises, ein wesentlicher Teil der Vorbereitung darin bestehen, die Dokumente zusammenzustellen, die während des Transaktionsprozesses für einen Käufer relevant sein werden. Nach unserer Erfahrung ist dies oft das erste Mal, dass eine solche Dokumentation im Unternehmen erstellt wird. Eine derartige Dokumentation ist grundsätzlich sinnvoll, da sie dem Unternehmer einen systematischen Überblick über das Unternehmen gibt und zugleich die Basis für die Erstellung eines »Notfallkoffers« bildet – also ein Baustein im

Risikomanagement des Unternehmens ist, unabhängig davon, ob ein Verkauf letztlich erfolgt[95].

Um Wiederholungen zu vermeiden, wird an dieser Stelle auf Kapitel 10 verwiesen, sowie auf die als Anhang B. beigefügte Checkliste zu relevanten Unterlagen.

## 5.4 Erstellung von Exposé und Teaser

Standardmäßig erstellt der Verkäufer eines Unternehmens bzw. der eingeschaltete Transaktionsberater ein Exposé, das die wesentlichen Informationen über das Unternehmen zusammenfasst und dem Kaufinteressenten als Basis für seine Prüfung dient.

Für die erste Ansprache von Interessenten wird zudem meist eine Übersicht der wesentlichen Fakten des Unternehmens erstellt – der sogenannte Teaser. Dieser Teaser ist in aller Regel so formuliert, dass das Unternehmen unerkannt bleibt. Anhand dieses Teasers kann der Angesprochene prüfen, ob eine weitere Auseinandersetzung mit dem Unternehmen grundsätzlich für ihn infrage kommt.

### 5.4.1 Funktion und Wirkung

Der Verkäufer ist besser über sein Unternehmen informiert als der Käufer; die Informationen sind zwischen ihnen also asymmetrisch verteilt (siehe auch Kapitel 11.3). Wenn der Käufer die Chancen und Risiken des Unternehmens nicht richtig einschätzen kann, wird er einen Risikoabschlag auf den Kaufpreis vornehmen, was insbesondere bei überdurchschnittlich ertragreichen bzw. wertvollen Unternehmen für den Verkäufer nachteilig ist.

Das Exposé (auch: Informationsmemorandum, Verkaufsmemorandum, Dossier) dient dazu, diese Informationsasymmetrie zu reduzieren. Dies wirkt sich auf zwei Ebenen aus: Zum einen lassen sich mehr Interessenten für den Prozess gewinnen, wenn ihnen alle erforderlichen Informationen auf dem Silbertablett präsentiert werden. Es kommt also zu einer höheren Wettbewerbsintensität des Verkaufsprozesses (siehe Kapitel 9). Liegen dem Käufer gut aufbereitete Daten vor, spart er sich den zeitlichen Aufwand sowie die Kosten der Informationsbeschaffung und -prüfung. Kosten, um die er andernfalls den Kaufpreis reduzieren würde.

---

95 Siehe hierzu auch Berude, André/Hotze, Doreen/Mikulsky, Thomas/Rammrath Michael. In: Industrie- und Handelskammer Nord Westfalen (Hrsg.): *Notfall-Handbuch für Unternehmen*, 2014.

Gleichzeitig hilft ein sorgfältig erstelltes Exposé den Prozess zu straffen, sodass es nur zu wenigen Rückfragen kommt und nur mit ernsthaften Interessenten eine Management-Präsentation/Betriebsbesichtigung durchgeführt werden muss. Das Exposé ist zwingend erforderlich, wenn der Verkäufer eine sogenannte Limited Auction durchführt – ein spezielles Bieterverfahren mit mehreren Interessenten, siehe Kapitel 9.1. Das Exposé bietet hier die Grundlage, auf der die Bieter ihre Bewertung erstellen und ihre (unverbindlichen) Angebote abgeben.

Vor diesem Hintergrund wundert es nicht, dass sich empirisch nachweisen lässt, dass die Existenz eines Exposés einen signifikanten Einfluss auf den letztlich erzielten Verkaufspreis hat und dieser umso höher ist, je detaillierter (umfangreicher) und aussagekräftiger das Exposé ist.[96] Exposés können, je nach Unternehmen, 80 Seiten oder mehr umfassen und zahlreiche Anlagen haben. Meistens wird zusätzlich noch ein anonymisiertes Kurzexposé (auch Teaser genannt) erstellt, das für die erste Ansprache der Interessenten genutzt wird. Das detaillierte Exposé wird dann erst nach Unterzeichnung Vertraulichkeitsvereinbarung ausgehändigt (siehe Kapitel 6).

### 5.4.2 Inhalt und Gestaltung

Um seiner Funktion gerecht zu werden, müssen sowohl der Teaser als auch das ausführliche Exposé dem Interessenten einen umfassenden Überblick über das Unternehmen und den relevanten Markt geben. Vorgeschlagen wird auch, für Finanzinvestoren und strategische Investoren entsprechend ihren jeweiligen Informationsbedürfnissen jeweils eigene Varianten des Exposés zu erstellen. Dies scheint uns jedoch für die meisten mittelständischen Unternehmen nicht erforderlich; es genügt, dieses auf den wahrscheinlichen Käufer zuzuschneiden, also auf die Investorengruppe, aus der der Käufer mit der größten Wahrscheinlichkeit kommen wird.

Inhalt und Gliederung des Exposé sind nicht standardisiert. Sie orientieren sich an den Besonderheiten des jeweiligen Unternehmens. Üblich sind die im Folgenden wiedergegebenen Punkte, die selbstverständlich an die Größe des Unternehmens angepasst werden müssen:

96 Schmitz-Valckenberg, Collin. Wiesbaden, 2003, S. 187 ff., 206.

**Muster: Exposé**

**1. Zusammenfassender Überblick (Executive Summary)**

Dem Exposé vorangestellt ist eine Zusammenfassung der wesentlichen Informationen, damit sich der Leser schnell orientieren kann. Dieser Einstieg entscheidet, ob der Leser überhaupt weiterliest.

Zu den Basisdaten zählen beispielsweise Angaben zur Geschichte, Entwicklung und Struktur des Unternehmens, dessen Größe, geographische Lage und Branchenzugehörigkeit. Außerdem werden die betriebswirtschaftlichen Basisdaten wiedergegeben und etwaige Besonderheiten der geplanten Transaktion benannt.

Darüber hinaus sollte auch erläutert werden, warum der Verkauf erfolgt und gegebenenfalls die Erwartungen an den Käufer.

Am besten gelingt diese Übersicht, wenn sie zum Schluss geschrieben wird, dann können Sie die Inhalte aus den anderen Kapiteln ableiten.

**2. Produkte und Produktion/Dienstleistungen**

Das Exposé beschreibt außerdem das Leistungsspektrums des Unternehmens detailliert.

Dabei werden auch die herausragenden Eigenschaften und Qualitätsmerkmale der Produkte im Detail dargestellt, ebenso wie ihr Innovationsgrad und der Stand der Forschung und Entwicklung. Gleiches gilt für etwaige Besonderheiten und Kostenvorteile in der Produktion.

Die Darstellung sollte – wenn bei dem jeweiligen Unternehmen sinnvoll –gegliedert sein, beispielsweise nach Produktkategorien, Branchen oder Märkten. Wenn möglich, sollten auch die Umsätze und Deckungsbeiträge für die einzelnen Bereiche angegeben werden – gegebenenfalls auch für die letzten drei Jahre sowie die Planungen für das laufende Jahr.

**3. Markt und Wettbewerb**

Ein Schwerpunkt des Exposés sollte auf der Darstellung der Markt- und Wettbewerbssituation liegen (Marktgröße, Marktanteil, Konkurrenzsituation etc.). Berücksichtigen Sie dabei auch allgemeine Daten zur relevanten Branche und der künftigen Entwicklung in den jeweiligen Märkten. Diese Informationen sind insbesondere für Finanzinvestoren relevant, da sie oft nur über eingeschränkte Kenntnisse der jeweiligen Branche verfügen. Branchenverbände liefern meist entsprechende Angaben.

Vor allem sollten Wettbewerbsvorteile und etwaige Eintrittsbarrieren für neue Wettbewerber herausgestellt werden, also etwaige Alleinstellungsmerkmale wie Markenrechte, Patente, Lizenzvereinbarungen oder besonderes Know-how in Fertigung, Verkauf oder anderen Bereichen.

**4. Kunden-/Lieferanten**

Wichtig ist auch die Darstellung der Kunden, sprich deren Anzahl, wirtschaftliche Situation und die Kundenstruktur beispielsweise in Form einer ABC-Analyse oder Ähnlichem.

Hier kann es sinnvoll sein, die Entwicklung der Top-10-Kunden im Hinblick auf die Aufträge/Projekte und die damit realisierten Umsätze für die letzten beiden Jahren und die Planung für das aktuelle Jahr und das Folgejahr detailliert darzustellen.

Sofern es nur relativ wenige Großkunden/Großprojekte gibt, stellen Sie diese detailliert unter Einbeziehung von Kalkulationsdaten vor und zwar mit dem Ziel, Preisabschläge wegen dieser Abhängigkeiten oder möglicher Verluste aus Großaufträgen zu vermeiden.

**5. Marketing und Vertrieb**

Allgemein sollten Erläuterungen zu Marken, dem Bekanntheitsgrad und dem Image des Unternehmens in den relevanten Marktsegmenten gegeben werden.

Ebenso ein Überblick über Marketingmaßnahmen, die Teilnahme an wichtigen Messen, den Aufbau des Vertriebs einschließlich der Vertriebsmitarbeiter nach ihrer Funktion und ihrer Tätigkeit. In diesem Zusammenhang erwähnen Sie außerdem, ob es einen indirekten Vertrieb gibt und welche Vertriebspartnerschaften bestehen.

Auch die Angabe von Mitgliedschaften in Verbänden, Organisationen oder Branchen-Netzwerken kann sinnvoll sein.

**6. Organisation und Personal**

Damit der Käufer sich einen Überblick über Aufbau und Abläufe im Unternehmen verschaffen kann, ist eine Aufstellung nötig über die Organisationsstruktur mit — sofern einschlägig — Angabe der Standorte und Darstellung der Anzahl der Mitarbeiter und ihrer Qualifikation, Altersstruktur und Betriebszugehörigkeit. Üblich ist neben einer tabellarischen Übersicht die Darstellung in einem Organigramm.

Das Management und Schlüsselmitarbeiter sollten gegebenenfalls detaillierter mit Angabe kurzer (anonymisierter) beruflicher Lebensläufe dargestellt werden.

Angaben zum Gehaltsgefüge, der Fluktuation und der Anzahl der Mitarbeiter mit Dienstwagen sowie das Bestehen und das Verhältnis zu einem Betriebsrat und die wesentlichen Betriebsvereinbarungen runden das Bild ab.

Wenn in nennenswertem Umfang Subunternehmer oder Freelancer beschäftigt werden, sollte schließlich auch dies angegeben und quantifiziert werden.

**7. Gebäude und Anlagen**

In produzierenden Unternehmen bestimmen Gebäude und Anlagen die Möglichkeiten und Abläufe in der Produktion und machen einen Großteil des Anlagevermögens aus. Daher sollte im Einzelnen dargelegt werden, welche Grundstücke, Maschinen und maschinelle Anlagen vorhanden sind, in welchem Zustand sie sich befinden und ob Investitionen erforderlich sind.

Hier hat es sich bewährt, (gute, professionelle) Fotos einzufügen.

Bei einem umfangreichen Anlagenbestand kann es auch sinnvoll sein, diesen von einem Sachverständigen aufnehmen und nach Liquidations- und Fortführungswerten bewerten zu lassen (jedenfalls die Liquidationswerte haben aber nichts im Exposé zu suchen).

**8. Rechtliche Situation und Beteiligungsverhältnisse**

Hier erfolgen Angaben zu Gründung, Sitz und Handelsregister, Geschäftsjahr und Stammkapital, aber auch — wenn relevant — zu den Anteilseignern sowie zu etwaigen Beteiligungen, die das Unternehmen hält.

**9. Finanzen und Steuern**

Für den Käufer bilden diese Angaben eine wesentliche Planungsgrundlage für die Bewertung des Unternehmens: die Bilanzen, die Gewinn- und Verlustrechnungen der letzten vier Jahre, die vorläufigen Zahlen für das laufende Jahr und — wenn vorhanden — die Planzahlen für das laufende und die nächsten drei Jahre sowie entsprechende Cashflow-Rechnungen. Alle wesentlichen Positionen sollten erläutert werden, sodass sich dem Käufer die bilanziellen Zusammenhänge im besten Fall ohne Nachfrage erschließen.

Sofern vorhanden, können Rentabilitätsrechnungen und Angaben über Auftragseingang und Auftragsbestand beigefügt werden oder bei Dienstleistungsbetrieben Übersichten über abgerechnete Stunden und realisierte Stundensätze.

Schließlich sollte ein Überblick über den Stand der steuerlichen Veranlagung gegeben werden und über etwaige steuerliche Außenprüfungen und deren wesentlichen Ergebnisse.

**10. Stärken/Schwächen, Chancen**

Im Exposé sollte unserer Erfahrung nach nicht nur auf besondere Stärken, sondern auch auf etwaige Schwächen hingewiesen werden — auf relevante Risiken muss der Verkäufer ohnehin schon aus rechtlichen Gründen hinweisen (siehe Kapitel 15.2) und der Käufer wird diese im Rahmen seiner Prüfung ohnehin erkennen.

Durch die Angabe von Schwächen im Exposé schafft der Verkäufer das nötige Vertrauen und behält die Deutungshoheit über die Sachverhalte, wenn er gleichzeitig Verbesserungsmöglichkeiten darstellt und deren Auswirkungen beziffert.

Ein Beispiel sind Verlustvorträge, die er aktiv in die Diskussion einbringen kann und die, wenn sie für den Käufer erhalten werden können, regelmäßig auch wertsteigernd in die Bewertung des Käufers einfließen.[97]

**11. Ansätze zur Wertermittlung**

Sofern der Verkäufer bereits eine Unternehmensbewertung unter Verwendung anerkannter Bewertungsmethoden vorgenommen hat, sollte er die Ergebnisse ebenfalls angeben, damit der Käufer sich daran orientieren kann.

Das derart ausführliche Exposé wird, wie schon geschrieben, Interessenten regelmäßig erst nach Abgabe einer Verschwiegenheitserklärung zur Verfügung gestellt. Daher können die Angaben zum Unternehmen auch detaillierter sein.

Anders als das Exposé erhält der Teaser im Regelfall nur anonymisierte Angaben zum Unternehmen. Es handelt sich dabei im Wesentlichen um eine allgemeinere Darstellung des zusammenfassenden Überblicks und der wesentlichen Kennzahlen zum Unternehmen — beispielsweise Umsatz, EBIT, Mitarbeiter. Man arbeitet dabei viel mit Umschreibungen und vagen Angaben, um Rückschlüsse auf das Unternehmen unmöglich zu machen. Ziel des Teasers ist Interesse zu wecken

97 Ebd., S. 205.

und eine schnelle Prüfung zu ermöglichen, ob ein Erwerb des Unternehmens grundsätzlich infrage kommt.

Aus unserer Erfahrung ist es sinnvoll, in diesem Teaser die Erwartungen an den potentiellen Käufer und die Unternehmenssituation so klar und zutreffend wie möglich darzustellen. Eine genaue Nennung des ermittelten Unternehmenswerts ist dabei nicht erforderlich; die Angabe einer groben Preisspanne dient einem potentiellen Interessenten aber zumindest als erste Orientierung. Er soll einschätzen können, ob er sich das angebotene Unternehmen leisten kann. Dabei sollte auch bedacht werden, dass nach Erkenntnissen der Kommunikationstheorie entscheidend für den Erfolg des weiteren Prozesses ist, dass der Interessent die Erwartungen, die er sich anhand des Prospektes gebildet hat, im weiteren Verlauf bestätigt findet.[98]

**Tipp** !

Es ist sinnvoll, zunächst mit der Sammlung der Informationen zu beginnen, sie dann zu gliedern und erst anschließend für das Exposé aufzuschreiben.

Das Format ist dabei nach unseren Erfahrung relativ gleichgültig – üblich ist ein Querformat für den Teaser, der im Allgemeinen am Bildschirm gelesen wird, und ein Hochformat für das ausführliche Exposé.

Technisch hat sich das PDF-Format bewährt, da dieses am einfachsten elektronisch ausgetauscht werden kann.

98 Berning, Detlef/Novak, Andreas. Wiesbaden, 2010, S. 41 ff.: »Gute Leitlinie ist, mit der Selbstdarstellung erreichen zu wollen, dass der künftige Käufer bei der ersten Begegnung mit dem Abgeber das Gefühl hat, auf einen Bekannten zu treffen. Ein aufgehübschtes Foto oder auch ein altes in der Selbstdarstellung des Verkäufers verfehlen also diesen Zweck« (S. 45).

# 6 Suche und Ansprache von Interessenten

**Die richtige Suche und Ansprache potentieller Käufer ist ein zentraler Punkt für den erfolgreichen Unternehmensverkauf.**

**Um einen möglichst hohen Verkaufspreis zu erzielen, sollte der Prozess so gestaltet werden, dass möglichst viele (geeignete!) Interessenten teilnehmen und Angebote abgeben.**

**Um das zu erreichen, ist eine Kombination aus fokussierter Direktansprache und Mundpropaganda zu empfehlen.**

## 6.1 Ziele und geeignete Strategien

Der am Ende erzielte Verkaufspreis steigt mit zunehmender Wettbewerbsintensität des Verkaufsprozesses. Ziel des Verkäufers muss es daher sein, den Verkaufsprozess durch eine entsprechende Vorbereitung und Ansprache potentieller Käufer so wettbewerbsintensiv wie möglich zu gestalten. Vorbehaltlich etwaiger Nebenziele — wie Vertraulichkeit etc. — ist es aus Sicht des Verkäufers daher sinnvoll, möglichst viele Interessenten in den Verkaufsprozess einzubeziehen und möglichst bis zur Vertragsunterzeichnung im Rennen zu halten, damit die Verhandlungsmacht einzelner potentieller Käufer begrenzt bleibt.[99]

Das größte Problem im Suchprozess liegt aus Sicht der Käufer darin, dass die Verkäufer ihre Suche nicht publik machen. Dies korrespondiert mit der Sicht der Verkäufer, die ebenfalls die - aus guten Gründen - zu vermeidende Öffentlichkeit als eines der großen Probleme im Suchprozess ansehen.[100] Um dieses Problem zu umgehen, werden häufig Transaktionsberater eingeschaltet, die Interessenten direkt und vertraulich ansprechen.

Grundsätzlich sind unterschiedliche Suchstrategien möglich, auch in Kombination. Im Wesentlichen lassen sich folgende Strategien unterscheiden:

- Identifikation und direkte Ansprache von potentiellen Übernehmern
- Schaltung eines eigenen (Online-)Inserats - entweder anonym oder mit Nennung des Namens
- Weitergabe entsprechender Informationen an interessierte Kreise, beispielsweise Kammern, Wirtschaftsverbände oder andere Unternehmer

99 Schmitz-Valckenberg, Collin. Wiesbaden, 2003, S. 206 ff.
100 Schlömer, Nadine/Kay, Rosemarie: *Familienexterne Nachfolge – Das Zusammenfinden von Übergebern und Übernehmern.* In: IfM-Materialien Nr. 182. Bonn, 2008, S. 73.

Während die erstgenannte eine aktive Methode ist, sind die beiden anderen eher passiv – der Verkäufer muss sich »finden lassen«. Welches Vorgehen erfolgversprechend ist, hängt von dem Unternehmen und dessen Situation, dem Marktumfeld und der zur Verfügung stehenden Zeit ab.

Allgemein sind Transaktionsberater im Mittelstand diejenigen, die am häufigsten den Kontakt zwischen Käufer und Verkäufer herstellen (22 % bei Käufen und 24 % bei Verkäufen). Obwohl Wirtschaftsprüfer, Steuerberater und Rechtsanwälte häufig in eine Transaktion einbezogen werden, spielen diese hierbei nur eine untergeordnete Rolle.[101]

Ob die Einschaltung von entsprechenden Beratern sinnvoll ist, hängt entscheidend von der Branche und der Größe des Unternehmens ab. Nach den Ergebnissen einer Befragung unter Anwälten aus dem Jahr 2016 sind Kanzleiübernahmen fast immer Ergebnis eines persönlichen Näheverhältnisses zu dem bisherigen Kanzleiinhaber. 60 % der Einsteiger beziehungsweise Käufer kannte die Kanzlei bereits aus einer früheren anwaltlichen Tätigkeit. Die Mehrheit der anderen Rechtsanwälte, die eine Kanzlei übernommen hat, kannte die Kanzlei zumindest und wurde von ihr gezielt angesprochen (30 %). Jeder vierte Einsteiger bzw. Käufer ist durch kollegiale Kontakte auf die Kanzlei aufmerksam geworden. In 19 % der Fälle hatte die Kanzlei inseriert.[102] Diese Zusammenhänge dürften auch auf andere Beratungsunternehmen übertragbar sein, sodass hier – anders als im gewerblichen Bereich und Handel – Transaktionsberatern eine geringere Bedeutung zukommt.

Dies deckt sich auch mit den Erkenntnissen einer empirischen Studie des Instituts für Mittelstandsforschung, die zu dem Schluss kommt, dass die direkte Ansprache potentieller Nachfolger bzw. Unternehmen und die Einschaltung von Freunden, Bekannten und Geschäftsfreunden signifikant erfolgreicher sind als andere Suchstrategien.[103]

## 6.2 Direktansprache

Die Identifikation und direkte Ansprache potentieller Käufer ist aus unserer Erfahrung der erfolgversprechendste Weg, geeignete Investoren zu finden. Durch den direkten Kontakt können zudem weitere Informationen zum Markt und dem Umfeld gewonnen werden.

---

101 Müller, Christoph/Freiland, Dirk/Tomaselli, Harald. In: Hohenheimer Beiträge zu Entrepreneurshipforschung und -praxis Nr. 12, 2006, S. 104.

102 Kilian, Matthias: *Der Erwerb von Kanzleien und Sozietätsanteilen durch junge Anwälte*. In: AnwBl 2016, 660–662 (661).

103 Schlömer, Nadine/Kay, Rosemarie. Bonn, 2008, S. 67.

### 6.2.1 Identifikation geeigneter Investoren

Für eine erfolgreiche Direktansprache ist die Identifikation geeigneter Interessenten elementar. Auch wenn der Gedanke nahe liegen mag, dass eine möglichst breite Streuung des Angebots die optimale Strategie ist, ist dies nicht der Fall.

Vielmehr ist belegt, dass die absolute Zahl der angesprochenen potentiellen Käufer ebenso wie die Zahl der abgeschlossenen Vertraulichkeitserklärungen keinen messbaren Einfluss auf den Kaufpreis hat.[104] Dies bedeutet für den Verkäufer, dass er eine besonders sorgfältige Analyse und Auswahl der potentiellen Interessenten vornehmen muss.

Durch die Vorauswahl und Eingrenzung potentieller Käufer wird vermieden, dass mehr oder weniger wahllos gestreut wird, dass das Unternehmen zu verkaufen ist. Dies hätte eine Erosion des Unternehmenswerts zur Folge, da Kunden, Lieferanten und Arbeitnehmer verunsichert würden. Weiterhin würde das Unternehmen schon nach kurzer Zeit als »Ladenhüter« wahrgenommen — einerlei, ob berechtigt oder nicht.

#### 6.2.1.1 Recherche

Bei der Suche nach einem geeigneten Käufer hat es sich bewährt, zunächst eine gründliche Analyse in der Branche des zu verkaufenden Unternehmens vorzunehmen. Dabei ist immer wieder festzustellen, dass auch gestandene Unternehmer »branchenblind« geworden sind und die Bedeutung von bestimmten Entwicklungen für den Verkauf ihres Unternehmens bisher nicht wahrgenommen haben.

Ausgangspunkt der weiteren Suche ist im Mittelstand meist die Überlegung, für wen das angebotene Unternehmen aus strategischer Sicht von besonderem Interesse sein könnte. Dabei können sowohl Konkurrenzunternehmen aus der gleichen Branche infrage kommen, die sich durch einen Zukauf weitere Marktanteile sichern, als auch Unternehmen aus angrenzenden Branchen, die ihr eigenes bestehendes Produkt- bzw. Dienstleistungsangebot erweitern wollen. Ebenso kommen Unternehmen aus vor- und nachgelagerten Produktionsstufen infrage.

Auch die informatorische Kontaktaufnahme mit Unternehmensverbänden, Fachzeitschriften und branchenbezogenen Internetseiten kann hier gute An-

---

104 Schmitz-Valckenberg, Collin. Wiesbaden, 2003, S. 208.

sätze liefern. Besonders wenn ein Transaktionsberater involviert ist und dieser sich hinsichtlich der Identität des zu verkaufenden Unternehmens etwas bedeckt halten kann.[105]

Im Bereich von Handwerksunternehmen kommen oftmals auch junge Meister in Betracht, die durch den Erwerb eines bestehenden Handwerksbetriebes den Schritt in die Selbstständigkeit wagen wollen. Meisterschulen können hier erfolgversprechende Kontakte herstellen.

Transaktionsberater werden zudem potentielle Interessenten aus ihrem Netzwerk beisteuern, in deren Suchfokus das betreffende Unternehmen passt.

### 6.2.1.2 Erstellen einer »Longlist«

Die Recherche nach potentiellen Käufern mündet in einer ausführlichen Auflistung aller infrage kommenden Investoren — der sogenannten »Longlist«. Neben dem Namen und Ansprechpartner des potentiellen Käufers enthält diese Longlist im besten Fall auch ein stichwortartiges Unternehmensprofil des identifizierten Käufers sowie eine kurze Analyse, weshalb dieser für eine Übernahme infrage kommen könnte. Dabei bietet es sich an, die potentiellen Käufer in unterschiedliche Gruppen einzuteilen (beispielsweise Finanzinvestoren, strategische Investoren und Privatinvestoren)[106].

Wenn ein Transaktionsberater beauftragt ist, wird dieser die Longlist erstellen und dem Verkäufer als Entscheidungsgrundlage vorlegen. Aber auch wenn kein Transaktionsberater eingeschaltet wurde, hat es sich als sinnvoll erwiesen, wenn der Unternehmer die Ergebnisse seiner Überlegungen und Recherchen in dieser Form zusammenfasst, da so weitere Ansatzpunkte erkannt werden können und sich eine sinnvolle Strategie herauskristallisiert.

Für nicht sinnvoll halten wir den Zukauf von Unternehmensadressen von Adresshändlern oder von den Kammern. Damit lässt sich zwar schnell eine beeindruckende Liste aufblasen, für den hier relevanten Zweck taugt sie aber nicht.

105 Koch, Wolfgang. Stuttgart, 206, S. 196.
106 Schmitz-Valckenberg, Collin. Wiesbaden, 2003, S. 59.

### 6.2.1.3 Komprimieren zur »Shortlist«

Im nächsten Schritt sollte die Longlist überarbeitet und auf die Unternehmen reduziert werden, die im ersten Schritt angesprochen werden sollen. Das Ergebnis wird Shortlist genannt. In aller Regel bleiben dabei diejenigen Unternehmen übrig, bei denen aufgrund der Ausrichtung und Entwicklung davon auszugehen ist, dass diese das größte Interesse an dem Erwerb des Unternehmens haben könnten.

Gründe für den Ausschluss einzelner Käufer oder Käufergruppen können allerdings beispielsweise auch persönliche Antipathien, die Gefahr der Verletzung der Vertraulichkeit (insbesondere bei Wettbewerbern, Kunden oder Lieferanten), Zweifel an der Kompetenz/Zahlungsfähigkeit, Zeitdruck oder die Angst vor Schließung des Unternehmens nach Erwerb durch den betroffenen Investor sein.[107]

Bei Einschaltung eines Transaktionsberaters werden die zur direkten Ansprache bestimmten potentiellen Interessenten meist durch den Verkäufer freigegeben. Wenn nur ein Anteil an einem Unternehmen veräußert werden soll, sollte neben der Zustimmung der verkaufswilligen Gesellschafters auch die Zustimmung des Unternehmens bzw. der Mitgesellschafter zur Weitergabe der Informationen eingeholt werden — deren Rechte sind in erster Linie betroffen.

## 6.2.2 Ansprache potentieller Investoren

Ist festgelegt, welche Unternehmen angesprochen werden sollen, folgt die Kontaktaufnahme. Die Art der Kontaktaufnahme hängt davon ab, ob ein Transaktionsberater eingeschaltet ist. Üblich sind die persönliche oder telefonische Kontaktaufnahme, wobei meist der anonymisierte Teaser überlassen wird.

In jedem Fall muss bereits im Vorfeld sorgfältig geprüft und festgelegt werden, welche Informationen preisgegeben werden sollen bzw. müssen. Grundsätzlich sollte der Verkäufer vertrauliche Zahlen, Firmendokumentationen, Auswertungen zu Produkten und Dienstleistungen erst nach Unterzeichnung einer Vertraulichkeitserklärung zur Verfügung stellen. Auch der Name des betreffenden Unternehmens sollte erst dann offenbart werden.

Um einen transparenten und vor allem sorgfältig dokumentierten und nachvollziehbaren Verkaufsprozess durchzuführen, sollte bei allen potentiellen Investoren, die einen Teaser erhalten haben, nachgehakt werden: Wie haben sich die

107 Schmitz-Valckenberg, Collin. Ebd., S. 62–64.

Erwägungen zu einem möglichen Kauf entwickelt und besteht konkretes Interesse?

So kann am ehesten verhindert werden, dass der Prozess ins Stocken gerät und möglicherweise vollständig zum Erliegen kommt — eine nicht unerhebliche Gefahr, da auch der potentielle Käufer einen vollen Schreibtisch hat und das Thema nicht zwischen Tür und Angel abhaken möchte.

## 6.3 Veröffentlichung eines eigenen Angebots

Alternativ zur Direktansprache potentieller Investoren oder auch ergänzend dazu kann das zum Verkauf stehende Unternehmen in Print- oder Onlinemedien inseriert werden — anonym oder mit Nennung des Namens.

Auch in dieser Phase gilt, dass der Verkäufer Fakten und Zahlen ehrlich und adäquat kommuniziert. Es nutzt nichts, wenn wichtige Eckdaten unterschlagen und so letztlich nicht die richtigen Adressaten erreicht werden. Berning und Novak illustrieren dies am Beispiel eines 65-jährigen Anwalts, der kurzfristig einen Nachfolger sucht und eine Anzeige mit folgendem Text veröffentlicht: »Alteingesessene Kanzlei in Hannover sucht Kollegen als freiberuflichen Mitarbeiter. Spätere Aufnahme in die Sozietät nicht ausgeschlossen« [108] — Kollegen, die aktuell eine Kanzlei übernehmen wollen, spricht dies nicht an.

Unter den Printmedien kommen nur Fachmagazine oder Veröffentlichungen der Branchenvereinigungen oder Kammern infrage — alle anderen Publikationen haben zu große Streuverluste oder eine zu geringe Marktpräsenz. Natürlich eignen sich auch Internetportale, um das eigene Unternehmen anzubieten, beispielsweise nexxt-change.org - die Plattform wird gemeinsam betrieben vom Bundesministerium für Wirtschaft und Energie, der KfW, den Industrie- und Handelskammern und Handwerkskammern, den Volksbanken und Raiffeisenbanken und Sparkassen. Online-Nachfolgebörsen sind eine der Hauptquellen für suchende Interessenten.[109] Um größere Unternehmen anzubieten, eignen sie sich nach unserer Erfahrung aber nur bedingt.

Seien sie vorsichtig! Gerade auf solchen Internetseiten tummeln sich Betrüger. Aus dem Ausland operierende Banden erwecken mit erheblichem Aufwand den Eindruck, es handele sich um echte Interessenten: Sie schicken (unechte) Gutachter, Wirtschaftsprüfer und Rechtsanwälte und bauen ganze Bankfilialen nach. Die Polizei ermittelt in diesen Fällen allenfalls halbherzig.

108 Berning, Detlef/Novak, Andreas. Wiesbaden 2010, S. 38 f.
109 Schlömer, Nadine/Kay, Rosemarie. Bonn, 2008, S. 55 f.

Das folgende Beispiel, das uns einer unserer Mandanten geschildert hat, verdeutlicht eine Vorgehensweise, wie arglose Verkäufer zum Betrugsopfer werden können:

**Beispiel: Wie arglose Verkäufer zum Betrugsopfer werden können**

Auf das im Internet eingestellte Verkaufsangebot meldet sich aus Como ein Schweizer Investor, der angibt, über erhebliches Privatvermögen zu verfügen. Eine Einigung zum Kaufpreis finde er in aller Regel schnell, erklärt er. Im Kaufvertrag werde ein geringerer Kaufpreis angegeben, als tatsächlich gezahlt wird; die mündlich vereinbarte Restsumme werde in bar übergeben.

Man trifft sich in edlem Ambiente in Mailand. Gespräche werden geführt, man einigt sich auf den Kaufpreis und Verträge werden ausgetauscht. Zum nächsten Termin, bittet der potentielle Käufer, sollten die Verkäufer – zur Bekräftigung ihrer Verkaufszusage – einen Betrag von 100.000 EUR in bar mit nach Italien bringen. Dieser »Sicherheitsbetrag« solle unter Beweis stellen, dass es dem Verkäufer ernst sei mit seinen Verkaufsabsichten. Als Käufer habe man Sorge, alle erforderlichen Maßnahmen für den Verkauf zu leisten und dann möglicherweise doch nicht den Zuschlag zu bekommen. Die 100.000 EUR werde man nach erfolgter Übertragung selbstverständlich an den Verkäufer zurückgeben. Manchmal argumentieren die Käufer auch, man solle Wechselgeld in bar mitbringen (selbstverständlich eine hohe Summe), da man nur einen höheren Betrag überweisen könne.

Bei dem zweiten Treffen in einer abgelegenen Straße wird der Verkäufer vom potentiellen Käufer mit vorgehaltener Waffe um das Bargeld erleichtert.

**Achtung** !

Verhandeln Sie nur mit seriösen Investoren, deren Interesse nachvollziehbar ist und die mit einem entsprechenden Finanzierungs- oder Eigenkapitalnachweis ihre Bonität nachgewiesen haben. Und lassen Sie auf jeden Fall die Finger von zwielichtigen Bargeschäften!

## 6.4 Mundpropaganda

Wirtschaftsverbände, Branchenstammtische, Kongresse, Tagungen, IHK-Nachfolger-Clubs, Besuche bei Lieferanten etc. — überall dort finden sich mögliche Käufer und Investoren. Wenn das Unternehmen jedoch selbst sein Verkaufsinteresse öffentlich macht, besteht die bereits beschriebene Gefahr, dass dies innerhalb kurzer Zeit überall im Markt bekannt wird. Sinnvoller ist, dies nur über einen vertrauenswürdigen Mittler oder einen Transaktionsberater unter Wahrung der Anonymität kommunizieren zu lassen.

# 7 NDA und LOI

**In jedem Fall sollte eine Vertraulichkeitserklärung abgegeben werden. Gegebenenfalls sind — im weiteren Verlauf des Prozesses — auch weitergehende Absichtserklärungen sinnvoll.**

Für den Kaufinteressenten beginnt der Prozess in der Regel mit der Kontaktaufnahme zum potentiellen Verkäufer bzw. dessen Transaktionsberater. Der Abschluss einer Vertraulichkeitserklärung (auch *Non Disclosure Agreement*, kurz *NDA*) stellt die Grundlage für alle weiterführenden Gespräche, die Bereitstellung des Exposés und von Unterlagen und vor allem die Bekanntgabe der Identität des zu verkaufenden Unternehmens dar.[110]

In diesem Zusammenhang stellt sich auch die Frage, in welchem Umfang Gesellschafter, Geschäftsführer oder Vorstände berechtigt sind, Auskünfte zu erteilen, ohne dabei die Interessen der Gesellschaft zu verletzen. Zur Vermeidung von Schadenersatzansprüchen sollte frühzeitig die Zustimmung der Mitgesellschafter, Gesellschafter oder des Aufsichtsrats eingeholt werden. Themen wie Ad-hoc-Publizitätspflichten, kartellrechtliche Schranken eines Informationsaustausches unter Wettbewerbern oder Insiderverbote nach dem Wertpapiererwerbs- und Übernahmegesetz (WpÜG) spielen im Mittelstand hingegen in der Regel keine Rolle.

Auf eine Vertraulichkeitserklärung sollte aus unserer Sicht in keinem Fall verzichtet werden. So trennt sich unserer Erfahrung nach schon einmal die Spreu vom Weizen. Ernsthaft am Erwerb des Unternehmens interessierte Käufer haben mit der Unterzeichnung dieser Erklärung so gut wie nie Schwierigkeiten (seltene Ausnahmen sind Konzernunternehmen aufgrund strikter Compliance-Anforderungen), während sich vorgebliche Interessenten, die »nur mal schauen« und Informationen abgreifen wollen, eher davor zurückscheuen.

Einerseits soll die Abgabe einer Vertraulichkeitserklärung verhindern, dass die Übernahmegespräche öffentlich bekannt werden, andererseits soll die Erklärung sicherstellen, dass der Kaufinteressent die erlangten Informationen bei einem Scheitern der Verhandlungen nicht zu seinem Vorteil verwendet.

110 Der Unterschied zwischen beiden liegt darin, dass eine Vereinbarung zwei Parteien — Kaufinteressent und Verkäufer — hat, während die Erklärung nur einseitig ist. Hier läuft beides auf das Gleiche hinaus.

Dazu werden typischerweise abschreckende Sanktionen — in der Regel hohe Strafzahlungen — für den Fall des Verstoßes gegen die übernommenen Pflichten vereinbart. Was der Interessent erfahren hat, lässt sich allerdings nicht aus seinem Kopf entfernen und die unbewusste Nutzung dieses Wissens lässt sich kaum verhindern. Auch die Ahndung von (vermuteten) Verletzungen der Vertraulichkeitserklärung ist meist nur bei offensichtlichen Verstößen erfolgreich. Ein Muster für eine Vertraulichkeitserklärung finden Sie im Anhang unter E. Bereits mit der Aufnahme von Verhandlungen entsteht zwischen den Parteien ein vorvertragliches Schuldverhältnis, aus dem gegenseitige Verpflichtungen entstehen und aus deren Verletzung weitergehende Ansprüche resultieren können. Derartige Ansprüche entstehen zum Beispiel im Fall des grundlosen Abbruchs der Vertragsverhandlungen oder der Verletzung von Aufklärungspflichten.[111]

Je nach Umfang der Prüfungsphase bietet es sich daher gegebenenfalls an, entweder vor oder nach Durchführung der Dokumentprüfung die Rahmenbedingungen für die (weiteren) Verhandlungen und die jeweiligen Pflichten der Parteien ausdrücklich zu regeln. Ein solches Regelwerk erhöht Klarheit und Verbindlichkeit, gibt beiden Seiten mehr Sicherheit und unterstreicht die Ernsthaftigkeit. Häufig wird der Verkäufer auch bestimmte sensible Informationen — beispielsweise nicht anonymisierte Kunden- und Lieferantenlisten — erst in einem fortgeschritten Stadium der Verhandlungen offenbaren wollen.

In der Praxis sind daher Absichtserklärungen üblich. Dabei handelt es sich, trotz ihrer Bezeichnung, weniger um Erklärungen als vielmehr um Vereinbarungen, in denen auch die bisherigen Verhandlungsergebnisse und die noch offenen Punkte dokumentiert werden.

Im Bereich der Unternehmenstransaktionen heißen diese Vereinbarungen meist Letter of Intent (LoI) oder Memorandum of Understanding (MoU). Beides sind unverbindliche Erklärungen, die bestätigen, dass die Parteien in Verhandlungen über einen Vertragsabschluss stehen. Diese Vereinbarungen haben allerdings keine Bindungswirkung — sie begründen also keine Pflicht zum Abschluss des beabsichtigten Hauptvertrages.

111 § 311 BGB, BGH, Urteil vom 29.03.1996, V ZR 332/94; BGH, Urteil vom 22.02.06, XII ZR 48/03.

Üblich sind in diesem Zusammenhang gegebenenfalls über die Vertraulichkeitserklärung hinausgehende Verschwiegenheits- und Nichtverwertungsvereinbarungen, weitergehende Regelungen über Kostentragung und Aufwendungsersatz für den Fall des Scheiterns der Verhandlungen[112] oder Regelungen über eine etwaige Exklusivität.[113]

Gelegentlich werden auch sogenannte Break-up-Fees vereinbart. Das sind Strafzahlungen, zu denen sich (in der Regel) der Käufer für den Fall des Scheiterns der Verhandlungen verpflichtet.[114]Empirisch lässt sich nachweisen, dass Break-up-Fees einen positiven Einfluss auf den Kaufpreis haben — aus Verkäufersicht sind sie daher zu empfehlen.[115]

Anders als eine Absichtserklärung verpflichtet ein Vorvertrag die Parteien zum Abschluss des Hauptvertrages. Der Vorvertrag regelt die wesentlichen Vertragsbestandteile des späteren Hauptvertrags. Die Verpflichtung zum Abschluss des Hauptvertrags kann auch unter die Bedingung gestellt werden, dass ein bestimmtes Ereignis eintritt bzw. ein Hindernis (Vorkaufsrechte von Dritten, Grundschulden im Betriebsgrundstück, Eigentumsvorbehaltsrechte z. B.) wegfällt. Aufgrund der gravierend unterschiedlichen Rechtsfolgen von Absichtserklärung und Vorvertrag sollte unzweifelhaft klargestellt werden, was gewollt ist.[116]

112 Beispiel: »Jede Partei trägt ihre bisher angefallenen eigenen Kosten sowie die Kosten, die im Zusammenhang mit dieser Vereinbarung und den sich anschließenden Prüfungen und Verhandlungen für den angestrebten Vertragsabschluss stehen, selbst. Hierzu zählen insbesondere Reisekosten, Anwaltskosten, Recherchekosten, Beraterkosten, Planungskosten usw.«

113 Beispiel: »Die Parteien verpflichten sich für die Dauer von 3 Monaten ab Unterzeichnung dieser Vereinbarung, exklusiv über den Abschluss des in § 1 dieser Vereinbarung genannten Unternehmenskaufs zu verhandeln. Der Verkäufer verpflichtet sich weiter, innerhalb dieses Zeitraums keine Verhandlungen mit anderen Interessenten zu führen und gegebenenfalls bereits begonnene Verhandlungen während dieser Zeit nicht fortzusetzen.«

114 Bei der gescheiterten Übernahme der US-Mobilfunktochter der Deutschen Telekom betrug die von AT&T zu zahlende Break-up-Fee rund 6 Mrd. US-Dollar. Siehe auch Hilgard, Mark C.: *Break-up-Fees beim Unternehmenskauf*. In: Betriebsberater (BB), Heft 7, 2008, S. 286 ff.

115 Schmitz-Valckenberg, Collin. Wiesbaden, 2003, S. 206.

116 Beispiel: »Die Parteien sind sich darüber einig, dass diese Vereinbarung keine rechtliche Bindung zum Abschluss des beabsichtigten Vertrages entfaltet. Die Parteien haben das Recht, jederzeit ohne Angaben von Gründen von weiteren Verhandlungen Abstand zu nehmen.«

# 8 Erste(r) Termin(e)

**»Es gibt keine zweite Chance für den ersten Eindruck.«[117]**

Wird der Erstkontakt durch einen Dritten vorbereitet, besteht deutlich mehr Spielraum, die erste Begegnung zwischen Verkäufer und Käufer erfolgreich zu gestalten. Der externe Berater kann beide Seiten darauf vorbereiten, was die jeweils andere erwartet.[118]

Sind die Kaufinteressenten Finanzinvestoren, ist das erste Kennenlernen meist etwas formalisiert. Es wird oft erwartet, dass die Unternehmensleitung im Rahmen einer Managementpräsentation das angebotene Unternehmen detailliert und mit dem Fokus auf die zukünftige Unternehmensstrategie, Marktpositionierung und Ausrichtung vorstellt und den Businessplan erläutert.

Ist der Kaufinteressent hingegen ein strategischer Investor, wird das Ziel für das erste Gespräch häufig lediglich sein, einen Eindruck zu bekommen und abzugleichen, ob sich das Bild, das sich der jeweils andere von dem Unternehmen oder dem Interessenten gemacht hat, bestätigt. Gleichzeitig soll ein erstes Treffen bereits dazu dienen, möglichst viele Informationen zu sammeln (siehe dazu Kapitel 11.4).

Natürlich ist es auch wichtig, dass die Chemie zwischen den Beteiligten stimmt, gleichwohl sollten die Gespräche gut vorbereitet sein. Unsere Ratschläge für die Vorbereitung des ersten Gesprächs, so trivial sie auch scheinen, werden oft außer Acht gelassen – was in der Folge die Kommunikation erheblich belasten kann.

Das Gespräch sollte mit ausreichend Zeit in möglichst entspannter Atmosphäre stattfinden und die Parteien sollten sich auf Augenhöhe begegnen. Auch der Verkäufer sollte sich gedanklich auf das Gespräch vorbereiten und sich nochmals die eigenen Motive und das Ziel des Gesprächs vergegenwärtigen.

Es ist für die Parteien hilfreich, bei diesem Erstkontakt einen Vertrauten mit dabei zu haben; dies ist nicht nur sinnvoll, um dem Gespräch einen angenehmen Rahmen zu verleihen, sondern kann auch helfen, den Gesprächsverlauf zu strukturieren und es im Nachgang zu reflektieren.

---

117 Die Effekte der Heuristik lassen sich auch wissenschaftlich begründen – vgl. hierzu Kahnemann, Daniel: *Schnelles Denken, langsames Denken*. München, 2012.

118 Berning, Detlef/Novak, Andreas. Wiesbaden 2010, S. 44 f.

Die Wichtigkeit eines offenen und möglichst unvoreingenommenen Dialogs kann dabei aus unserer Sicht nicht deutlich genug betont werden, wie das folgende Beispiel zeigt:

**Beispiel: Offener Dialog**

Rainer Schrauber, Inhaber eines spezialisierten Maschinenbaubetriebes, sucht einen Nachfolger für sein Unternehmen.

Neben etlichen anderen Kaufinteressenten meldet sich ein Konkurrenzunternehmen, dem dies zugetragen wurde. Rainer Schrauber will sofort ablehnen; ein Konkurrent käme ihm »nicht auf den Hof«. Wir diskutieren das Für und Wider mit ihm.

Schließlich wird der Konkurrent, nach Unterzeichnung einer Vertraulichkeitserklärung, doch eingeladen. Er kennt noch keine betriebswirtschaftlichen Zahlen, und aufgrund der Konkurrenzsituation der beiden Unternehmen bitten wir als Berater des Verkäufers um Verständnis, dass unser Auftraggeber erst nur ein Kennenlern-Gespräch wünscht. Der potentielle Käufer ist einverstanden.

Wider Erwarten gestaltet sich das Gespräch erstaunlich offen. Der potentielle Käufer legt sein Erwerbsinteresse dar, berichtet aus dem eigenen Unternehmen und von seiner weiteren Planung, spricht über eigene unternehmerische Fehlentscheidungen und auch Fehlinvestitionen. Am Ende des Treffens lädt er Rainer Schrauber in sein Unternehmen ein, um ihm einen Eindruck zu vermitteln, warum er glaubt, mit dem Erwerb von dessen Unternehmen die richtige strategische Entscheidung zu treffen.

Die weiteren Gespräche und Verhandlungen verlaufen unproblematisch. Überzeugt davon, mit seinem ehemals größten Mitbewerber gleichzeitig auch den branchenerfahrensten und souveränsten Käufer gefunden zu haben, verkauft Rainer Schrauber mit gutem Gefühl und zu einem für ihn sehr guten Preis an diesen.

! **Tipp**

Auch wenn die Kontaktaufnahme eines Konkurrenten in vielen Verkäufern erst einmal die Sorge auslöst, dieser könne nur wichtige Firmendaten und Informationen abgreifen wollen, lohnt sich eine gründliche Prüfung seines Erwerbsinteresses und zumindest ein erstes Gespräch. Anschließend lässt sich immer noch entscheiden, ob konkrete Verhandlungen aufgenommen werden.

Bei der Betriebsbesichtigung erhält der potentielle Käufer einen ersten Eindruck von den örtlichen und technischen Gegebenheiten des Unternehmens. Eine umfängliche Begehung der Immobilie sowie eine Besichtigung der Anlagen, Maschinen, des Vorratsvermögens und Inspizierung der Betriebs- und Produktionsabläufe runden seinen bisherigen Eindruck vom Unternehmen ab und geben ihm gleichzeitig Gelegenheit, konkret Fragen zu stellen. Im Zuge dieser Besichtigung ergibt sich meist bereits ein erster Eindruck von den Mitarbeitern, den unterschiedlichen Abteilungen und deren Zusammenarbeit.

!

**Tipp**

**Immer wieder fällt bei Betriebsbesichtigungen auf, dass potentielle Käufer viel Wert auf einen sauberen und ordentlichen Betrieb legen. Dies gibt, gerade in Produktions- und Handwerksbetrieben, Auskunft darüber, wie sorgsam Arbeitnehmer mit Maschinen und Anlagen umgehen. Vor Betriebsbesichtigungen schadet es deshalb tatsächlich nicht, für Ordnung und Sauberkeit zu sorgen.**

Die entscheidenden Fragen, die der Verkäufer nach dem Gespräch für sich beantworten muss, sind: Passt der Interessent zu meinem geplanten Nachfolgekonzept und zur Organisation? Und passt es auch menschlich zwischen beiden Parteien? [119] Natürlich sollte sich auch der Kaufinteressent entsprechende Fragen stellen.

Übernahmeinteressierte legen bei ihren Überlegungen den Fokus insbesondere auf die Produkte und Dienstleistungen des Unternehmens.[120] Empirische Untersuchungen zeigen, dass für Übergabewillige die wesentlichen Kriterien die Bonität des Kandidaten und dessen berufliche Qualifikation sind. Einen Verkauf des Unternehmens an den Meistbietenden unabhängig von dessen Qualifikation scheinen die meisten der befragten Eigentümer dabei nicht anzustreben.[121]

In jedem Fall tun sowohl der potentielle Verkäufer als auch der potentielle Käufer gut daran, sich bereits im Vorfeld Kriterien für die Entscheidungsfindung zu überlegen.

---

119 Vgl. Berning, Detlef/Novak, Andreas. Wiesbaden, 2010, S. 55.
120 Schlömer, Nadine/Kay, Rosemarie. Bonn, 2008, S. 71 f.
121 Institut für Mittelstandsforschung Bonn (Hrsg.): Wolter, Hans-Jürgen, *Informationsasymmetrien in der familienexternen Nachfolge und ihre Überwindung*. In: IfM-Materialien Nr. 191, Bonn, 2010, S. 13; Schlömer, Nadine/Kay, Rosemarie. Bonn, 2008, S. 47 f.

# 9 Stellschrauben für den Prozess

**Wenn mehrere konkurrierende Kaufinteressenten existieren, kann dies genutzt werden, um die Angebotsphase wettbewerbsintensiver zu gestalten — mit positiven Folgen für den Verkaufspreis. Eine Exklusivität für bestimmte Interessenten sollte aus Sicht des Verkäufers erst möglichst spät vereinbart werden.**

Wenn mehrere Interessenten existieren, stellt sich die Frage, wie mit dieser Situation umgegangen werden soll und wie sie gezielt zum Vorteil für die Verhandlungen gestaltet werden kann.

## 9.1 Alternative Bieterverfahren

Sobald sich mehrere potentielle Käufer für das Unternehmen interessieren, sollte man planen, wie man als Verkäufer den weiteren Verkaufsprozess möglichst optimal gestalten und beeinflussen kann. Gerade wenn der Anbieter den Prozess zeitlich straffen muss — beispielsweise beim Verkauf im laufenden Insolvenzverfahren — kann es sinnvoll sein, ein Bieterverfahren vorzuschalten, in der M&A-Branche meist *Limited Auction oder indikative Angebotsphase* genannt.

Durch die intensivierte Wettbewerbssituation kann der Kaufpreis entscheidend beeinflusst werden. Ziel sollte es sein, möglichst bis kurz vor Vertragsunterzeichnung verschiedene potentielle Käufer »im Rennen zu halten«, damit die Verhandlungsmacht einzelner potentieller Käufer begrenzt bleibt.[122] Anders als freie Verhandlungen mit einzelnen Interessenten ist das Bieterverfahren durch eine straffere Organisation und verbindliche Abläufe gekennzeichnet, die im Vorfeld erarbeitet und festgelegt werden müssen.

Im ersten Schritt einer solchen Limited Auction werden die Interessenten aufgefordert, innerhalb bestimmter Fristen auf Grundlage der zur Verfügung gestellten Unterlagen — insbesondere des ausführlichen Exposés — und unter Einhaltung bestimmter Vorgaben ein unverbindliches indikatives Angebot abzugeben (sogenannte *Non-Binding-Offer*).

Je besser und detaillierter im Vorfeld die Prüfung des Unternehmens durch den Verkäufer, die *Vendor's Due Diligence,* durchgeführt wurde, desto genauer und aussagekräftiger werden auch die den Bietern zur Verfügung gestellten Informationen sein. Dies ist nicht unmaßgeblich, denn lückenhafte und schlechte Dokumentationen erlauben einem potentiellen Käufer nur eine unvollständige

122 Schmitz-Valckenberg, Collin. Wiesbaden, 2003, S. 209.

Prüfung und lassen unter Umständen viele Fragen unbeantwortet. Da es bei dieser Form des Bieterverfahrens nur begrenzte Möglichkeiten für Rückfragen gibt, besteht ansonsten die Gefahr, dass der Interessent aussteigt.

In der Regel wird in der anschließenden zweiten Phase der Kreis der Bieter anhand der indikativen Angebote eingeschränkt. Die verbleibenden Kaufinteressenten erhalten Zugang zu einem — meist virtuellen — Datenraum, der ausführliche Informationen über das Unternehmen enthält. Dadurch soll den Bietern die Durchführung einer eigenen Due Diligence ermöglicht und eine konkrete Grundlage für die Kaufentscheidung verschafft werden. In den meisten Datenräumen besteht auch die Möglichkeit, Verkäufer oder Transaktionsberater direkt zu befragen. Da die Fragen und Antworten innerhalb des Systems verwaltet werden, ist zugleich eine Dokumentation des Prozesses gewährleistet. Schließlich gibt der Verkäufer einen Kaufvertragsentwurf (Sale & Purchase Agreement, SPA) vor, der ebenfalls in den Datenraum eingestellt wird. Die verbleibenden Bieter können auf dieser Basis innerhalb einer bestimmten Frist ein verbindliches Angebot für den Kauf des Unternehmens (*Binding Offer*) zusammen mit Änderungsvorschlägen bezüglich des Kaufvertragsentwurfs (*SPA Mark-Up*) senden.

In der dritten und letzten Phase werden mit wenigen oder nur noch einem Bieter die finalen Vertragsverhandlungen geführt. Die im Bieterverfahren geschaffene Wettbewerbssituation hat aus Sicht des Verkäufers den Vorteil der Optimierung des Preises und der Verkaufskonditionen. Außerdem positiv aus Sicht des Verkäufers: Während der Verhandlungen begibt er sich nicht in die »Abhängigkeit« bestimmter, exklusiver Kaufinteressenten, die den Prozess praktisch blockieren können. Nachteilig ist für ihn allerdings der deutlich höhere Aufwand — sowohl zeitlich für das Management als auch finanziell, da das Einschalten von Beratern natürlich nicht umsonst ist. Nachteilig aus Sicht des Bieters ist, dass er keinen Überblick über die eigene Verhandlungsposition hat — er hat keine Information über die Zahl und Identität der übrigen Wettbewerber.

## 9.2 Exklusivitätsvereinbarung

Die Einräumung von Exklusivität kann tatsächlich dann infrage kommen, wenn es einen sehr starken potentiellen Käufer gibt, bei dem mit hoher Wahrscheinlichkeit davon ausgegangen werden kann, dass das Unternehmen an ihn übertragen wird. Diese Exklusivität hat entgegen den Erwartungen zumindest keinen messbaren negativen Einfluss auf den Kaufpreis. Aus Sicht des Verkäufers ist die Vergabe von Exklusivität zu einem fortgeschrittenen Zeitpunkt im Verkaufsprozess deshalb auch als üblich zu akzeptieren.[123]

123 Schmitz-Valckenberg, Collin. Ebd., S. 69 ff., 208.

# 10 Prüfung durch den Interessenten (Due Diligence)

Der potentielle Käufer wird, um zu einer eigenen Beurteilung der Chancen und Risiken des zu übertragenden Unternehmens zu gelangen, in den allermeisten Fällen eine eigene Prüfung des Unternehmens durchführen – die sogenannte *Due Diligence* (Aussprache: `dju: 'dɪlɪdʒəns`).[124]

Der Interessent möchte mittels der Due Diligence zu einer Einschätzung gelangen, ob der Erwerb des Unternehmens für ihn sinnvoll sein wird. Gleichzeitig sollen so etwaige Risiken und Schwächen aufgedeckt werden – auch um für Kaufpreisverhandlungen gerüstet zu sein.

Die Sorgfalt, die auf diese Prüfung verwendet wird, wirkt sich unmittelbar im Ergebnis aus.

## 10.1 Ablauf

Die Due-Diligence-Prüfung vollzieht sich in der Regel in mehreren Schritten:

1. Zunächst wird zwischen den Parteien festgelegt, was geprüft werden soll und in welchem Zeitrahmen die Prüfung stattfinden soll. Nicht nur wird der gesamte Prozess damit strukturiert, er erhält nun auch eine gewisse Verbindlichkeit.
2. Der erste Prüfungsschritt erfolgt in der Regel auf der Basis der vom Unternehmen zur Verfügung gestellten Unterlagen und des Exposés. Im Anhang B. haben wir eine Checkliste zusammengestellt, die bei der Zusammenstellung dieser Unterlagen hilfreich sein kann – diese Liste muss selbstverständlich an die jeweiligen Gegebenheiten angepasst werden.
3. Wenn die Prüfung der Unterlagen für den Interessenten zu einem positiven Ergebnis geführt hat, folgen weitere Prüfungen von Dokumenten oder Anlagen vor Ort und gegebenenfalls Gespräche mit wichtigen Beschäftigten wie Meistern oder Mitarbeitern aus Buchhaltung oder Vertrieb.

124 Der Begriff *due diligence* bedeutet übersetzt etwa »gebotene Sorgfalt« oder »angemessene Sorgfalt« und definiert den Haftungsmaßstab – er ist mit dem Begriff der »im Verkehr erforderlichen Sorgfalt« aus dem deutschen Recht vergleichbar. Der englische Begriff selbst stammt aus dem US-amerikanischen Aktienrecht (Securities Act of 1933) – dort wird der Prozess in Sektion 11(b)(3) »reasonable investigation« genannt.

Schematisch lässt sich der Ablauf der Due Diligence-Prüfung wie folgt darstellen:

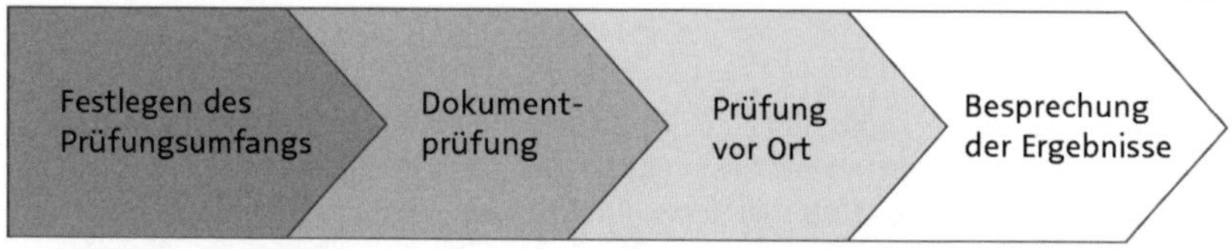


Abb. 8: Ablauf der Due Diligence

Der Ablauf kann (und muss) an die jeweilige Situation angepasst werden, ein schematisches Vorgehen ist nicht sinnvoll. Grundsätzlich kann die Prüfung auch unter Hinzuziehung externer Gutachter erfolgen, was bei kleinen und mittelständischen Unternehmen aber meist nicht erforderlich und auch aufgrund der entstehenden Kosten kaum zu vertreten ist.

In dieser Phase ist es ratsam, den Transaktionsprozess sorgfältig zu dokumentieren: Halten sie beispielsweise fest, wer welches (mit gedrucktem oder digitalem Wasserzeichen versehenes) Exposé erhält, damit später unbefugt verteilte Exemplare dem ursprünglichen Empfänger zugeordnet werden können.[125] Sie verdeutlichen dem potentiellen Käufer so zugleich, dass Sie die Bereitstellung von Unterlagen und Dokumentationen engmaschig überwachen.

## 10.2 Relevante Bereiche

Die Auswahl der zu prüfenden Bereiche soll Chancen und Risiken identifizieren. Dabei werden sowohl die Besonderheiten des jeweiligen Unternehmens als auch dessen Stellung im Markt berücksichtigt.

Gegenstand der Prüfung sind — je nach Unternehmensgröße — typischerweise dessen Markt und Marktposition, Kunden und gegebenenfalls Lieferanten, die angebotenen Produkte und Dienstleistungen, gegebenenfalls die Produktion, die Unternehmensorganisation einschließlich der Arbeitnehmer sowie die finanziellen Rahmendaten.

125 Schmitz-Valckenberg, Collin. Wiesbaden, 2003, S. 76

Schließlich müssen auch gesellschaftsrechtliche und steuerliche Risiken einschließlich der Verträge, Schutzrechte etc. einer Prüfung unterzogen werden.[126]

Hierbei kommt es darauf an, genau zu verstehen, wie und womit das Unternehmen sein Geld verdient. Am Ende der Unternehmensanalyse sollten ein aufbereitetes Zahlenwerk sowie ein umfassendes Verständnis für das Gesamtunternehmen und seine Märkte stehen. Dies ist nicht nur als Planungsgrundlage sinnvoll, sondern liefert auch Ansatzpunkte zur Optimierung des Unternehmens.[127]

Im Folgenden haben wir typische Bereiche der Prüfung dargestellt. Im Anhang C. haben wir zudem eine Liste mit Fragen beigefügt, die als Anregung dienen können.

### 10.2.1 Finanzielle Rahmendaten

Am Anfang der Unternehmensprüfung steht meist eine sorgfältige Analyse des Rechnungswesens. Für den Kaufinteressenten steht hier im Vordergrund, die Entwicklung des Unternehmens und seiner Erträge zu verstehen und auch die möglichen Gründe dafür zu analysieren.

Für kleinere und mittlere Unternehmen wird dabei ein Zeitraum der letzten drei bis fünf Jahre für sinnvoll gehalten. Für diesen Zeitraum müssen die Jahresabschlüsse/Gewinnermittlungen bzw. betriebswirtschaftlichen Auswertungen nebst Summen- und Saldenlisten und möglichst die zugehörigen Kontenblätter ausgewertet werden.

Wenn es sich nicht schon aus dem Rechnungswesen ergibt — also beispielsweise bei Gewinnermittlung durch Einnahmenüberschussrechnung — ist zudem eine Aufstellung der Außenstände und Verbindlichkeiten einschließlich des Alters der jeweiligen Forderung erforderlich. Diese Aufstellung ermöglicht auch eine Beurteilung der Funktionalität der Organisation des Unternehmens und seiner Verwaltungsstruktur.

---

126 Sonderegger schlägt auf der Basis einer empirischen Untersuchung für die Analyse, ob die Zusammenarbeit zweier Unternehmen Synergien bzw. Gefahren birgt, vor, (nur) drei Werttreiber zu untersuchen: (1) Mitarbeiter, (2) Kundenbeziehung und (3) Profil, Image, Reputation - diese Einschränkung scheint grundsätzlich auch hier vertretbar; siehe Sonderegger, Joseph: *Bewertung von (KMU-)Dienstleistungsunternehmen — ein ganzheitlicher Ansatz für die Bewertung.*, St. Gallen, 2013, S. 188 ff. — ein Fragebogen ist der Arbeit im Anhang beigefügt.

127 Vgl. Kranebitter, Gottwald (Hrsg.): *Unternehmensbewertung für Praktiker.* Wien 2007, S. 219; Hackspiel, Thorsten/Fries, Walter: *Unternehmensbewertung von KMU - Prozessuale und quantitative Besonderheiten.* In: M&A Review, 3/2010, S. 131—138 (134).

### 10.2.1.1 Exkurs: Auswirkung des Rechnungswesens

Welche Informationen sich dem Rechnungswesen entnehmen lassen, ist für die praktische Durchführung der Analyse von entscheidender Bedeutung. Wenn das Unternehmen kein Kaufmann im Sinne des Handelsgesetzbuchs (HGB) ist, ist die Buchhaltung typischerweise auf die Gewinnermittlung in Form einer Einnahmen-überschussrechnung zugeschnitten[128]. Standardmäßig werden dabei nur die tatsächlich erfolgten Ein- und Auszahlungen sowie die Abschreibungen am Jahresende verbucht. Dies lässt keine Rückschlüsse auf den Bestand an Forderungen und Verbindlichkeiten zu, denn nicht bezahlte Rechnungen wirken sich auf das Ergebnis nicht aus!

Da der Zeitpunkt der Zahlungsflüsse mehr oder weniger zufällig ist, sind Leistungen nicht periodengerecht erfasst. Sofern es sich dabei um geringfügige Schwankungen handelt, kann und muss dies gegebenenfalls hingenommen werden, gleichwohl sollte bei der Analyse der Daten darauf geachtet werden. Im Speziellen kann eine Aufstellung der Ausgangsrechnungen nach Datum sinnvoll sein, um eine periodengerechte Zuordnung der erbrachten Leistungen selbst vornehmen zu können.

Bei Kaufleuten hingegen wird der Gewinn durch Vermögensvergleich ermittelt und eine Einheitsbilanz erstellt, die sowohl handelsrechtlichen als auch steuerlichen Anforderungen genügt[129]. Hier sind die Aufwendungen und Erträge bereits periodengerecht abgegrenzt. Jedoch können Zahlungsflüsse nicht mehr ohne Weiteres erkannt werden. Je detaillierter und trennschärfer die Verbuchung vorgenommen wurde, desto aussagekräftiger kann die Analyse ausfallen.

Dass die Buchhaltung in jedem Fall inhaltlich richtig sein muss, versteht sich von selbst.

### 10.2.1.2 Bereinigung der Daten des Rechnungswesens

Im nächsten Schritt müssen die einzelnen Zahlen aus dem Rechnungswesen, soweit erforderlich, bereinigt werden. Am einfachsten ist es, die Posten der relevanten Gewinnermittlungen in eine Tabellenkalkulation zu übertragen. Korrekturen und Ergänzungen können dann schnell vorgenommen werden.

128 § 4 Abs. 3 EStG.
129 §§ 238 ff. BGB, §§ 4 Abs. 1, 5 Abs. 1 EStG.

Der wesentliche Punkt ist dabei die Analyse und Bereinigung der Einnahmen. Der Umsatz muss um Erträge mit einmaligem oder außerordentlichem Charakter korrigiert werden. Außerdem muss der Umsatz um solche Erträge bereinigt werden, die im Ergebnis am Verkäufer »hängen«, beispielsweise aufgrund gesellschaftsrechtlicher Verbindungen oder persönlicher Beziehungen, die der Inhaber zu Kunden unterhält; dann ist unklar, ob diese das Unternehmer weiter beauftragen, wenn der Inhaber gewechselt hat. Schließlich müssen Umsätze herausgerechnet werden, die so nur durch den Verkäufer erzielt werden können, beispielsweise Vortragshonorare.

Besonderes Augenmerk sollte auch auf einer sorgfältigen Analyse der Aufwandsposten liegen. Relevant ist in diesem Zusammenhang beispielsweise, ob alle Aufwendungen »über die Bücher gelaufen« sind oder ob für das Unternehmen Vermögensgegenstände des Inhabers ohne Berechnung genutzt bzw. mitarbeitende Familienangehörige angemessen entlohnt wurden. Andererseits kann es auch sein, dass unternehmensfremde Aufwendungen vom Unternehmen bezahlt wurden: als Arbeitnehmer angemeldete Ehegatten oder Kinder, die in Wirklichkeit nicht für das Unternehmen tätig waren, Fahrzeuge für Angehörige oder Aufwendungen, die tatsächlich eher privat motiviert sind wie z. B. das Sponsoring für den Sportverein der Kinder.

Da sich bei einer Einnahmenüberschussrechnung nur die bezahlten Eingangsrechnungen im Ergebnis niederschlagen, sollte auch die Entwicklung der Verbindlichkeiten analysiert werden. Schließlich müssen die ausgewiesenen Gewinne um rein steuerlich motivierte Aufwendungen und Erträge bereinigt werden.

Nicht selten werden sich auch Teile des Anlagevermögens im Privatvermögen des Verkäufers oder seiner Familie oder in separaten Besitzgesellschaften befinden und an das Unternehmen vermietet werden. Der Klassiker sind in diesem Zusammenhang Immobilien, die dem jeweiligen Ehegatten gehören.[130] Hier muss geprüft werden, ob marktübliche Konditionen angewendet wurden und auch, ob die betreffenden Leistungen bzw. Gegenstände in Zukunft noch genutzt werden können.

---

130 Hackspiel, Thorsten/Fries, Walter. In: M&A Review, 3/2010, S. 131–138 (133 f.).

Wenn der Unternehmenswert nicht auf der Grundlage der Gewinne aus der Gewinnermittlung ermittelt werden soll, sondern auf der Basis freier Zahlungsflüsse (siehe dazu Kapitel 13.3) muss der ausgewiesene Gewinn außerdem »umgerechnet« und korrigiert werden — beispielsweise um nicht zahlungsrelevante Posten wie Abschreibungen, die Auflösung oder die Bildung von Rücklagen.[131]

Ob es vertretbar ist, direkt mit den Werten aus der Gewinnermittlung zu arbeiten, muss im Einzelfall überprüft werden. Wenn es nur geringe Schwankungen des Lagerbestandes und nur wenig Anlagevermögen gibt, ist dies ein akzeptables Vorgehen. Anders wäre es beispielweise, wenn Investitionen in erheblichem Umfang erforderlich sind.

### 10.2.1.3 Kennzahlen

Eine Analyse der Entwicklungen im Zeitverlauf ist am einfachsten durch die Errechnung von Kennzahlen zu erreichen. Wenn die Daten ohnehin in eine Tabellenkalkulation übertragen wurden, lässt sich dies problemlos bewerkstelligen. Bei Unternehmen, die ihren Gewinn durch Bilanzierung ermitteln, kann dabei auf das komplette Instrumentarium der Bilanzanalyse zurückgegriffen werden.[132]

Eine Betrachtung der Entwicklung der Sachanlagenintensität[133], der Investitionsquote[134] und der Wachstumsquote[135] gibt schnell Aufschluss über grundlegende Zusammenhänge. Auch die Verhältnisse der Posten in der Gewinn- und Verlustrechnung geben einen tiefergehenden Einblick — als ein Beispiel soll die Kostenquote[136] dienen; entsprechende Quoten lassen sich natürlich auch für andere relevante Posten errechnen, beispielsweise die Personalkosten in Prozent vom Umsatz oder der Anteil der Personalkosten an den Gesamtkosten. Da diese

131 Vereinfacht:
*Free Cash Flow* =
EBITDA
+/- Rückstellungszunahme/-abnahme
- Steuern
+/- Desinvestitionen/Investitionen des Anlagevermögens
+/- Veränderung des *Working Capit.*
Zur Überleitung einer Gewinnermittlung nach § 4 Abs. 3 EStG auf den betrieblichen Cashflow und dann auf den erweiterten betrieblichen Cashflow vgl. Knief, Peter: *Ein Standardschema für die Einnahmenüberschussrechnung*, DStR 2005, S 1021—1029 (1026 f.).

132 Ein Online- sowie ein Excel-Tool zur Ermittlung unterschiedlicher Kennzahlen finden Sie unter www.controllingportal.de/Fachinfo/Kennzahlen/Bilanzkennzahlen-zur-bilanzanalyse.html (abgerufen am 07.05.2017).

133 Sachanlagen/Gesamtvermögen.

134 Nettoinvestitionen/Anlagevermögen mit ehemaligen Anschaffungskosten.

135 Nettoinvestitionen/Anlagevermögen des laufenden Jahres.

136 Aufwendungen/Umsatz.

Aufwendungen in Relation zu einer Bezugsgröße gesetzt werden, können Veränderungen leichter erkannt werden.[137]

Bei Unternehmen, die nur den Überschuss der Betriebseinnahmen über die Betriebsausgaben ermitteln, sind hingegen in der Regel nur begrenzte Aussagen möglich, da nur die geleisteten Zahlungen verbucht werden und zudem die zugrundeliegenden Aufwendungen und Erträge nicht zwingend in der jeweiligen Periode verursacht wurden. Die bei Abgabe der Steuererklärung insoweit zwingend zu verwendende »Anlage EÜR« gibt aber immerhin eine Mindestgliederung vor.

### 10.2.2 Markt und Marktposition

Für die Beurteilung der Zukunftssicherheit des Unternehmens spielt sein konkretes »Geschäftsmodell« und seine Positionierung im Feld der Mitbewerber eine zentrale Rolle. Betrachtet man den Markt, in dem das Unternehmen tätig ist, sowie dessen erwartete Entwicklung, gelangt man zu einer aussagekräftigen Basis für die Beurteilung. Ein guter Zugang hierzu sind Studien von Beratungsunternehmen und Branchenverbänden. Auch Banken veröffentlichen in der Regel Einschätzungen über die Entwicklung bestimmter Branchen (oder erstellen Sie zumindest für ihre eigenen Entscheidungen).

In diesem Zusammenhang sollten auch abzusehende technische oder demographische Entwicklungen und deren Folgen nicht vergessen werden. Hier kann es sinnvoll sein, eine Analyse der wesentlichen Marktveränderungen in den vergangenen Jahren durchzuführen (z. B. Konsolidierung, neue Wettbewerber, Insolvenzen etc.), gegebenenfalls auch in vor- oder nachgelagerten Produktionsstufen. Pressemeldungen oder die Archive von Fachzeitschriften sind hierfür ergiebige Quellen.

Ausgehend von der Situation und der Marktentwicklung muss die relative Position des Unternehmens im Vergleich zu seinen direkten Wettbewerbern analysiert werden. Dabei sollte vor allem Alleinstellungsmerkmalen Beachtung geschenkt werden, die einen gewissen Schutz vor Konkurrenten oder Nachahmern bieten – typische Bespiele sind Patente oder besonderes Verfahrens-Know-how.

Auch der Gesamtauftritt des Unternehmens sowie seine Wahrnehmung in der Öffentlichkeit – insbesondere im Internet aber auch Presseveröffentlichungen

137 Einen guten Einstieg bieten Gräfer, Horst/Gerenkamp, Thorsten: *Bilanzanalyse*. Herne, 2015. Ebenfalls einen guten Einstieg bietet: Bestmann, Uwe: *Betriebswirtschaftliche Formelsammlung: Kommentierte Kennzahlen*. München, 2011.

und beispielsweise Firmenbroschüren – sollten in dieser Phase betrachtet werden.

### 10.2.3 Produkte und Dienstleistungen

Die Produkte und Dienstleistungen des Unternehmens und das Maß an Kundenzufriedenheit spielen eine entscheidende Rolle. Ebenso ausschlaggebend: Definiert sich der Anbieter in erster Linie über den Preis oder über die besondere Qualität seiner Angebote? Die einzelnen Produkte müssen sorgfältig auf deren Qualität, auf Präsenz und Wahrnehmung im Markt hin analysiert werden – dazu kann eine Internetrecherche aufschlussreiche Informationen liefern. Dabei muss auch der Lebenszyklus der Produkte und der Stand der Forschung und Entwicklung betrachtet werden.

Bei der Produktanalyse spielt auch die Beschaffung eine Rolle: Bestehen Abhängigkeiten im Einkauf oder relevante Beziehungen zu mit dem Verkäufer verbundenen Unternehmen?

Bei Handelsunternehmen, aber auch bei Fertigungsunternehmen im Bereich der Roh-, Hilfs- und Betriebsstoffe ist zudem relevant, ob der Lagerbestand aktuell und verkäuflich ist oder zum überwiegenden Teil aus Ladenhütern besteht, die abgeschrieben werden müssen.

### 10.2.4 Produktion und Umwelt

Bei produzierenden Unternehmen müssen auch die Produktionsanlagen einer detaillierten Betrachtung unterzogen werden. Dazu gehört, ob die Maschinen und Anlagen auf dem Stand der Technik und regelmäßig gewartet sind oder ob es Reparatur- und Instandhaltungsrückstände gibt.

Der Käufer sollte nicht zuletzt prüfen, ob ausreichend Kapazität für eine etwaige Produktionsausweitung vorhanden ist. Wenn nicht, muss dies seinen Niederschlag in der Planungsrechnung finden.

Der Käufer muss beachten, ob alle erforderlichen Genehmigungen und Zertifizierungen vorhanden sind und Maschinen auch nach deren Verlegung wieder in Betrieb genommen werden dürfen. Falls ein *Asset Deal* geplant ist, muss auch eruiert werden, ob die entsprechenden Genehmigungen neu erteilt werden können, wie lange dies dauert und mit welchen Kosten dies gegebenenfalls verbunden ist. Besonders wenn Grundbesitz übertragen werden soll, spielt die Frage nach Umweltgefährdungen oder sonstigen Umweltrisiken eine signifikante Rolle. Im Bereich der technischen Begutachtung kann die Einschaltung technischer Sachverständiger angeraten sein.

### 10.2.5 Kunden und Vertrieb

Ein weiterer Schwerpunkt der Prüfung sollte auf den bestehenden Kundenbeziehungen des Unternehmens liegen. Um einen möglichst aussagekräftigen Einblick in die Kundenstruktur zu bekommen und die damit verbundenen Geschäftschancen und Risiken beurteilen zu können, ist bei Handwerks- und Produktionsbetrieben sowie Dienstleistungsunternehmen eine detaillierte Kundenliste erforderlich, aus der die jeweiligen Auftragsvolumina hervorgehen. Bei größeren Aufträgen darf der Käufer zudem die jeweiligen (Nach-)Kalkulationen nicht außer Acht lassen. Bei Einzelhandelsunternehmen hingegen kommt es eher auf eine Auswertung der einzelnen Produktgruppen an.

Wenn das Unternehmen relativ wenige Stammkunden hat, sind auch Angaben über die Dauer der jeweiligen Geschäftsbeziehung und das Alter der Entscheidungsträger auf Seiten der Auftraggeber hilfreich. Oft wird übersehen, welches Risiko im Wegfall von Kunden oder der Abhängigkeit von Großkunden liegt.

Relevant sind auch die Bonität der Kunden sowie mögliche Branchen- oder Klumpenrisiken. Etwaige außergewöhnliche Forderungsausfälle in der Vergangenheit sollten einer gesonderten Analyse unterzogen werden.

Um die Chancen abschätzen zu können, dass die Kundenbeziehungen übertragen werden können, ist es wichtig, zu verstehen, wie die Kunden üblicherweise zum Unternehmen kommen: Handelt es sich typischerweise um Laufkundschaft oder um gezielt akquirierte Kunden? Existiert ein breites Netzwerk an Multiplikatoren? Hat das Unternehmen eine starke Internetpräsenz, über die Kontakte generiert werden? Dabei spielt auch eine Rolle, ob es besondere Verbindungen zwischen dem Verkäufer und wichtigen Kunden gibt.

Um einen Einblick zu bekommen, müssen auch Vertriebsstruktur und Vertriebskontakte analysiert werden, einschließlich der Qualifikation und Ausbildung der Vertriebsmitarbeiter. Eine außergewöhnlich hohe Fluktuation im Vertrieb kann ein Hinweis darauf sein, dass etwas im Argen liegt. Hier schadet es nicht, einmal das Internet nach alten Stellenangeboten zu durchsuchen.

### 10.2.6 Organisation und IT

Sorgfältig untersucht werden muss auch die Unternehmensorganisation, insbesondere die Aufbau- und Ablauforganisation. Der organisatorische Aufbau muss zur Größe des Unternehmens passen. Weder darf die Personaldecke zu dünn noch dürfen zu viele Mitarbeiter beschäftigt sein. Ein Hilfsmittel ist in diesem Zusammenhang ein Organigramm des Unternehmens, das detaillierte Stellen- und Kompetenzbeschreibungen der einzelnen Arbeitnehmer sowie Vertretungsregelungen enthält.

Auch die Beschreibung der Prozesse im Unternehmen — beispielsweise, aber nicht zwingend, im Rahmen einer Zertifizierung nach DIN ISO — ist hilfreich, um dem Käufer einen Einblick in die Abläufe des Unternehmens und deren Zweckmäßigkeit zu geben.

Im Rahmen der Analyse wird der Käufer sich insbesondere auch dem vorhandenen IT-System und dessen Nutzung zuwenden. Den Schwerpunkt wird er dabei auf die vorhandene Technik, die Datensicherheit sowie darauf legen, wie die Daten im Unternehmen genutzt werden und ob sie an den richtigen Stellen verfügbar sind.

Das Wissensmanagement-System sollte ebenso hinterfragt und entsprechend geprüft werden wie andere Abläufe im Unternehmen, beispielsweise das Rechnungswesen und Controlling.[138]

### 10.2.7 Personal

Der Käufer eines Unternehmens übernimmt nach § 613a BGB die bestehenden Arbeitsverhältnisse mit allen Rechten und Pflichten — auch bei einem Asset-Deal. Eine Ausnahme gilt für die Unternehmer und die Organe von Kapitalgesellschaften; sie fallen nicht unter den Anwendungsbereich von § 613a BGB, der Käufer muss sie also nicht weiterbeschäftigen.[139]

Eine Kündigung wegen des Betriebsübergangs ist unwirksam.[140] Trotz dieser Regelung bleibt eine Kündigung aus anderen Gründen zulässig, auch dann, wenn sie zeitlich mit dem Betriebsübergang zusammenfällt.[141]

---

138 Vgl. Kranebitter, Gottwald. Wien. 2007, S. 218.
139 BAG, Urteil vom 13.02.2003, 8 AZR 654/01.
140 § 613a Abs. 4 BGB.
141 BAG, Urteil vom 27.10.2005, 8 AZR 568/04.

Der Käufer haftet mit dem Übergang der Arbeitsverhältnisse auch für sämtliche Verbindlichkeiten aus Arbeitsverhältnissen, die vor dem Betriebsübergang entstanden sind.[142] Für Verbindlichkeiten, die vor dem Zeitpunkt des Übergangs entstanden sind und die innerhalb eines Jahres nach der Betriebsübergabe fällig werden, haftet neben dem Käufer weiterhin auch der Verkäufer.[143] Obwohl der neue Arbeitgeber automatisch in die Arbeitsverhältnisse eintritt, sind sowohl der bisherige als auch der neue Betriebsinhaber verpflichtet, die betroffenen Arbeitnehmer über den Betriebsübergang und über den Zeitpunkt und Grund des Übergangs sowie dessen rechtliche, wirtschaftliche und soziale Folgen sowie über die hinsichtlich der Arbeitnehmer geplanten Maßnahmen zu informieren. Diese Information muss in Textform[144] erfolgen – in der Regel also durch einen Brief oder eine E-Mail.[145] Ein Muster für ein solches Schreiben finden Sie in Anlage H.

Nachdem er über den bevorstehenden Übergang des Arbeitsverhältnisses informiert wurde, hat der Arbeitnehmer das Recht, dem innerhalb eines Monats schriftlich zu widersprechen. Wichtig: Die Widerspruchsfrist beginnt erst, wenn der Arbeitnehmer ordnungsgemäß über den Betriebsübergang unterrichtet wurde. Tatsächlich kommt ein Widerspruch von Arbeitnehmerseite sehr selten vor.

**Tipp** !

**Wird der Arbeitnehmer nicht oder falsch über den Betriebsübergang informiert, hat er unter Umständen noch nach Jahren das Recht, dem Betriebsübergang zu widersprechen – beispielsweise bei einer späteren Insolvenz des neuen Arbeitgebers.**

**Erstellen Sie am besten zwei Exemplare des Schreibens: eines bekommt der Mitarbeiter, auf dem anderen lassen Sie sich den Empfang bestätigen und heften es in die Personalakte.**

Widerspricht der Arbeitnehmer dem Übergang seines Arbeitsverhältnisses, muss sein bisheriger Arbeitgeber/der Verkäufer ihn weiterbeschäftigen und dies obwohl er sein Unternehmen verkauft hat und den Arbeitnehmer deshalb faktisch gar nicht mehr beschäftigen kann. Aus diesem Grund kann er den Arbeitnehmer dann aus betriebsbedingten Gründen kündigen. Allerdings muss der Verkäufer bis zum Ende der regulären Kündigungsfristen die Personalkosten bezahlen.[146] Wenn der Arbeitnehmer dem Betriebsübergang nicht widerspricht, läuft das Arbeitsverhältnis wie gehabt mit dem neuen Inhaber weiter, also einschließlich

142 Vgl. Darstellung von Einzelfällen bei Prütting, Hanns/Wegen, Gerhard/Weinreich, Gern (Hrsg.). Köln, 2016. § 613a Rn. 11 ff.
143 § 613a Abs. 2 BGB.
144 Was genau eine Textform ist, steht in § 126b BGB.
145 § 613a Abs. 5 BGB.
146 Die Kündigungsfristen ergeben sich aus dem Arbeitsvertrag bzw. aus § 622 BGB.

beispielsweise übertariflicher Bezahlung, besonderen Urlaubsvereinbarungen, Pensionszusagen, Dauer der Betriebszugehörigkeit etc.

! **Tipp**

**Ein besonderes Augenmerk verdienen in diesem Zusammenhang Pensionszusagen. Für die später zu leistenden Zahlungen bilden Unternehmen Rückstellungen, die nach vorgeschriebenen finanzmathematischen Methoden auf der Basis von Sterbetabellen und erwarteten Zinssätzen berechnet werden. Allerdings steigt die Lebenserwartung stetig und die Zinsen auf dem Kapitalmarkt sind gering. Das bedeutet, die Rückstellungen der meisten Unternehmen sind zu gering.**

**Häufig wird der Käufer nicht bereit sein, dieses Risiko zu übernehmen. Mittlerweile bieten allerdings Versicherungen die Eindeckung dieses Risikos an. Die Versicherung kann der Verkäufer auf seine Kosten vornehmen oder der Käufer berücksichtigt die Prämie im Kaufpreis.**

Im Rahmen der Due Diligence sollte der Käufer auf jeden Fall die Arbeitsverträge (gegebenenfalls Musterverträge) und Betriebsvereinbarungen prüfen, insbesondere die Kündigungsfristen und die Marktüblichkeit der Vergütung. Dasselbe gilt für Verträge mit freien Mitarbeitern.

Achten Sie auf die Ausbildungen und bisherigen beruflichen Tätigkeiten der Arbeitnehmer, auf die Alters- und Gehaltsstruktur des Unternehmens. Finden Sie unbedingt auch heraus, wer wo welche Schlüsselpositionen besetzt. Bei Handwerksunternehmen ist dies zum Beispiel in der Regel der Meister. Eine wichtige Frage, die Sie in diesem Zusammenhang stellen müssen, ist: »Was bedeutet es für das Unternehmen und welche Folgen hat es, wenn diese Schlüsselperson den Unternehmenswechsel nicht mitmacht?«. Einen weiteren Einblick in die Personalsituation im Unternehmen bekommen Sie, wenn Sie sich die Entwicklung der Personalkosten in Relation zum Umsatz ansehen.

Die sogenannten weichen Faktoren, wie beispielsweise die Stimmung im Unternehmen und der Umgang miteinander, aber auch gelebte Werte wie Zuverlässigkeit und Kundenorientierung, sind ebenso entscheidend, lassen sich aber nur schwer mit Zahlen fassen. Hinweise darauf, dass etwas im Argen liegt, können zum Beispiel eine hohe Fluktuation[147] und hohe krankheitsbedingte Fehlzeiten sein.

Da neben den eigentlichen Arbeitsverhältnissen auch alle anderen »Pflichten aus dem Arbeitsverhältnis« auf den Käufer übergehen — insbesondere Sozialverbindlichkeiten - muss ebenfalls geprüft werden, ob die Sozialabgaben korrekt berechnet und abgeführt worden sind. Gegebenenfalls kann dazu eine Bestätigung des Steuerberaters eingeholt werden.

147 Koch, Wolfgang. Stuttgart, 2016, S. 110; Kranebitter, Gottwald. Wien 2007, S. 219.

Beschäftigt das Unternehmen regelmäßig freie Mitarbeiter, dann prüfen Sie gründlich, ob sie wirklich selbstständig oder möglicherweise nur scheinselbstständig sind. Nehmen Sie am besten jedes relevante Dienstverhältnis unter die Lupe.

Dem Unternehmenskaufvertrag sollte schließlich eine Aufstellung der vorhandenen Arbeitsverhältnisse einschließlich der relevanten Daten (Geburtsdatum, Eintritt, Gehalt, Tätigkeit) beigefügt werden. Es ist auch sinnvoll, im Vertrag festzuhalten, ob Zahlungen aus den Arbeitsverhältnissen rückständig sind und gegebenenfalls zu regeln, wer diese zu leisten hat. Aus Sicht des Verkäufers ist es zudem sinnvoll, einen Freistellungsanspruch für den Fall zu vereinbaren, dass einzelne Arbeitnehmer dem Übergang ihrer Anstellungsverträge widersprechen.

### 10.2.8 Externe Verträge

Wenn das Unternehmen im Rahmen eines Asset-Deals übertragen wird, gehen Verträge — mit Ausnahme der Arbeitsverträge — nicht automatisch auf den Käufer über. Gleichwohl sind meist alle Beteiligten daran interessiert, dass der Käufer werthaltige Verträge und Vertragsbeziehungen übernimmt.

Daher sollten zumindest die wesentlichen Verträge geprüft werden. Das sind zum einen Verträge bei denen das Unternehmen Leistungen in Anspruch nimmt wie Miet- oder Pachtverträge, Wartungs-, Beratungs- oder Versicherungsverträge. Zum anderen Verträge, bei denen das Unternehmen Leistungen erbringt, wie beispielsweise Rahmenverträge oder Vertriebsvereinbarungen.

Wenn das Unternehmen im Vertrieb auf Handelsvertreter zurückgreift, können diese Ausgleichsansprüche gegen das Unternehmen haben, die durchaus eine nennenswerte Größenordnung erreichen können[148] — prüfen Sie die entsprechenden Verträge im Einzelnen hierauf.

### 10.2.9 Gesellschaftsrechtliche und steuerliche Risiken

Sofern es um den Erwerb einer Kapitalgesellschaft bzw. eines Anteils an ihr geht, sind typische gesellschaftsrechtliche Risiken abzuklären, namentlich die nicht vollständige Erbringung der Stammeinlage oder die Leistung verdeckter Sacheinlagen. Daneben ist die, zumindest kursorische, Prüfung der möglichen steuerlichen Risiken vorzunehmen.

148 § 89b HGB.

Wer Anteile einer Kapitalgesellschaft erwirbt, erwirbt zugleich sämtliche steuerlichen Risiken mit. Eine besondere Bedeutung hat in dieser Konstellation das Thema der verdeckten Gewinnausschüttungen, also wenn Zahlungen an den Gesellschafter oder eine ihm nahestehende Person geleistet wurden, die durch das Gesellschaftsverhältnis begründet und nicht betrieblich veranlasst sind.

Aber auch wenn das Unternehmen im Rahmen eines Asset-Deals erworben wird, drohen steuerliche Risiken. Ein wesentliches Haftungsrisiko ergibt sich aus § 75 AO. Demnach haftet der Käufer eines Betriebs für alle Steuern, die innerhalb eines Jahres vor der Übergabe im Unternehmen entstanden sind.

Nach dem im Jahr 2013 ergangenen Anwendungserlasses zu § 75 AO definiert die Finanzverwaltung »Unternehmen« als »jede wirtschaftliche Einheit oder organisatorische Zusammenfassung persönlicher oder sachlicher Mittel zur Verfolgung wirtschaftlicher Zwecke«[149]. Dies umfasst beispielsweise auch Freiberuflerpraxen.

Die Prüfung der steuerlichen Risiken behandelt vor allem die Frage ob alle Sachverhalte im Unternehmen steuerlich zutreffend behandelt wurden. Wenn das der Fall ist, ist die Gefahr von Steuernachzahlungen gering. Um diese Frage zu beantworten, prüfen Sie, gegebenenfalls mit einem Steuerberater, die Buchhaltung, die Steuererklärungen der letzten fünf Jahre und — soweit ergangen — die entsprechenden Steuerbescheide.

Problematisch ist das immer wieder bei Einzelunternehmen, die im Rahmen der Einkommensteuer des Inhabers veranlagt werden: die meisten Inhaber sträuben sich erst einmal, über ihre privaten Einkommensverhältnisse Auskunft zu geben. Hier ist meist etwas Überzeugungsarbeit erforderlich. Gibt der Einzelunternehmer keinen Einblick in die Steuerbescheide, wird der Käufer gegebenenfalls Garantien verlangen oder einen Risikoabschlag auf den Kaufpreis oder einen Sicherungseinbehalt vornehmen wollen.

## 10.3 Beurteilung der Prüfungsergebnisse

Um das Unternehmen bewerten zu können, muss der Käufer sich damit intensiv auseinandersetzen. Ihm bleibt in dieser Phase nichts anderes übrig, als so lange zu fragen, bis er denkt, das Unternehmen in- und auswendig zu kennen. Es ist wichtig, vorab zu überlegen, welche Informationen wirklich relevant sind. Menschen stützen sich bei ihren Entscheidungen gerne auf Informationen, die gerade verfügbar sind — auch wenn sie irrelevant sind. Beschränken Sie die Prü-

149 Anwendungserlass zur Abgabenordnung (AEAO) vom 31. Januar 2013.

fung also nicht nur auf das, was in der Dokumentation zur Verfügung gestellt wird – allerdings sind irrelevante Informationen immer wertlos, auch wenn sie noch so schön aufbereitet sind.[150] Ein Käufer, der zu wenige Fragen stellt, begeht einen wesentlichen Fehler! Sein Prüfungsergebnis wird unvollständig und nicht aussagekräftig genug ausfallen, weil er das Unternehmen nicht richtig verstanden hat. Das hat wiederum weitreichende und unter Umständen existenzbedrohende Konsequenzen.

Im Rahmen der Prüfung werden Sie umfangreiche und zum großen Teil unstrukturierte Informationen über das Unternehmen sammeln. Diese lassen sich zum großen Teil nicht schematisch auswerten, sondern müssen einzelnen bewertet werden. Eine guter Ansatz ist folgender: im Laufe ihrer Prüfung, bei Gesprächen oder Besichtigungen werden Ihnen zahlreiche Dinge auffallen. Notieren Sie diese und sehen Sie Ihre Notizen auf besondere Risiken durch.

Risiken können nach der Wahrscheinlichkeit, mit der das Ereignis eintreten wird und der Höhe des potentiellen Schadens bewertet werden. Risiken mit niedriger Eintrittswahrscheinlichkeit und gleichzeitig niedriger Schadenshöhe können getrost ignoriert werden – sie gehören zum unternehmerischen Risiko.

Konzentrieren Sie sich bei der Risikoprüfung auf solche Ereignisse, die potentiell existenzbedrohenden Schaden anrichten und deren Eintritt nicht vollkommen unwahrscheinlich ist. Wenn sich derartige Risiken zeigen, müssen im Regelfall unverzüglich Maßnahmen ergriffen werden, auch der derzeitige Inhaber hat daran in der Regel ein eigenes Interesse. Ist das nicht möglich und scheidet eine anderweitige Regelung zur Risikominimierung aus, kann es aus Sicht des Käufers geboten sein, die Verhandlungen abzubrechen.[151]

150 Zum Availability Bias siehe Dobelli, Rolf. München, 2011, S. 45, 226.

151 Der Gedanke »Jetzt habe ich schon so viel in die Prüfung investiert, wenn ich jetzt abbreche, ist alles verloren« ist naheliegend, führt aber zu falschen Entscheidungen. Der Aufwand ist mit gutem Grund angefallen: Um zu sehen, ob das Unternehmen Risiken birgt und damit, um eine kluge Kaufentscheidung zu treffen, was auch bedeuten kann, eben nicht zu kaufen. Relevant für die Beurteilung Ihrer Handlungsoptionen ist nur, was das Unternehmen in der Zukunft für Sie bringen kann (und nicht, wie viel Zeit Sie in die Prüfung gesteckt haben). Zu diesem »Sunk Cost Fallacy« genannten Denkfehler siehe Dobelli, Rolf. Ebd., München, 2011, S. 22, 224.

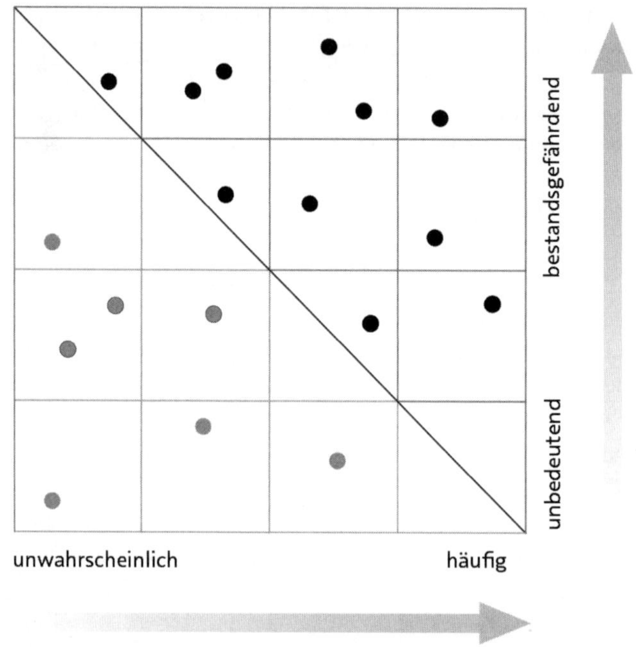


Abb. 9: Risikobewertung

# 11 Verhandlungsphase

Die Phase der Verhandlung ist geprägt von teilweise gegenläufigen Interessen – so möchte der Verkäufer in der Regel einen hohen Preis erzielen, der Käufer einen niedrigen; der Käufer möchte umfangreiche Garantien, der Verkäufer einen Haftungsausschluss, um nur ein paar zu nennen. Außerdem sind die Informationen zwischen Käufer und Verkäufer asymmetrisch verteilt, schließlich kennen die Parteien das Unternehmen unterschiedlich gut.

Neben einer guten Planung und der Beherrschung von Verhandlungstechniken ist vor allem Flexibilität in den jeweiligen »Positionen« ein Schlüssel zum erfolgreichen Abschluss.

## 11.1 Mehrere Frösche küssen

Es mag verwundern, doch tatsächlich scheitern Vertragsverhandlungen zur Unternehmensübertragung häufig. Eine empirische Untersuchung zu Unternehmensübertragungen kam zu folgenden Ergebnissen: 61 % der erfolgreichen Verkäufer verhandelten vorher mit mindestens einem zweiten Interessenten. Von den erfolgreichen Käufern fanden nur 32 % das passende Unternehmen im ersten Anlauf. Ganze 68 % der Käufer mussten dagegen mit mindestens zwei Übergebern verhandeln.[152] Dies sollte von Anfang an in der Zeitplanung berücksichtigt werden.

## 11.2 Typische Interessen

Verkäufer und Käufer haben zwar ein gemeinsames Ziel, dennoch verfolgen sie von Beginn an gegenläufige Interessen. Dem Unternehmer ist es oft wichtig, sein Lebenswerk gut weitergeführt zu sehen und die Arbeitsplätze zu erhalten, doch in der Verhandlungsphase liegt sein Fokus klar auf dem Kaufpreis und der Zahlung desselben. Der Käufer dagegen konzentriert sich auf für sich optimale Startbedingungen – insbesondere also einen möglichst niedrigen Kaufpreis.

Allgemein hat für die Käufer die Einigung auf einen Kaufpreis die größte Bedeutung, sie ist die größte Herausforderung im Verhandlungsprozess. Aus Sicht des Verkäufers werden die Verhandlungen vor allem durch Finanzierungsprobleme aufseiten des Nachfolgers erschwert – wobei diese Finanzierungsprobleme

152 Schlömer, Nadine/Kay, Rosemarie. Bonn, 2008, S. 54, 76.

jedenfalls teilweise auch Folge der überhöhten Kaufpreisvorstellungen der Eigentümer sein dürften.[153]

Diese Schwierigkeiten bei der Einigung über einen Kaufpreis resultieren auch daraus, dass sich die Situation für den Käufer anders darstellt als für den Übertragenden. Während letzterer typischerweise aus den Erträgen des Unternehmens nur seinen Lebensunterhalt bestreiten musste, muss der Käufer aus den Einnahmen zusätzlich auch die Belastungen für die Finanzierung des Kaufpreises tragen.

## 11.3 Informationsasymmetrien

Neben den unterschiedlichen Interessen ist die Verhandlungsphase auch durch Informationsasymmetrien gekennzeichnet. Trotz intensiver Prüfung durch den Käufer wird der Verkäufer immer mehr Informationen über das Unternehmen, die Kunden und den Markt haben als der Käufer.

Zudem ist die Beschaffung der entsprechenden Informationen und deren Prüfung und Bewertung mit einem erheblichen Aufwand verbunden. Für den Verkäufer ist dies aufgrund seines Informationsvorsprungs wesentlich einfacher.

Diese ungleiche Informationsverteilung führt dazu, dass der Kaufinteressent sich im Hinblick auf den Kaufpreis tendenziell (bestenfalls) an einem Unternehmen mittlerer Art und Güte orientieren wird. Sprich: solange er es nicht besser weiß, wird er nur einen niedrigeren Preis zu zahlen bereit sein.[154] Teilweise wird vorgeschlagen, dass der Käufer dem Alteigentümer eine Rücktrittsklausel vorschlägt. Die soll es ihm gestatten, das Unternehmen innerhalb eines bestimmten Zeitraums zu einem festgesetzten Preis zurückzugeben oder alternativ im Nachhinein den Kaufpreis zu mindern. Die Idee dahinter ist, dass der Käufer durch dieses Angebot auf die Qualität des Unternehmens schließen können soll: schließlich würden sich nur Alteigentümer auf diesen Deal einlassen, die von der Qualität ihres Unternehmens überzeugt sind. Der Verkäufer soll diesbezüglich auch selbst aktiv werden können und den Kaufinteressenten ein Qualitätssignal senden, indem er ihnen ein zeitlich befristetes Rücktrittsrecht einräumt.[155]

153 Ebd., S. 55 f.; 77 f.; 102.
154 Wolter, Hans-Jürgen. In: IfM-Materialien Nr. 191, Bonn, 2010, S. 8 ff.; 19; zum Umgang mit Informationsasymmetrien in der Verhandlungsführung siehe auch Pfromm, René A.: *Effektiver verhandeln*. Bonn, 2016, Rn. 8 ff. (E-Book, kostenpflichtig).
155 Wolter, Hans-Jürgen. In: IfM-Materialien Nr. 191, Bonn, 2010, S. 10 f., 20.

Es verwundert allerdings wenig, dass die beschriebenen Regelungen in der Praxis selten sind.[156] Die Interessenlagen sind dann doch zu unterschiedlich: der Verkäufer ist oft im Rentenalter und will nicht das Risiko eingehen, sein Unternehmen wieder übernehmen zu müssen.

Üblicherweise lässt der Verkäufer allerdings ein Unternehmenswertgutachten durch eine anerkannte neutrale Stelle erstellen. Auch kann er dem potentiellen Käufer von sich aus weitere Informationen zum Unternehmen geben. Auf diese Weise kann der Verkäufer dem Käufer die Qualitäten des Unternehmens signalisieren und so verhindern, dass dieser von einem mittelmäßigen Unternehmen ausgeht und den Preis entsprechend reduziert. Rechnen Sie durch, ob es sich für Sie als Alteigentümer lohnt, ein solches Gutachten erstellen zu lassen. Das ist dann der Fall, wenn die Kosten für das Gutachten geringer sind als die Differenz zwischen dem damit zu erzielenden Kaufpreis und dem Durchschnittspreis.[157]

## 11.4 Verhandlungsführung

Verhandlungen sind also gekennzeichnet von den eben geschilderten Interessengegensätzen und Informationsasymmetrien — darüber hinaus aber auch durch unterschiedliche Wahrnehmungen der Parteien, eine hohe Komplexität und dynamische Entwicklungen sowie Machtdivergenzen. Um möglichst gute Verhandlungsergebnisse zu erzielen, muss der Verhandlungsprozess im Hinblick auf die folgenden vier Aspekte optimiert werden:[158]

1. Eine ganz erhebliche Bedeutung hat im Rahmen der Verhandlung die systematische Informationsgewinnung und das Informationsmanagement. Legen Sie im Vorfeld eindeutig fest, was in Erfahrung gebracht werden soll, was gesagt werden darf, und was (vorerst) nicht offenbart werden soll.
   Dass beispielsweise eigene Schwachpunkte und die Wichtigkeit des Abschlusses nicht offenbart werden sollen, liegt auch der Hand. Der Erfolg der weiteren Verhandlungen wird aber auch davon bestimmt, ob es Ihnen gelingt, die gegnerischen Interessen, Optionen und mögliche Zugeständnisse zu erkennen.
   Eine oft vernachlässige Taktik in diesem Zusammenhang ist Schweigen. Dieses motiviert häufig die andere Seite zu sprechen und kann dazu führen, dass diese unbedacht Informationen preisgibt.
2. Ein wesentlicher Punkt um optimale Verhandlungsergebnisse zu erzielen, ist die Wertschöpfung, also die Vergrößerung des Kuchens für alle.

156 Ebd., S. 30 f., 41.
157 Ebd., S. 10 f., 30 f., 41 ff.
158 Siehe hierzu Pfromm, René A. Bonn, 2016, Zusammenfassung Rn. 40 ff., 103 f. — hier findet sich auch eine hilfreiche Checkliste.

So kann es, wenn der Käufer Schwierigkeiten bei der Finanzierung hat, wertschöpfend sein, wenn der Verkäufer den Kaufpreis gegen entsprechende Sicherheiten kreditiert: so kann der Käufer verglichen mit der Bank billiger finanzieren, während der Verkäufer einen höheren Zins als bei einer Alternativanlage bekommt.

Eine solche Win-win-Situation kann dadurch erreicht werden, dass der Fokus der Verhandlung nicht auf (vermeintlichen) Positionen liegt, sondern auf die wechselseitigen Interessen und die Bedenken des anderen sowie auf die Gemeinsamkeiten gerichtet ist.

Auch wenn eine Wertschöpfung nicht immer möglich ist, bietet sich diese in vielen Verhandlungen an, wird jedoch übersehen oder vorschnell für unmöglich gehalten. Dabei besteht allerdings das folgende Dilemma:

Wenn beide Parteien Wertschöpfungsoptionen ausnutzen, kann dies das Ergebnis für beide Seiten deutlich verbessern. Wenn allerdings nur eine Seite auf diese Weise verhandelt und die andere das Maximum für sich beansprucht, ist das Ergebnis für die »unnachgiebige« Partei oft besser als für die andere.[159]

3. Wenn — gegebenenfalls nach Ausnutzung von Wertschöpfungspotentialen — feststeht, wie groß der zu verteilende Kuchen insgesamt ist, geht es an die Verteilung der Gesamtverhandlungsmasse zwischen den Parteien.

   In diesem Teil der Verhandlung kommt es insbesondere auf die Höhe der Erstforderung an und darauf, zu welchem Zeitpunkt sie geltend gemacht wird.

   Dabei sollte abgeschätzt werden, wo die maximale bzw. minimale Einigungsbereitschaft der Gegenseite liegt. Eine bewährte Technik ist dabei, durch eine Erstforderung, die so hoch bzw. niedrig ist, dass sie sich gerade noch begründen lässt und innerhalb des für die Gegenseite vermutlich akzeptablen Rahmens liegt, einen »Anker« zu setzen. Es lässt sich nachweisen, dass die als Anker gesetzte Zahl signifikant die Einschätzung des Gegners beeinflusst.[160]

   Technisch empfiehlt sich dabei eine Argumentation mit den folgenden Elementen: 1. Begründung der Forderung → 2. Nennung der Forderung → 3. Schweigen.

   Im Zuge der weiteren Verhandlung kommen je nach Situation sämtliche denkbaren Verhandlungstaktiken zur Anwendung vom abschwächen der eigenen Forderung, dem erheben zusätzliche Forderungen kurz vor oder nach einer bereits erfolgten Einigung, Drohungen, der Verzögerung der Verhandlung, um die Gegenseite zu ermüden und dadurch größere Zugeständnisse zu erzielen, der Erhöhung des Verhandlungsdrucks durch das Aufzeigen der eigenen Alternative bis hin zu »letzten Angeboten« und dem taktischen Abbruch der Verhandlung. Ob der Einsatz solcher Taktiken sinnvoll ist — ins-

159 Siehe hierzu ebd. Rn. 5 ff.
160 Siehe dazu das Beispiel bei Dobelli, Rolf. München, 2011, S. 125 ff., 23 ff.

besondere wenn eine weitere Zusammenarbeit angestrebt wird — muss im Einzelfall entschieden werden.
In diesem Zusammenhang wird auch empfohlen, einen Entscheidungsbaum (Methode zur Lösung von Entscheidungsproblemen) sowie eine Kosten-/Risiko-Analyse zu erstellen, um die Folgen der unterschiedlichen Einigungs- oder Nichteinigungsoptionen in der Verhandlung besser erkennen zu können.
4. Damit es zu einer Einigung kommt, werden regelmäßig Kompromisse oder bedingte Zugeständnisse nötig sein.
Bedenken Sie, dass die Gegenseite in der Regel nur zustimmen wird, wenn sie ihr Minimalziel erreicht hat und glaubt, das für sie bestmögliche Ergebnis erzielt zu haben.
Es empfiehlt sich, vor einem Abschluss die getroffene Einigung detailliert zusammenzufassen und klarzustellen, dass es keine offenen Punkte mehr gibt.

Wenn der Prozess in diesem Sinne optimal organisiert ist, können oftmals beide Parteien bessere Ergebnisse erzielen als bei einer rein distributiven Verhandlung — insbesondere werden Sie aber ihr eigenes Ergebnis verbessern.

## 11.5 Verhandlungsoptionen

Zeigt sich der Verkäufer flexibel bei der Gestaltung der Transaktion, schlägt sich das meist in einem höheren Kaufpreis nieder.[161] Ein Beispiel für derartige Gestaltungsmöglichkeiten sind Garantiezusagen des Verkäufers, da er die bestehenden Risiken im Unternehmen häufig deutlich besser einschätzen kann als der Käufer. Die Übernahme entsprechender Garantien ist dann sinnvoll, wenn die Erhöhung des Kaufpreises aufgrund der Garantie höher ist als der sogenannte Erwartungswert des Schadenseintritts. Auch steueroptimale Transaktionen können beiden Seiten wirtschaftliche Vorteile bringen, zum Beispiel weil der Käufer Verlustvorträge erhält.

Eine besondere Bedeutung hat in diesem Zusammenhang die bereits angesprochene Beteiligung des Verkäufers an der Finanzierung der Übernahme. Beispielsweise kann der Kaufpreis auf mehrere Raten verteilt werden oder Teile des Kaufpreises können an bestimmte Umsatz- oder Ertragsgrößen gekoppelt werden, sie werden also nur dann fällig, wenn der neue Inhaber diese Zahlen erreicht.[162] Der Verkäufer kann dem Käufer auch ein Darlehen geben. Angesichts der niedrigen Zinsen kann das für den Verkäufer gleichzeitig eine sinnvolle An-

161 Vgl. Schmitz-Valckenberg, Collin. Wiesbaden, 2003, S. 206 ff., wo auch Beispiele für Gestaltungen genannt werden.
162 Kölbel, Christoph: *Wahnsinn Ehe? Privatbeziehungsgestaltung für Anwälte – Wie Lebens- und Sozietätspartnerschaft zusammenhängt – vom Wert des Ehevertrags.* In: AnwBl 2014, S. 500—510.

lageform sein. In vielen Fällen ist es unumgänglich, dass der Verkäufer dem Käufer entgegenkommt, weil bei hohen Unternehmenswerten der ansonsten geeignete Kandidat den Kaufpreis anders nicht finanzieren kann.[163]

Eine Stundung kann gegebenenfalls auch damit gekoppelt werden, dass der Verkäufer weiter im Unternehmen beschäftigt wird. Wenn die Chemie zwischen Verkäufer und Käufer stimmt (und nur dann!), kann dies auch für den Käufer positive Effekte haben. Der Übergebende erhält so schließlich einen zusätzlichen Anreiz, sich aktiv um die bestehenden Kunden zu bemühen und das Geschäft langsam an den Neuen zu übergeben.

Um dem Käufer die Finanzierung zu erleichtern, ist es sinnvoll, dass der Verkäufer die Finanzierung bei der Hausbank vorbereitet — und zwar noch bevor Kaufinteressenten angesprochen werden.[164] Weiterhin könnte der Verkäufer Sicherheiten stellen. Infrage kommt beispielsweise eine Sicherungsübereignung des unter Eigentumsvorbehalte veräußerten Inventars, eine (begrenzte) Bürgschaft oder die Verpfändung eines Teils des gezahlten Kaufpreises.

## 11.6 Täuschen und Tricksen etc.

Oft wird ein Verkäufer so tun, als gäbe es noch weitere Kaufinteressenten und höhere Gebote. Damit will er den Käufer unter Druck setzen, ein Angebot vorzulegen oder ein vorhandenes zu erhöhen. Diese Täuschung ist zwar mehr oder weniger »Standard«, aber sie ist riskant.

Diese Täuschung kann auch dann einen vertraglichen Schadensersatzanspruch auslösen, wenn im weiteren Verlauf kein Unternehmenskaufvertrag zwischen den Parteien zustande kommt. Ein Schuldverhältnis zwischen den Parteien entsteht nämlich schon mit Aufnahme der Verhandlungen[165], woraus bestimmte Sorgfalts- und Treuepflichten der Parteien resultieren.

Außerdem ist die Trickserei mit dem Ziel, sich hierdurch einen Vermögensvorteil zu verschaffen, als (versuchter) Betrug strafbar: Es kann zur Strafverfolgung kommen (»Freiheitsstrafe bis zu fünf Jahre oder Geldstrafe«[166]) sowie zu Schadenersatzansprüchen[167]. Und zu guter Letzt kann der Käufer einen bereits ge-

163 Wolter, Hans-Jürgen. In: IfM-Materialien Nr. 191, Bonn, 2010, S. 18.
164 www.finance-magazin.de/geld-liquiditaet/kredite-und-anleihen/akquisitionsfinanzierung-mit-stumpfen-waffen-1072682 (aufgerufen am: 23.05.2017).
165 § 311 Abs. 2 Nr. 1 BGB.
166 § 263 StGB.
167 § 823 Abs. 2 BGB in Verbindung mit der entsprechenden Strafnorm.

schlossenen Unternehmenskaufvertrag wegen Täuschung anfechten und rückabwickeln.[168]

Nicht selten ist auch, dass ein Teil des Kaufpreises »schwarz« gezahlt werden soll – sei es auf Wunsch des Verkäufers oder auf Wunsch des Käufers, weil er darin eine gute Gelegenheit sieht, sein an der Steuer vorbei geschleustes Geld zu »waschen«. In Kapitel 14 beschreiben wir die steuerlichen Folgen des Unternehmensverkaufs genauer und der Wunsch, diese zu vermeiden ist nachvollziehbar. Dennoch – lassen Sie die Finger davon! Denn die Gefahr ist groß, dass Sie sich plötzlich Ermittlungen wegen Verstößen gegen das Geldwäschegesetz und Steuerstraftaten ausgesetzt sehen – Delikte mit einem hohen Verfolgungsdruck und zumindest bei Geldwäsche einer relativ hohen Aufklärungsquote.[169]

168 § 123 BGB.

169 Bei Geldwäsche betrug die Aufklärungsquote 2015 94,8 %, Bundeskriminalamt (Hrsg.): *Polizeiliche Kriminalstatistik Bundesrepublik Deutschland Jahrbuch 2015*, Tabelle 3.1 – T01 (S. 32); bei Steuerhinterziehung dürfte die Aufklärungsquote trotz spektakulärer Einzelfälle im unteren einstelligen Bereich liegen; zum Thema siehe auch: Fischer, Thomas »*Was zählt die Statistik der Polizei?*«. www.zeit.de/gesellschaft/zeitgeschehen/2015-05/polizei-kriminalstatistik-aufklaerungsquote-aussagekraft/komplettansicht, 12.05.2015 (aufgerufen am: 23.05.2017).

# 12 Übergabephase

**Erst wenn die Tinte unter dem Kaufvertrag getrocknet ist, zeigt sich, ob er das Papier wert ist. Erst wenn die Übergabe gemeistert ist, ist das Projekt ein Erfolg.**

Auf den Vertragsabschluss folgt die Übergabe des Unternehmens an den Nachfolger. Der Käufer kennt das Unternehmen bisher meist nur aus der Phase der Due Diligence und möglicherweise mehrfachen Betriebsbegehungen. Spätestens in der Übergabephase lernt der Käufer das Unternehmen von innen kennen. War er noch nicht im Unternehmen tätig, sollte der bisherige Inhaber ihn in der ersten Zeit – je nach Unternehmensgröße und -art für die nächsten 6 bis 12 Monate – begleiten, damit der Käufer sich das nötige Detailwissen aneignen kann und mit den Mitarbeitern vertraut wird.[170]

Für den Nachfolger ist diese Phase eine besondere Herausforderung: Die Produktivität darf durch den Übergang nicht leiden, gleichzeitig muss ein Vertrauensverhältnis zu den Arbeitnehmern des Unternehmens aufgebaut werden, um sie im Unternehmen zu halten. Je nach Unternehmensgröße bietet es sich deshalb an, mit dem Erwerber und den Abteilungsleitern/Meistern des Unternehmens einen strukturierten Einstieg zu planen.

Dieser Einstieg umfasst zunächst die eher technischen Aspekte, insbesondere die Übergabe sämtlicher Unterlagen, die Überleitung der Verträge, ein gemeinsames Anschreiben an Kunden und Lieferanten und gegebenenfalls gemeinsame Pressearbeit und entsprechende Veröffentlichungen, z. B. auf der Internetseite des Unternehmens.

Bleibt der Verkäufer für diese Übergabe weiterhin im Unternehmen, müssen auch die Rahmenbedingungen seiner Tätigkeit vertraglich geregelt werden. Vieles wird sich möglicherweise auch erst im Zuge der Einarbeitungsphase ergeben.

Konflikte zwischen dem »Neuen« und dem »Alten« gehören zu den Standardproblemen im Zusammenhang mit einer Unternehmensnachfolge, wobei dem »Alten« sein besseres informelles Netzwerk im Unternehmen zugutekommt. Er weiß, wie der Hase läuft und bekommt alle relevanten Informationen, ohne formelle Regeln einhalten zu müssen. Kritisch sehen wir deshalb auch die häufig gewählte Gestaltungsvariante, einen Teil des Kaufpreises über einen Beratungs-

170 Siehe auch Koch, Wolfgang. Stuttgart, 2016, S. 236.

vertrag zu zahlen, der für eine längere Zeit nicht kündbar ist und der in der Regel mehrere Jahre läuft.

Bekommen sich beide Parteien in die Haare, geht es meist um eher symbolträchtige Aspekte wie die Kompetenzverteilung, darum, wie und von wem die Mitarbeiter geführt werden oder um den Zugriff auf Ressourcen, also beispielsweise darum, wer im Zweifel das »schönere« Besprechungszimmer nutzen darf. Aber auch die Frage um die künftige Strategie kann zu Ärger führen, also zum Beispiel, welche Aufträge an Dienstleister bzw. an welche Dienstleister vergeben werden sollen oder welches Marketing optimal ist.

In Situationen, in denen der Übergang eher schleichend erfolgen soll und der Übernehmer bereits im Unternehmen tätig ist hat sich für den Übergang der Unternehmensführung bewährt, wenn der Käufer Führungsprojekte im Unternehmen übernimmt, bei denen der »Alte« kein Mitspracherecht hat — beispielsweise die Überarbeitung des Außenauftritts oder die Einführung eines ERP-Systems.[171]

Die Übertragungsphase variiert zwischen einigen Monaten und mehreren Jahren — je nach Unternehmensgröße und vor allem danach, wie gut Verkäufer und Käufer sich in dieser Phase verstehen und ergebnisorientiert zusammenarbeiten und endet mit dem endgültigen Ausscheiden des ursprünglichen Inhabers.

Diese Phase ist für alle Beteiligten wichtig. Es gilt gegenüber Arbeitnehmern, Kunden, Lieferanten und Banken das Signal zu setzen, dass der neue Inhaber die gesamte Entscheidungskompetenz hat und über die entsprechende Erfahrung verfügt, das Unternehmen fortzuführen. Für den bisherigen Inhaber ist es an der Zeit, den wohlverdienten Ruhestand zu genießen und sich neuen Aufgaben, Hobbys und der Familie zuzuwenden.

171 Siehe hierzu Berning, Detlef/Novak, Andreas. Wiesbaden 2010, S. 97 ff. (103).

# 13 Bewertung des Unternehmens

Wert und Kaufpreis sind nicht dasselbe.

Das eine richtige Verfahren zur Ermittlung des Unternehmenswerts gibt es nicht; ebenso wenig den einen richtigen Wert.

Es ist nicht nötig, dass Sie Experte für Unternehmensbewertungen werden, aber Sie sollten die Grundlagen der verschiedenen Methoden und die Stellschrauben verstehen, die den berechneten Unternehmenswert beeinflussen. Mit diesem Wissen können Sie ein Gefühl für den Wert des Unternehmens entwickeln und von Dritten erstellte Gutachten beurteilen.

## 13.1 Wert und Kaufpreis

Wenn sich ein Unternehmer die Frage stellt »Was ist (m)ein Unternehmen wert?«, meint er damit in der Regel etwas anderes, nämlich: »Zu welchem Preis kann ich es verkaufen?« bzw. »Wie viel muss ich dafür bezahlen?«. Es ist wichtig, diese beiden Fragen auseinanderzuhalten, denn wie bei jeder Ware entscheiden letztlich Angebot und Nachfrage über den Preis. Außerdem spielt das Verhandlungsgeschick von Käufer und Verkäufer eine entscheidende Rolle.

Aus Sicht des Käufers lässt sich dieser Unterschied wie folgt formulieren: Der Preis ist das, was gezahlt wird – der Wert das, was man dafür bekommt.[172] Das bedeutet: Wenn es für ein Unternehmen keinen Käufer gibt, ist der Preis gleich null – unabhängig vom ermittelten Wert. Kaufpreis und Unternehmenswert können also weit auseinander liegen, dennoch hat der ermittelte Unternehmenswert Einfluss auf die Unternehmenstransaktion. Er ist häufig Ausgangspunkt der Verhandlungen und bestimmt entscheidend mit, wie die Verhandlungen weiterverlaufen. Allerdings haben Käufer und Verkäufer bei ihren Überlegungen unterschiedliche Ausgangspunkte:

- Für den potentiellen Käufer ist relevant, wie bald nach dem Kauf sich der Kaufpreis amortisieren wird. Nur anhand dieser Information kann er den geplanten Erwerb des Unternehmens mit anderen Optionen vergleichen.
- Für den Verkäufer stellt sich die Entscheidungssituation anders dar. Will oder muss er sein Unternehmen aufgeben, stellt sich die Frage, welche alternativen Verwertungsmöglichkeitn es gibt. Wenn er aber einen Partner aufneh-

172 Buffet, Warren: »Long ago, Ben Graham taught me that ‚Price is what you pay; value is what you get.‘ Whether we're talking about socks or stocks, I like buying quality merchandise when it is marked down.«, Berkshire Hathaway Inc., *Chairman's Letter 2008*, S. 5, www.berkshirehathaway.com/letters/2008ltr.pdf (aufgerufen am: 23.05.2017).

men will, geht es eher darum, welchen Nutzen der neue Partner für die Entwicklung des Unternehmens haben wird — beispielsweise Vertriebskontakte, technisches Knowhow oder ähnliches — und wie dieser Nutzen zu bewerten ist, also welchen Einfluss er auf den Ertrag des Unternehmens hat.

Ein Unternehmen kann also für den Verkäufer einen anderen Wert haben als für potentielle Käufer und für unterschiedliche Käufer wiederum unterschiedliche Werte. Der Wert hängt beispielsweise ab von möglichen Synergien wie dem gemeinsamen Einkauf, der Möglichkeit ein breiteres Dienstleistungsspektrum anzubieten und oder Zugang zu den Kunden des anderen Unternehmens zu bekommen. Auch welche Alternativen die Parteien haben, beeinflusst deren Bewertung. Dabei liegt es in der Natur der Sache, dass Käufer in dieser Situation dazu neigen, die Risiken überzubewerten — und Verkäufer die Chancen (siehe hierzu Kapitel 13.3).

Deswegen werden bei der Bewertung von Unternehmen für Zwecke des Kaufs oder Verkaufs sogenannte subjektive Entscheidungswerte ermittelt, also Preisobergrenzen für einen potentiellen Käufer oder Untergrenzen für den Verkäufer.[173]

**Beispiel**

Bert P. Romille, Betreiber eines Veranstaltungsunternehmens, will seinen Betrieb verkaufen. Im Erstgespräch teilt er mit, das Unternehmen sei »ein Selbstläufer« und sehr ertragreich. Seine Kaufpreisvorstellung: rund 550.000 EUR.

Beim Studium der Jahresabschlüsse der letzten drei Jahre und der aktuellen Unternehmenszahlen stellt sich schnell heraus, dass das Unternehmen defizitär ist. Die Zeit von echten Jahresüberschüssen scheint vorbei und Fehlinvestitionen haben das Unternehmen zusätzlich geschwächt.

Im Vorfeld wird mit dem Transaktionsberater der mögliche Kaufpreis diskutiert. Auf der Grundlage der Erträge lässt sich kein positiver Unternehmenswert ermitteln. Daher wird der Substanzwert ermittelt, bei dem ein zertifizierter Gutachter die Bewertung des Anlagevermögens zu Fortführungswerten übernimmt. Ermittelter Wert: 190.000 EUR.

P. Romille ist beratungsresistent und hält an seinem Wunsch-Kaufpreis fest. Die Gespräche mit potentiellen Käufern geraten angesichts seiner Kaufpreisvorstellungen regelmäßig ins Stocken. Käufer lassen sich in aller Regel beraten und haben spätestens nach der Due Diligence ein Gefühl für eine angemessene Kaufpreishöhe.

Das Höchstgebot eines potentiellen Käufers für den Erwerb des Unternehmens liegt bei 250.000 EUR — zuzüglich einer Beteiligung des Verkäufers an den zukünftigen Gewinnen des Unternehmens und der vom Verkäufer gewünschten Weiterbeschäftigung als Betriebsleiter. Absurd, findet Bert P. Romille und nennt — ungeachtet der Bewertung — im laufenden Verkaufsprozess mehrfach willkürlich neue Preisvorstel-

173 »Grenzpreise« in der Diktion der IDW S 1, IDW (Hrsg): IDW-Verlautbarung S 1, *Grundsätze Unternehmensbewertungen* i. d. F. 2008, WPg Supplement 3/2008, S. 68 ff., FN-IDW 7/2008, S. 271 ff.

lungen. Mal »mindestens 475.000 EUR«, dann 450.000 EUR oder 350.000 EUR, nur um dann wieder auf 480.000 EUR zu erhöhen. Damit entzieht er der Verhandlung jede Grundlage.

**Tipp** !

Eine vernünftige und realistische Bewertung, die den ermittelten Verkaufspreis auch für den potentiellen Käufer nachvollziehbar macht, ist Grundlage für Verhandlungen ebenso wie für die Finanzierung — und ebenso wichtig: sie schafft Vertrauen.

Mondzahlen taugen leider nur zu Einem: Sie vergraulen potentielle Kaufinteressenten und verhindern einen Unternehmensverkauf.

## 13.2 Methodenvielfalt

Der Wert eines Unternehmens kann unterschiedlich definiert und mit unterschiedlichen Methoden berechnet werden. Da diese Methoden von unterschiedlichen Definitionen des Unternehmenswerts ausgehen, liefern sie auch Antworten auf unterschiedliche Fragen — daher ist es wichtig, diejenige Methode auszuwählen, die die Antworten auf die jeweils zu beantwortende Frage liefert. Unternehmensbewertung ist »keine exakte Wissenschaft«[174], daher führt eine mathematische Scheingenauigkeit häufig in die Irre.

Die Betriebswirtschaftslehre beschäftigt sich seit Langem mit der Definition des Unternehmenswerts.[175] Früher wurde er in erster Linie als Summe der Werte der einzelnen Gegenstände verstanden. Heute herrscht die Auffassung vor, dass der Wert eines laufenden Unternehmens in erster Linie dadurch bestimmt wird, was sich damit verdienen lässt, also welche Überschüsse es in Zukunft erwirtschaften wird. Ebenso herrscht Einigkeit darüber, dass es das allgemein verbindliche, »richtige« Verfahren nicht gibt — sich die angewendete Methode vielmehr nach dem jeweiligen konkreten Anlass richten muss. Es gibt zahlreiche verschiedene Verfahren, die Unterschiede in Nuancen und Detailfragen sind kaum zu überblicken.[176]

174 Großfeld, Bernhard: *Recht der Unternehmensbewertung*. Köln, 2012, Rn. 72.
175 Siehe Sonderegger, Joseph. St. Gallen, 2013, S. 45 ff.
176 Ein Überblick über gebräuchliche Methoden der Investitionsrechnung bei sicheren Entscheidungen sowie der Anlässe und Wertkonzeptionen bei Unternehmensbewertungen findet sich bei Drukarczyk, Jochen/Schüler, Andreas: *Unternehmensbewertung*. München, 6. Aufl., S. 5 ff. und S. 81 ff.; siehe auch Turnes, Ernesto/Hauser Marcus A./Manuel, Navin: *Angewandte Methoden zur Bewertung von Unternehmen und Investitionen*. In: KMU-Magazin Nr. 9, November 2011, S. 36—39.

Nach den jeweiligen Anknüpfungspunkten der Wertermittlung (zukünftiger Erfolg, Erträge der Vergangenheit und sonstige Verfahren) lassen sich die gängigen Verfahren beispielsweise wie folgt darstellen:

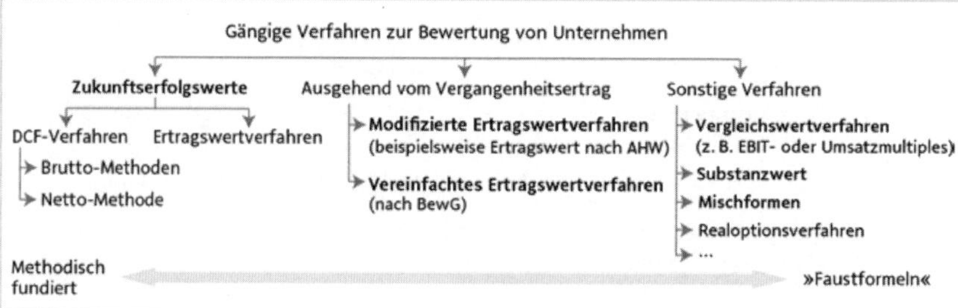


Abb. 10: Methoden der Unternehmensbewertung

Wir stellen Ihnen hier die wichtigsten Methoden vor, die in der Abbildung 10 durch Fettdruck gekennzeichnet sind und erklären, was die jeweilige Methode ausmacht und wie sie sich von anderen unterscheidet. Anschließend sind Sie für zwei Dinge gerüstet:

1. Sie können überschlagen, in welcher Größenordnung sich der Wert eines Unternehmens bewegt.
2. Sie können von Dritten erstellte Bewertungsgutachten unter die Lupe nehmen und erkennen, wo das Gutachten Schwächen hat oder für den Wert relevante Annahmen macht.

Derartige Bewertungsgutachten werden häufig von Wirtschaftsprüfern oder spezialisierten Unternehmensberatern erstellt, die dazu normalerweise spezielle Software verwenden. Ein solches Gutachten besteht vor allem aus seitenlangen Berechnungen, die nur Experten verstehen. Die meisten Leser sehen sich deshalb nur die Zahl am Ende an: Das ist der Unternehmenswert, bis auf zwei Nachkommastellen genau. Allerdings ist mathematische Genauigkeit keineswegs deckungsgleich mit inhaltlicher Richtigkeit – beides sollte nicht verwechselt werden.[177] Unternehmensbewertung ist, wie eingangs erwähnt, keine exakte Wissenschaft – mehr ein Stochern im Nebel. Die verschiedenen Methoden sind nur mögliche Antworten auf die Frage nach dem Unternehmenswert. Das ist allerdings nicht ohne weiteres zu erkennen, denn die Unternehmensbewertung hat einen finanzmathematischen Unterbau, der sie präzise und akkurat erscheinen lässt. Zumal es Scharen von Experten gibt, die ihr Geld damit verdienen, diese Methoden und Berechnungen immer weiter auszudifferenzieren und zu verfeinern.

177 Amüsant zu lesen ist dazu das Beispiel von Rolf Dobelli zu »Information Bias« in: Dobelli, Rolf: *Die Kunst des klugen Handelns*. München, 2012, S. 33 ff., 216.

Eine korrekte Rechnung alleine macht aber noch keine gute Bewertung.[178] Vor allem dann nicht, wenn gar nicht klar war, was genau ausgerechnet werden sollte.

Auf die letzte Genauigkeit kommt es in den allermeisten Fällen ohnehin nicht an. Der folgende Schlagabtausch[179] zwischen Warren Buffet und Charlie Munger, den beiden Chefs der Anlagefirma Berkshire Hathaway, verdeutlicht deren Strategie, gute Unternehmen billig einzukaufen und lange Jahre Erfolg damit zu haben (was ihnen recht gut gelungen ist):

> Munger: »*Warren redet oft über diese diskontierten Cashflows*[180], *aber ich habe nie gesehen, dass er welche ausgerechnet hätte. Wenn es nicht vollkommen offensichtlich ist, dass es funktioniert, neigt er dazu, es sein zu lassen und sich dem nächsten Projekt zuzuwenden.*«
>
> Buffett: »*Ja, das stimmt. Wenn der Wert eines Unternehmens dir nicht geradezu ins Gesicht springt, ist es zu knapp.*«

Oder, um noch einmal Munger zu bemühen: » ... *die Leute rechnen zu viel und denken zu wenig.*«[181]

## 13.3 Zukunftserfolgswerte

**Zukunftserfolgswerte beantworten die Frage, wie hoch der Wert künftiger Erträge oder Zahlungsflüsse zum Gegenwartszeitpunkt ist. Damit bestimmen sie gleichzeitig, wie hoch der Kaufpreis sein darf, damit der erwirtschaftete Gewinn eine angemessene Verzinsung darstellt.**

178 »So wie an den Börsen wegen des großen Spielraums in der Bilanzierung der Unternehmen der treffende Spruch zu hören ist ‚Gewinn ist nur eine Meinung', so sollte in der breiten Öffentlichkeit ein Bewusstsein dafür herrschen, dass auch mathematische Beweisführungen in der Ökonomie nur Interpretationen sind. Es sind auch immer andere Sichtweisen möglich.«, Plecko, Andreas: »*Korrekt, präzise und absolut nutzlos – das Elend der Ökonomen*« vom 19.12.2014; www.wsj.de/nachrichten/SB12265722269804043990704580344910868787020 (abgerufen am 08.01.2017).

179 Eigene Übersetzung; Original unter www.farnamstreetblog.com/2016/09/closer-to-the-truth (abgerufen am 23.05.2017)

180 Gemeint ist eine Unternehmensbewertung nach dem DCF-Verfahren; siehe Kapitel 13.3.

181 Munger, Charlie, Berkhire-Hathaway-Hauptversammlung 2008, zitiert nach Griffin, Tren: Charlie Munger: *Ich habe dem nichts mehr hinzuzufügen*. München, 2006, S. 64.

### 13.3.1 Allgemeines

Mittlerweile herrscht in der Betriebswirtschaft Einigkeit, dass die entscheidende Frage, um den Unternehmenswert zu bestimmen, lautet: Welche Überschüsse können in Zukunft erzielt werden? Zu zahlreichen Detailfragen gibt es allerdings immer noch unterschiedliche Auffassungen.

Die Standardverfahren zur Bestimmung von Zukunftserfolgswerten sind das Ertragswertverfahren und unterschiedliche Varianten von Discounted-Cashflow-Verfahren. Beide Ansätze finden sich auch im Standard des Instituts der Wirtschaftsprüfer (IDW) für Unternehmensbewertungen und sind von Wirtschaftsprüfern daher regelmäßig anzuwenden.[182]

Der Hauptunterschied zwischen beiden Verfahren liegt in den jeweiligen Bezugsgrößen: Beim Ertragswertverfahren legt man in der Regel die Jahresüberschüsse aus den Jahresabschlüssen zugrunde. Die DCF-Verfahren stellen auf künftige Zahlungsströme (Cashflows) ab, wobei diese je nach Variante entweder als Brutto-Cashflows ohne Abzug der Zahlungen an Fremdkapitalgeber oder als Netto-Cashflows definiert werden.[183] Bei gleichen Annahmen liefern die Verfahren identische Werte.

Trotz der diversen methodischen Unterschiede zwischen beiden Verfahren weisen Ertragswertverfahren und DCF-Verfahren im Vergleich zu anderen Wertermittlungsverfahren mehr Gemeinsamkeiten als Unterschiede auf.

---

182 IDW S 1; Das IDW ist ein privater Verein von Wirtschaftsprüfern und andere Berufsgruppen sind an dessen Verlautbarungen nicht gebunden, allerdings bietet der Standard einen »in der Praxis und Theorie erprobten häufig berücksichtigten Rahmen« (Lehmann, Dominik: *Objektivierte Unternehmensbewertung unter Berücksichtigung der Verlautbarungen des IDW*. In: BBP Betriebswirtschaft im Blickpunkt 12/2013, S. 295 ff.). Die Richtlinien des IDW zur Unternehmensbewertung sind daher eine gute, aber im Einzelfall kritisch zu hinterfragende Ausgangsbasis.

183 Daher auch der Name: Discounted-Cashflow-Verfahren. Hier lassen sich die Equity-Methode (der Ertragswertmethode am ähnlichsten, auch Nettomethode) und Entity-Methoden (auch Bruttomethoden) unterscheiden. Bei der Equity-Methode werden nur die Zahlungen an die Eigenkapitalgeber berücksichtigt (»Flow to Equity«). Hingegen stellen Entity-Methoden auf den Wert des Eigenkapitals ab. Dazu wird zuerst der Barwert aller zufließenden Zahlungsströme bei unterstellter vollständiger Eigenfinanzierung nach Steuern ermittelt und davon der Marktwert des Fremdkapitals abgezogen. Hier lassen sich der Adjusted-Present-Value-Ansatz, Weighted-Average-Cost-of-Capital-Ansatz und Total Cashflow unterscheiden. — vertiefend und mit vielen Rechenbeispielen hierzu: Drukarczyk, Jochen/Schüller, Andreas. München, 2009 und Sonderegger, Joseph. St. Gallen, 2013, S. 48 ff.

Die Ermittlung der Zukunftserfolgswerte lässt sich schematisch in drei bzw. vier Schritten darstellen:

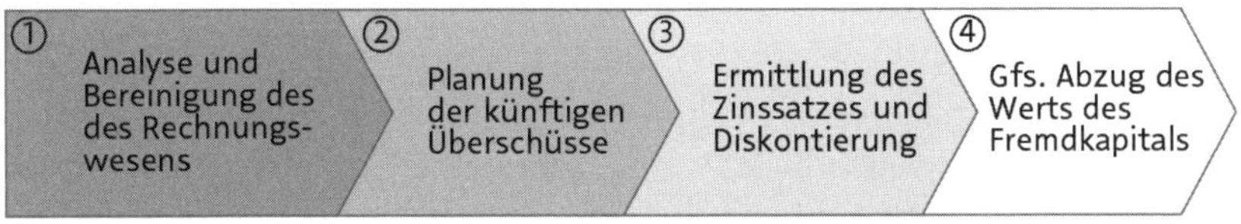


Abb. 11: Schematischer Ablauf der Bewertung

1. Die Analyse und Aufbereitung bzw. Bereinigung der Daten aus dem Rechnungswesen ist Schritt eins. Wir haben ihn unter Kapitel 10 dargestellt. Anschließend liegt Ihnen ein Zahlenwerk vor, welches die Basis für die weiteren Überlegungen bildet.
2. Jetzt steht eine detaillierte Planung der künftigen Überschüsse an.
3. Die künftigen Überschüsse werden mit finanzwirtschaftlichen Methoden auf den Gegenwartszeitpunkt diskontiert.
4. Bei Anwendung von DCF-Verfahren in der »Spielart« der Entity-Ansätze wird der Unternehmenswert in zwei Schritten ermittelt. Zuerst wird der Marktwert des Gesamtkapitals ermittelt – von ihm zieht man dann den Marktwert des Fremdkapitals ab. Der Unternehmenswert als Marktwert des Eigenkapitals ergibt sich als Differenz.

## 13.3.2 Prognose der künftigen Überschüsse

**Ausgangspunkt aller Methoden zur Berechnung eines Zukunftserfolgswertes sind die künftigen Überschüsse. Wie diese ermittelt werden, wird im Folgenden beschrieben.**

### 13.3.2.1 Aufstellung der Umsatz- und Kostenplanung

In der Literatur zur Unternehmensbewertung wird meistens davon ausgegangen, dass eine integrierte Unternehmensplanung vorliegt, aus der sich die erwarteten Überschüsse für die nächsten Jahre im Detail ergeben. Bei großen und/oder Konzernunternehmen mag es so etwas geben, in den meisten kleinen und mittleren Unternehmen aber nicht. Daher muss diese Planung erst erstellt werden.

Da wir alle systematisch unsere Fähigkeiten überschätzen, Prognosen zu erstellen, ist eine sorgfältige Planung der einzelnen Posten von unten nach oben ratsam.[184] Für einen Zeitraum von drei bis fünf Jahren — der sogenannten Detailplanungsphase — sollte jedes Jahr einzeln geplant werden.

Jede einzelne Position der bereinigten Einnahmen- und Ausgabenrechnung, die im Rahmen der Analyse erarbeitet wurde (Kapitel 10.2.1.2), sollte genau betrachtet werden. Wichtig ist es, bei jedem Posten zu hinterfragen, wie sich dieser voraussichtlich in dem jeweiligen Jahr entwickeln wird. Die Fragen, die dabei gestellt und beantwortet (!) werden müssen, sind beispielsweise:

- Werden auch nach der Übergabe alle Kunden dem Unternehmen treu bleiben oder hängen diese am bisherigen Inhaber?
- Wird der Inhaber weiterhin für das Unternehmen tätig sein und ist deshalb mit einem um x % höheren Umsatz zu rechnen? Wie wirkt sich das auf die Personalkosten aus?
- Welche Entwicklungen bei den Einkaufspreisen und den Personalkosten zeichnen sich ab? Muss mit steigenden Kosten beispielsweise für Energie oder Treibstoff gerechnet werden?
- Welche Auswirkungen haben geplante Investitionen auf den Kapitaldienst und die Kosten?
- Lässt sich die geplante Produktions- und gegebenenfalls auch Umsatzsteigerung mit den vorhandenen Anlagen und Mitarbeitern bewältigen?

Die Antworten auf diese und ähnliche Fragen sollten Posten für Posten in Zahlen bzw. prozentuale Änderungen übersetzt werden, um ein realistisches Szenario für die Zukunft zu entwerfen.

Am einfachsten funktioniert das, wenn Sie mit derselben Tabellenkalkulation arbeiten, die Sie auch für die Bereinigung der Daten verwendet haben. Dort geben Sie dann zu jedem Posten die prozentuale Änderung ein. Etwa so:

184 Dobelli, Rolf. München, 2011, S. 15, 223; Siehe auch Koch, Wolfgang. Stuttgart, 2016, S. 115 ff.

| | A | B | C | D |
|---|---|---|---|---|
| 1 | **Betriebseinnahmen** | **Bereinigt** | **Änderung** | **2018** |
| 2 | Umsatzerlöse Montage | 245.854,00 € | 2,00% | 250.771,08 € |
| 3 | Erlöse Schrottverkauf | 12.584,30 € | -1,00% | 12.458,46 € |
| 4 | Sonstige Erlöse | 1.288,18 € | -100,00% | 0,00 € |
| 5 | Summe der Erlöse | 259.726,48 € | | 263.229,54 € |
| 6 | | | | |
| 7 | **Betriebsausgaben** | | | |
| 8 | Fremdleistungen | 25.000,00 € | 0,00% | 25.000,00 € |
| 9 | Löhne und Gehälter | 98.746,16 € | 14,00% | 112.570,62 € |
| 10 | Sonstige Pers.kosten | 14.811,92 € | 14,00% | 16.885,59 € |
| 11 | Miete/Raumkosten | 35.872,00 € | 2,00% | 36.589,44 € |
| [illegible] | [illegible] | 24.545,33 € | -1,50% | 24.177,15 € |

Abb. 12: Übertrag der Werte in eine Tabellenkalkulation

Dieses Vorgehen Posten für Posten ist zwar etwas mühsamer, als direkt das Ergebnis zu schätzen. Es hat aber den Vorteil, dass Sie so gezwungen sind, die einzelnen Posten zu durchdenken und sich im Einzelnen Gedanken darüber zu machen.

Eine weitere Möglichkeit ist, für jeden Posten eine schlechte, eine gute und eine realistische Entwicklung zu prognostizieren und mit den unterschiedlichen Szenarien zu arbeiten. In gängigen Tabellenkalkulationen gibt es dafür »Szenario-Manager«.

Je weiter der Planungszeitraum in der Zukunft liegt, desto schwieriger ist es, eine fundierte Planung zu erstellen. Für welchen Zeitraum eine Planung möglich ist, hängt von dem einzelnen Unternehmen ab, beispielsweise von der Laufzeit der Aufträge oder Verträge, dem Auftragsbestand etc. In dieser Hinsicht macht es einen ganz erheblichen Unterschied, ob eine Werft bewertet wird oder ein Versandhandel.

Für die Zeiträume, für die eine Planung nicht mehr möglich ist, werden die Ergebnisse der Detailplanungsphase als langfristige Trendentwicklungen fortgeschrieben.[185]

### 13.3.2.2 Unternehmenskonzept

Grundsätzlich ist bei der Planung von dem bestehenden Unternehmenskonzept und dessen realistischen Zukunftserwartungen auszugehen.[186] Ermittelt der Käufer seinen subjektiven Entscheidungswert, bewertet das Unternehmen also

185 IDW S 1, Rn. 77 f.
186 Ebd., Rn. 29, 32.

aus seiner Sicht, sollte er auch solche Chancen berücksichtigen, die (noch) nicht Bestandteil des Unternehmenskonzepts sind. Dies können beispielsweise beabsichtigte Maßnahmen zur Effizienzsteigerung oder Veränderungen der strategischen Geschäftsfelder sein.

Maßgeblich für den Entscheidungswert, den der Käufer berechnet, sind die finanziellen Überschüsse, die er aus dem Unternehmen erzielen kann;[187] das schließt beispielsweise auch bessere Finanzierungsmöglichkeiten ein.[188] Es liegt auf der Hand, dass das Unternehmen für den potentiellen Käufer einen umso höheren Wert hat, je besser es zu seinen strategischen Überlegungen passt, man spricht hier vom »Strategic Fit«.

### 13.3.2.3 Nicht betriebsnotwendiges Vermögen

Ertragswertverfahren und DCF-Verfahren stellen nur auf die Überschüsse ab – das Betriebsvermögen wird bei dieser Betrachtung nur als Mittel zum Zweck zur Erzielung von Einnahmen betrachtet. Wenn im Unternehmen allerdings Vermögen vorhanden ist, das veräußert werden kann, ohne dass davon die Leistungserbringung beeinflusst wird, ist die Sache eine andere. Dann wird der – gegebenenfalls diskontierte – Erlös aus dem gedachten Verkauf (Liquidationswert) als Einnahme berücksichtigt.[189]

### 13.3.2.4 Berücksichtigung personenspezifischer Einflüsse

Die Bewertung kleiner und mittlerer Unternehmen ist oft schwierig, weil der unternehmerische Erfolg oft von der persönlichen Tätigkeit des Eigentümers abhängt oder von Personen aus seinem direkten Umfeld. Beispielsweise hat der Inhaber besondere Beziehungen zu den Kunden oder eine hohe Reputation.[190] Nach Ansicht des IDW muss dies in der Ertragsplanung berücksichtigt werden.[191]

---

187 Ebd., Rn. 49 f.
188 Ebd., Rn. 52 f.
189 Ebd., Rn. 59.
190 Butz, Jochen/Mortensen, Frank/Butz, Stefan: *Die Bewertung freiberuflicher Unternehmen.* Der Sachverständige, 7–8/2012, S. 236–239; so auch Hötten, Baldur: *Die Bewertung einer Freiberuflerpraxis: Der Einstieg in die Kaufpreisfindung.* In: KP, Kanzleiführung professionell, 03/2002, S. 33.
191 IDW S 1, Rn. 38 f.; IDW/FAUB, Fachausschuss für Unternehmensbewertung und Betriebswirtschaft im IDW: *Fragen und Antworten zur praktischen Anwendung des IDW Standards Grundsätze zur Durchführung von Unternehmensbewertungen (IDW S 1 i. d. F. 2008)*, verabschiedet vom FAUB am 19.12.2011. In: FN-IDW, 2012; siehe dazu Nestler, Anke: *Bewertungen von KMU: Aktuelle Hinweise des IDW zur praktischen Anwendung des IDW S 1.* In: Betriebs-Berater (BB), 2012, Heft 20,1271–1274 (1273).

Bei der Quantifizierung, welche Kunden übernommen werden können, liegt eine der praktischen Schwierigkeiten der Prognose der künftigen Erträge. Allgemein gilt: Ein Wegbrechen der Kunden ist umso weniger zu befürchten, je länger der bisherige Inhaber nach dem Verkauf das Unternehmen begleitet.

#### 13.3.2.5 Kalkulatorischer Unternehmerlohn

Soweit für die Tätigkeit des Inhabers in der bisherigen Ergebnisrechnung kein angemessener Unternehmerlohn berücksichtigt worden ist, muss das an dieser Stelle erfolgen. Man spricht hier vom »kalkulatorischen Unternehmerlohn«, der vom künftigen finanziellen Überschuss abzuziehen ist.[192] Wenn das Unternehmen als Einzelunternehmen oder Personengesellschaft geführt wird, sind die Entnahmen der Gesellschafter nicht gewinnmindernd berücksichtigt worden. Bei Kapitalgesellschaften erhalten die tätigen Gesellschafter in der Regel neben einer etwaigen Gewinnausschüttung auch ein Gehalt; allerdings müssen die als Personalkosten gebuchten Entnahmen der Gesellschafter nicht den tatsächlichen Wert der Tätigkeit abbilden. Beispielsweise kann der Gesellschafter-Geschäftsführer ein Gehalt vereinbaren, dass deutlich unter (oder über) dem liegt, was marktüblich ist und dafür eine höhere (oder niedrigere) Gewinnausschüttung erhalten oder die Gewinne zunächst in der Firma lassen. Maßgeblich für die eine oder andere Variante sind meistens steuerliche Gründe.

Es gibt kein Patentrezept zur Ermittlung des »richtigen« kalkulatorischen Unternehmerlohns. Zunächst erscheint es naheliegend, sich an den Gehältern von Fremdgeschäftsführern zu orientieren.[193] Allerdings beinhaltet der Unternehmerlohn nicht nur eine Vergütung für die normale Tätigkeit des Unternehmers, sondern auch dafür, dass er den »Laden am Laufen« hält.

Die Studie »Unternehmensnachfolgen in Deutschland 2014 bis 2018« des IfM sieht nur solche Unternehmen als übernahmewürdig an, die einen kalkulatorischen Unternehmerlohn erwirtschaften — und zwar einschließlich Eigenkapitalzinsen und Risikozuschlag. Der erforderliche Jahresmindestgewinn für die Fortführung eines Unternehmens ohne Kapitaleinsatz wird bei 53.989 EUR gesehen.[194] Ein angemessener kalkulatorischer Unternehmerlohn wird aber meistens darüber liegen.

Wenn es um die Berechnung des Unternehmerlohns eines selbstständigen Steuerberaters geht, hält die Bundessteuerberaterkammer das Gehalt eines

192 IDW S 1, Rn. 40; siehe auch Hinweise der Bundessteuerberaterkammer für die Ermittlung des Wertes einer Steuerberaterpraxis vom 30.6.2010.
193 Arbeitsgemeinschaft der Wert ermittelnden Betriebsberater im Handwerk, Unternehmensbewertung im Handwerk/AWH-Standard, Version 5.0, Stand 01.05.2016, S. 24 f.
194 Kay, Rosemarie/Suprinovič, Olga. Bonn, 2013, S. 4.

angestellten Steuerberaters nicht für angemessen. Der selbstständige Steuerberater trage eine höhere unternehmerische Verantwortung und arbeite zudem länger — dem würde ein Angestelltengehalt nicht gerecht. Zu berücksichtigen sei weiterhin, dass er die Kosten für seine soziale Absicherung vollständig selbst tragen muss. Darüber hinaus müssten vorhandene Spezialkenntnisse berücksichtigt werden, regionale Gegebenheiten und die Umsatzgröße der Praxis.[195]

Unabhängig davon, welcher Ausgangswert zugrunde gelegt wird, muss dieser entsprechend dem tatsächlichen Einsatz im Unternehmen angepasst werden.

Der Wert der Tätigkeit eines Unternehmers, der 60 Stunden pro Woche im Einsatz ist, ist höher zu bewerten als der eines Unternehmers, der sich bereits teilweise in das Private zurückgezogen hat und seine Tage auf dem Golfplatz verbringt.[196]

### 13.3.2.6 Berücksichtigung von Steuern

Für den Käufer kommt es in erster Linie darauf an, welche Einnahmen ihm netto bleiben, nachdem er seine Steuern gezahlt nach. Daher stellt sich die Frage, ob und wie die Steuern bei der Errechnung der Überschüsse im konkreten Fall zu berücksichtigen sind.

Wenn die Nettozuflüsse an den Gesellschafter ausgerechnet werden sollen — also die Zahlungen, die nach Steuern bei ihm ankommen — müssen sowohl die Unternehmenssteuern als auch die Ertragsteuern bei der Ermittlung der künftigen Zuflüsse abgezogen werden.[197]

Die tatsächliche Steuerbelastung bei der Einkommensteuer im Rahmen einer Planungsrechnung ist recht schwierig zu bestimmen. Daher hält das Institut der Wirtschaftsprüfer (IDW) es bei der Ermittlung eines objektivierten Unternehmenswerts für ein Einzelunternehmen oder eine Personengesellschaften für zulässig, einen typisierten Steuersatz von 35 % anzusetzen.[198]

Bei der Steuerbelastung von Zahlungen an den Gesellschafter einer Kapitalgesellschaft muss sowohl die von der Gesellschaft zu zahlende Körperschaftsteuer berücksichtigt werden als auch die vom Gesellschafter zu zahlende Einkom-

195 Hinweise der Bundessteuerberaterkammer für die Ermittlung des Wertes einer Steuerberaterpraxis vom 30.6.2010.
196 Knief, Peter: *Der kalkulatorische Unternehmerlohn für Einzelunternehmer und Personengesellschafter*. In: Der Betrieb, Heft 6, 2010
197 IDW S 1, Rn. 28 ff.; Rn. 43.
198 Vgl. Nestler, Anke. In: Betriebsberater (BB), 2012, Heft 20, S. 1271–1274 (1273).

mensteuer. Die effektive Steuerbelastung hängt von der Höhe der Beteiligung ab, davon, ob die Beteiligung im Betriebs- oder Privatvermögen gehalten wird, dem Ausschüttungsverhalten und der Finanzierung der Gesellschaft, davon, ob der Gesellschafter auch ein Gehalt von der Gesellschaft bezieht und schließlich davon, wie lange die Anteile gehalten werden. Das macht die Berechnung komplizierter, weil zu den einzelnen Variablen bestimmte Annahmen getroffen werden müssen.[199] Vereinfachend kann auf Ebene der Gesellschaft einschließlich Solidaritätszuschlag mit einem Steuersatz von 16 % gerechnet werden. Auf der Ebene der Gesellschafter bei Anwendung der Abgeltungssteuer mit einem Steuersatz von 26 % und bei Anwendung des Teileinkünfteverfahrens mit einem Steuersatz zwischen 23 % und 28 % (jeweils wiederum einschließlich Solidaritätszuschlag).

### 13.3.3 Abzinsung, Bestimmung der Kapitalkosten und spezifische Risikozuschläge

**Die künftigen Überschüsse sind umso weniger wert, je weiter sie in der Zukunft liegen; die Differenz ist der über die Zeit zu erzielende Zinseszins bei alternativer Anlage.[200] Daher müssen die künftigen Überschüsse abgezinst werden.**

#### 13.3.3.1 Wirkung des Zinseszinses

Wie Zinsen funktionieren ist im Prinzip jedem klar, allerdings übersieht man leicht, wie sehr der Zinssatz den Wert beeinflusst. In der folgenden Abbildung ist dargestellt, wie sich der Gegenwartswert (auch Barwert genannt) von 100,00 EUR in Abhängigkeit von Zeit und Zinssatz entwickelt.

199 IDW S 1, Rn. 44.

200 Instruktiv zur Berücksichtigung des Risikos und zur Frage der Behandlung von Auszahlungsüberschüssen bei Entscheidungssituationen Kruschwitz, Lutz: *Risikoabschläge, Risikozuschläge und Risikoprämien in der Unternehmensbewertung*. Der Betrieb (DB) 2001, S. 641–644.

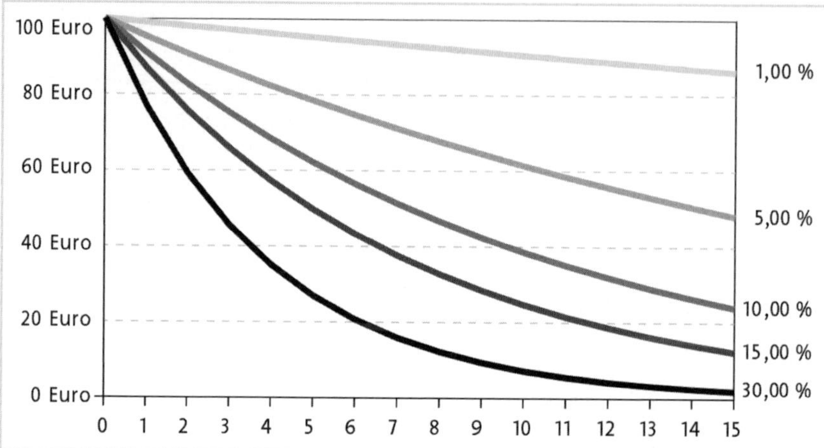


**Abb. 13: Einfluss des Zinssatzes auf den Gegenwartswert (Barwert)**

Heute sind 100,00 EUR exakt 100,00 EUR wert – das liegt auf der Hand. 100,00 EUR, die erst in 10 Jahren zufließen, sind bei einem Zinssatz von 1 % p.a. heute allerdings nur 90,50 EUR wert, bei einem Zinssatz von 5 % p.a. 61,40 EUR und bei einem Zinssatz von 10 % nur 38,60 EUR. Oder anders ausgedrückt: wer heute 38,60 EUR zu einem Zinssatz von 10 % p.a. anlegen kann, hat in 10 Jahren 100,00 EUR.

Die Rechnung erfolgt am Beispiel von 5 % p. a. für 10 Jahre wie folgt:

$$100{,}00\ \text{EUR} \times \frac{1}{1{,}05 \times 1{,}05 \times 1{,}05 \times 1{,}05 \times 1{,}05 \times 1{,}05 \times 1{,}05 \times 1{,}05 \times 1{,}05 \times 1{,}05}$$

Oder allgemein für den Diskontierungsfaktor mit dem Zinssatz i für n Jahre:

$$\frac{1}{(1+i)^n}$$

Der Bestimmung des Zinssatzes mit dem die zukünftigen Einnahmen abgezinst werden, kommt daher im Rahmen der Unternehmensbewertung eine ganz erhebliche und kaum zu überschätzende Bedeutung zu – diesem sollten Sie daher besondere Aufmerksamkeit widmen, sowohl wenn Sie selbst ein Unternehmen bewerten als auch wenn Sie von Dritten erstellte Gutachten prüfen.

#### 13.3.3.2 Dauer

Bei der Bewertung gewerblicher Unternehmen wird in der Regel von ihrer unbegrenzten Lebensdauer ausgegangen. Der Unternehmenswert entspricht dann dem Gegenwartswert aller künftigen finanziellen Überschüsse — sowohl der Überschüsse aus der Führung des Unternehmens als auch (sofern vorhanden) der Überschüsse aus der Verwertung von nicht betriebsnotwendigem Vermögen.[201]

Dabei erfolgt die Abzinsung in zwei Teilen. Zuerst werden die für die Detailplanungsphase errechneten Überschüsse für jedes Jahr einzeln abgezinst. Dazu müssen Sie für jedes Jahr einzeln den Diskontierungsfaktor wie unter 13.3.3.1 dargestellt berechnen und mit diesem den für das jeweilige Jahr prognostizierten Überschuss multiplizieren. Statt den Diskontierungsfaktor einzeln auszurechnen, können Sie die Werte verwenden, die in Tabelle im Anhang D. wiedergegeben sind.

**Beispiel:**

Sie haben für die ersten fünf Jahre einen Überschuss prognostiziert von 60.000,00 EUR (Jahr 1), 50.000,00 EUR (Jahr 2), 80.000,00 EUR (Jahr 3), 70.000,00 EUR (Jahr 4) und 100.000,00 EUR (Jahr 5).

Als Diskontierungssatz soll ein Zinssatz von 9,5 % verwendet werden. Der Tabelle im Anhang D. können Sie für diesen Zinssatz Diskontierungsfaktoren von 0,913, 0,834, 0,762, 0,696 und 0,635 entnehmen.

Daraus ergeben sich für die einzelnen Jahre diskontierte Überschüsse von 54.780,00 EUR (60.000,00 EUR * 0,931), 41.700,00 EUR (50.000,00 EUR * 0,834), 60.960,00 EUR (80.000,00 EUR * 0,762), 48.720,00 EUR (70.000,00 EUR * 0,696) und 63.500,00 EUR (100.000,00 EUR * 0,635).

Die in den den Jahren 1 bis 5 zufließenden Zahlungen in Höhe von nominell 360.000,00 EUR (60.000,00 EUR + 50.000,00 EUR + 80.000,00 EUR + 70.000,00 EUR + 100.000,00 EUR) sind bei diesem Zinssatz zum Gegenwartszeitpunkt nur 269.660,00 EUR wert (54.780,00 EUR + 41.700,00 EUR + 60.960,00 EUR + 48.720,00 EUR + 63.500,00 EUR).

Für die darauffolgende Phase wird in der Regel der Durchschnitt der Überschüsse zugrunde gelegt, die in der Detailplanungsphase im Einzelnen ermittelt wurden. Auf dieser Grundlage wird eine ewige Rente berechnet, indem dieser Betrag (r) durch den Zins (i) geteilt wird.

201 IDW S 1, Rn. 86.

Im obigen Beispiel ergibt sich ein durchschnittlicher Überschuss in Höhe von 72.000,00 EUR pro Jahr (360.000,00 EUR ÷ 5 Jahre). Bei dem verwendeten Zins von 9,5 % p.a. lautet die Rechnung 72.000,00 EUR ÷ 0,095 = 757.894,74 EUR. Wenn bis ans Ende aller Tage jedes Jahr ein Überschuss von 72.000,00 EUR erzielt wird, ist dieser bei dem gewählten Zins 757.894,74 EUR wert.

Da diese ewige Rente erst für den Zeitraum ermittelt wird, der nach der Detailplanungsphase beginnt — für die Detailplanungsphase wurden die Überschüsse der einzelnen Jahre einzeln abgezinst — muss der sich ergebende Wert noch auf den Gegenwartszeitpunkt diskontiert werden. Dabei wird der Diskontierungsfaktor für das letzte Jahr der Detailplanungsphase verwendet.

Der ab dem sechsten Jahr erzielte Jahresüberschuss von 72.000,00 EUR hat zum Ende des fünften Jahres einen Wert von 757.894,74 EUR. Zum Gegenwartszeitpunkt ist dieser nur das 0,635-fache dieses Betrages wert, also 481.263,16. Der Unternehmenswert in diesem Beispiel ist also 269.660,00 EUR (diskontierte Überschüsse aus der Detailplanungsphase) + 481.263,16 EUR (auf den Gegenwartszeitpunkt diskontierte ewige Rente für die Zeit nach dem 5. Jahr) = 750.923,16 EUR.

Das Vorgehen ist schematisch in der folgenden Abbildung für eine Detailplanungsphase von vier Jahren dargestellt:

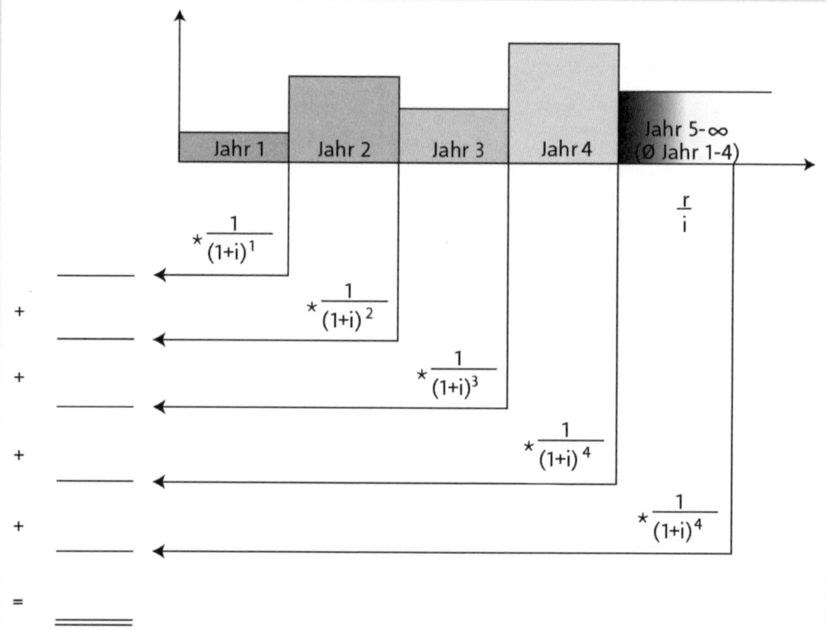


Abb. 14: Diskontierung der künftigen Überschüsse

In bestimmten Fällen kann es — anders als im obigen Beispiel dargestellt — sachgerecht sein, nicht von einer unendlich langen Lebenszeit des Unternehmens auszugehen, sondern nur eine begrenzte Zeitspanne anzusetzen.[202] Das ist insbesondere dann der Fall, wenn das Unternehmen sehr stark an der Person des Inhabers hängt. Beispielsweise wird bei Freiberuflerkanzleien meistens unterstellt, dass die Mandanten über einen Zeitraum von nur sechs bis acht Jahren verbleiben.[203]

Bei begrenzter Lebensdauer des Unternehmens wird der Unternehmenswert wie folgt berechnet: Zunächst werden die Überschüsse der einzelnen Jahre wie oben dargestellt einzeln auf den Gegenwartszeitpunkt abgezinst. Dann ermittelt man einen hypothetischen Liquidationswert aus dem Verkauf des Anlagevermögens bei der unterstellten Einstellung des Betriebs am Ende der Lebenszeit des Unternehmens und zinst diesen ebenfalls auf den Gegenwartszeitpunkt ab. Der Unternehmenswert ergibt sich aus der Summe beider Beträge.[204]

### 13.3.3.3 Zinssatz

Der Zinssatz hat eine erhebliche Auswirkung auf den Unternehmenswert (schauen Sie sich noch einmal Abbildung 13 an). Bei der Bewertung von größeren Unternehmen wird zur Ermittlung eines einheitlichen Diskontierungszinssatzes meist der WAAC-Ansatz gewählt, der die unterschiedlichen Zinssätze für Eigen- und Fremdkapital gewichtet berücksichtigt. Im Ergebnis ist dies nichts anderes als ein Dreisatz:

$$x\,\%\ \textbf{Fremdkapital} \times \textbf{Zinssatz Fremdkapital} + x\,\%\ \textbf{Eigenkapital} \times \textbf{Zinssatz Eigenkapital}$$

Während die an Kreditgeber zu zahlenden Fremdkapitalzinsen sich relativ einfach ermitteln lassen, ist es bei der erwarteten Eigenkapitalrendite anders — dem Unternehmer verbleibt am Ende der Überschuss. Welche Rendite er mit dem von ihm eingesetzten Kapital erzielt, bestimmt sich also erst im Nachhinein (die Wirkungen haben wir bereits beim Leveraged-Buy-out in Kapitel 2.3 dargelegt). Für die Ermittlung des Diskontierungszinssatzes muss daher auf ein Hilfsmittel zurückgegriffen werden — oft wird das Capital Asset Pricing Model (CAPM

202 Ebd., Rn. 85.

203 Schnee-Gronauer, Andreas/Neuber, Nadja/Selker, Marc: *Erfolgreicher Kanzleikauf – erfolgreicher Kanzleiverkauf, Praxisleitfaden mit Überblick über die optimale Wahl der Rechtsform*. Bonn, 2017, S. 127.

204 IDW S 1, Rn. 87; vgl. von Borstel, Rainer/Schoor, Hans: *Kauf und Bewertung einer Steuerberaterpraxis*. Herne, 2001, S. 164 mit Bezugnahme auf Breidenbach DStR 1991, S. 50; Butz/Mortensen/Butz: *Die Bewertung freiberuflicher Unternehmen*. In: Der Sachverständige, 7–8/2012, S. 236—239.

bzw. Tax-CAPM) angewendet. Es ist nach Auffassung des IDW auch geeignet, um kleine und mittelständische Unternehmen zu bewerten.[205]

Nach diesem Modell ergibt sich der Kapitalisierungszinssatz aus einem risikofreien Basiszins sowie einem unternehmensindividuellen Risikozuschlag. Dieser Risikozuschlag errechnet sich, wenn die allgemeine Marktrisikoprämie mit dem unternehmensindividuellen Risikofaktor multipliziert wird.

Um den Basiszinssatz zu bestimmen, wird von den Bewertenden in der Regel auf die langfristig erzielbare Rendite öffentlicher Anleihen zurückgegriffen.[206] Anhaltspunkte für die allgemeine Marktrisikoprämie sind Aktienrenditen[207] – die Idee dahinter ist, dass die höhere Rendite von Aktien im Vergleich zu risikolosen Anlageformen ihren Grund darin hat, dass sie riskanter sind. Nach Untersuchungen des IDW aus dem Jahr 2013 ist von einer Marktrisikoprämie zwischen 5,5 % und 7,0 % vor Steuern auszugehen und zwischen 5,0 % und 6,0 % nach Steuern[208]; für kleine und mittlere Unternehmen wird empfohlen, eine Marktrisikoprämie an der oberen Grenze der vom IDW genannten Bandbreite anzusetzen[209].

Der unternehmensindividuelle Risikofaktor ergibt sich in Abhängigkeit der dem konkreten Unternehmen innewohnenden Risiken im Vergleich zum Markt. Im Bezug auf Aktien wird dieses Risiko verstanden als Schwankung um den Durchschnitt alle Aktien. Entspricht der Kurs einer Aktie exakt dem Markt ist der Risikofaktor 1, schwankt sie beispielsweise doppelt so stark, beträgt der Risikofaktor 2.

205 IDW/FAUB. In: FN-IDW, 2012, S. 323 ff.

206 IDW S 1, Rn. 116; für Zwecke der Bewertung von Unternehmens nach IDW S 1 sollen entsprechend den Vorgaben des IDW Basiszinssätze von zukunftsorientierten Zerobond-Zinssätzen abgeleitet werden und dabei auf die von der Deutschen Bundesbank verwendete Svensson-Methode zurückgegriffen werden (Januar 2017 1,5 %). Für die Ableitung von Entscheidungswerten ist hingegen auf die individuellen Verhältnissen des jeweiligen Investors. Abzustellen (IDW S 1 i. d. F. 2008, Rn. 123).

207 Unter www.marktrisikoprämie.de bzw. www.basiszinskurve.de kann die Entwicklung der Aktienrisikoprämie abgerufen werden. In Januar 2017 lag diese für Deutschland bei 6,74 %.

208 Wenn individuelle Steuern beim Zinssatz berücksichtigt werden sollen, muss der (geschätzte) Steuersatz vom Zins abgezogen werden Zu Tax-CAPM siehe IDW S 1, Rn. 118 ff.; zur Berücksichtigung bei der Berücksichtigung der künftigen Zahlungszuflüsse siehe ebd. Rn. 44; siehe auch Hötten, Baldur: *Die Bewertung einer Steuerberaterpraxis nach dem DCF-Verfahren.* In: KP Kanzleiführung professionell, 08/2002, 112 ff.

209 Lehmann, Dominik. In: BBP Betriebswirtschaft im Blickpunkt 12/2013, S. 295 ff.; die Bundessteuerberaterkammer war in ihren Hinweisen für die Ermittlung des Wertes einer Steuerberaterpraxis vom 30.06.2010 noch von einer Marktrisikoprämie von 4 % bis 5 % ausgegangen.

Das dargestellte Vorgehen zur Bestimmung des angemessenen Zinssatzes stellt allerdings auf kapitalmarktorientierte Unternehmen ab — auf kleine und mittlere Unternehmen ist es nur eingeschränkt anwendbar: Wie man den Risikofaktor bei nicht börsennotierten Unternehmen ermittelt, weiß leider niemand. Das IDW hält es zwar für nicht sachgerecht, kapitalmarkttheoretisch nicht nachvollziehbare Risikozuschläge zu berücksichtigen, wenn objektivierte Unternehmenswerte ermittelt werden sollen.[210] In der Praxis werden aber gleichwohl diverse Risikozuschläge berücksichtigt; eine einheitliche Vorgehensweise gibt es dabei allerdings nicht.

Bei kleinen und mittleren Unternehmen werden in der Praxis häufig Zuschläge zum Zins vorgenommen wegen der starken Personenabhängigkeit des Unternehmens. Hier dürfte es allerdings ganz erheblich darauf ankommen, wie stark die Abhängigkeit des Unternehmens vom Verkäufer im Einzelfall ausgeprägt ist und ob es gelingt, den bisherigen Inhaber für eine längere Zeit weiter einzubinden.

Üblich sind Risikozuschläge auch, weil kleine und mittlere Unternehmen nur eingeschränkt verkäuflich sind (jedenfalls verglichen mit kapitalmarktorientierten Unternehmen). Aber auch andere Risiken können in den Zins einkalkuliert werden, beispielsweise wenn Klumpenrisiken bestehen, weil das Unternehmen nur in wenigen Branchen oder für wenige Kunden tätig ist, es besondere Wettbewerbsrisiken gibt oder eine längerfristige Unternehmensstrategie fehlt.

Übliche Größenordnungen für derartige Zuschläge zum Zins liegen oft zwischen ca. 1,5 %-Punkten und 2,5 %-Punkten.[211] Für kleine und mittlere Unternehmen ergeben sich so Bandbreiten von Risikozuschlägen zwischen 61 % und 142 %.[212]

### 13.3.4 Abzug des Fremdkapitals

Wir hatten erläutert, dass es zwei unterschiedliche Methoden gibt, einen Zukunftserfolgswert zu ermitteln: Bei der Nettomethode werden die Finanzierungskosten direkt bei der Ermittlung der Überschüsse berücksichtigt. Hingegen wird bei der Bruttomethode, namentlich den Entity-Methoden als Varianten des DCF-Verfahrens, unterstellt, dass der Unternehmenswert von der Art der Finanzierung unabhängig ist. Daher werden bei dieser Methode die Free-Cashflows vor Zinsen zugrunde gelegt — das Ergebnis ist der Marktwert des Gesamtkapitals.

---

210 IDW/FAUB. In: FN-IDW, 2012, S. 323 ff.
211 Sonderegger, Joseph. St. Gallen, 2013, S. 59.
212 Hackspiel, Thorsten/Fries, Walter. In: M&A Review, 3/2010, S. 131—138 (137), m. w. N.

Um den Marktwert des Eigenkapitals zu ermitteln muss bei den Bruttomethoden im letzten Schritt der Bewertung (siehe Abbildung 11) noch der Marktwert des Fremdkapitals abgezogen werden, um den Unternehmenswert als Marktwert des Eigenkapitals zu ermitteln. Dazu werden die Zahlungen an die Fremdkapitalgeber mit einem risikoäquivalenten Zinssatz diskontiert.

Bei den Nettomethoden ist dieser Schritt nicht erforderlich, da bei diesen Verfahren die Zahlungen an die Fremdkapitalgeber bereits berücksichtigt sind. Bei gleichen Annahmen kommen beide Verfahren zum gleichen Ergebnis.

## 13.4 Modifiziertes Ertragswertverfahren

**Das modifizierte Ertragswertverfahren kann ein Kompromiss zwischen den methodisch anspruchsvollen Zukunftserfolgswerten und »Daumenregeln« sein. Es ist aber wichtig, sich dessen Einschränkungen klar zu machen.**

Die soeben in Kapitel 13.3 dargestellten Zukunftserfolgswerte sind methodisch anspruchsvoll und setzen zwingend eine Planungsrechnung voraus, die oftmals nicht vorliegt und auch nicht erstellt werden kann. In der Praxis findet daher häufig das sogenannte modifizierte Ertragswertverfahren Anwendung. Es ist eine vereinfachte Variante des Ertragswertverfahrens.

Beim modifizierten Ertragswertverfahren wird komplett auf eine Planung der Überschüsse für einzelne Perioden verzichtet. Stattdessen werden die in der Vergangenheit erzielten durchschnittlichen Jahresüberschüsse — unter Abzug eines Unternehmerlohns zugrunde gelegt.[213] Hinsichtlich der Analyse und Bereinigung der Vergangenheitswerte kann auf die obigen Ausführungen in Kapitel 10.2.1 verwiesen werden. Teilweise erfolgt auch eine Gewichtung derart, dass die näher an der Gegenwart liegenden Werte stärker gewichtet werden als die weiter zurückliegenden. Das Ergebnis dieser Rechnung ist der nachhaltig zu erzielender Ertrag.

213 Auch der BGH hält dieses Vorgehen (auch) für eherechtliche Auseinandersetzungen für vorzugswürdig. BGH, Urteil vom 02.02.2011, XII ZR 185/08.

**Beispiel**

Praktisch erfolgt eine derartige Gewichtung indem die einzelnen Jahresergebnisse mit einem Faktor multipliziert werden. Im unten dargestellten Beispiel ergibt sich ein Durchschnitt der Jahresüberschüsse in Höhe von 70.000,00 EUR (Summe der Jahresüberschüsse = 350.000,00 EUR ÷ 5 Einzelwerte). Wenn diese hingegen gewichtet werden ergibt sich ein gewichteter Durchschnitt von 74.666,67 EUR (Summe der mit dem Faktor multiplizierten Jahresüberschüsse 1.120.000,00 EUR ÷ 15).

| Jahr 2012 | Jahr 2013 | Jahr 2014 | Jahr 2015 | Jahr 2016 | Durchschnitt | |
|---|---|---|---|---|---|---|
| 60.000,00 | 70.000,00 | 50.000,00 | 80.000,00 | 90.000,00 | 70.000,00 | EUR |
| 1 | 2 | 3 | 4 | 5 | | |
| 60.000,00 | 140.000,00 | 150.000,00 | 320.000,00 | 450.000,00 | 74.666,60 | EUR |

Grundsätzlich kann dieser Ertrag auch beim modifizierten Ertragswertverfahren über einen unendlich lange Zeitraum angesetzt und wie in Kapitel 13.3.3 dargestellt abgezinst werden.

Tatsächlich wird allerdings meist nur eine begrenzte Zeitspanne angesetzt – beispielsweise 10 Jahre – und die Erträge in dieser Zeit mit einem Zinssatz für eine risikofreie Kapitalmarktanleihe plus Risikozuschlag abgezinst. Dem liegt die Überlegung zugrunde, dass der übernommene Wert mit der Zeit immer weniger spürbar ist und durch das ersetzt wird, was der Übernehmer leistet (siehe auch Kapitel 13.3.3.2).

Wie lange der Käufer einen Nutzen von dem erworbenen Unternehmen haben wird, muss im Ergebnis geschätzt werden. Bei freiberuflichen Unternehmen wird beispielsweise teilweise von zwei bis vier Jahren ausgegangen, teilweise auch von sechs bis acht Jahren.[214] Die »Nutzungsdauer« einer Freiberuflerkanzlei soll zum Beispiel geschätzt werden unter Berücksichtigung von:

1. »Standortfaktoren und volkswirtschaftlichen Leistungsdaten der Region«,
2. »Wettbewerbssituation des freiberuflichen Unternehmens in der Region«,
3. »Individualfaktoren des freiberuflichen Unternehmens«, zu denen beispielsweise gehören: Standort, Spezialisierung, Kundentreue etc.[215] Diese Kriterien sind auf jedes zu bewertende Unternehmen übertragbar.

Zum so ermittelten Wert (abgezinste nachhaltige Erträge während der Nutzungsdauer) soll der Substanzwert (siehe Kapitel 13.7) des gesamten Sachvermögens – also der im Eigentum des Unternehmens stehenden Maschinen, Fahr-

214 Hötten, Baldur: *Kaufpreisfindung bei Freiberuflerpraxen: »Modifizierte Ertragswertmethode« oder »Umsatzwertverfahren«?*. In: KP Kanzleiführung professionell, 05/2002, S. 67 ff.

215 Butz/Mortensen/Butz: *Die Bewertung freiberuflicher Unternehmen*. In: Der Sachverständige, 7–8/2012, S. 236–239 (238 f.).

zeuge, Büroausstattung etc. — hinzugerechnet werden, allerdings zum Stichtag der Bewertung, d. h. ohne Abzinsung.[216]

In der Praxis gibt es diverse Modifikationen des Ertragswertverfahrens. Beispielsweise hat die »Arbeitsgemeinschaft der Wert ermittelnden Betriebsberater im Handwerk (AWH)« in Anlehnung an die Ertragswertmethode ein Bewertungsverfahren speziell für inhabergeführte Handwerksunternehmen entwickelt. Bei diesem wird der Unternehmenswert auf Basis der bereinigten gewichteten Ergebnisse der letzten vier Jahre vor Zinsen berechnet. Daneben wird der Substanzwert des Anlagevermögens ermittelt. Der Substanzwert des Anlagevermögens dient dabei als Untergrenze für den Kaufpreis.[217] Den AWH-Standard wenden in erster Linie Betriebsberater der Handwerksorganisationen an.

Das modifizierte Ertragswertverfahren lässt sich zwar recht einfach anwenden, hat aber einen methodischen Mangel: zukünftige Entwicklungen berücksichtigt das Verfahren nicht. Der Unternehmenswert wird ohne Planung der Zukunft auf der Grundlage der Vergangenheitswerte ermittelt. Aus Vereinfachungsgründen kann das akzeptabel sein — Voraussetzung dafür ist aber, dass die Entwicklung stabil ist und weder Marktrisiken noch sonstige Risiken ersichtlich sind.

## 13.5 Vereinfachtes Ertragswertverfahren

Ein weiteres Verfahren zur Bestimmung des Wertes eines Unternehmens ist das vereinfachte Ertragswertverfahren. Dieses ist für bestimmte steuerliche Zwecke anzuwendenden und in §§ 199 ff. BewG geregelt.

Bei diesem Verfahren wird der — um einen Unternehmerlohn und fiktiven Ertragsteueraufwand korrigierte — tatsächlich erzielte Durchschnittsertrag der letzten drei Jahre vor dem Bewertungsstichtag zugrunde gelegt. Der sich ergebende Betrag wird mit einem gesetzlich festgelegten Kapitalisierungsfaktor multipliziert. Der Kapitalisierungsfaktor wurde im November 2016 rückwirkend für die Jahre nach 2015 auf 13,75 festgelegt.[218]

Dadurch ergibt sich ein Unternehmenswert in Höhe von fast dem 14-fachen des Durchschnittsertrags. Das wird allerdings allgemein für betriebswirtschaftlich

216 Siehe auch ebd.

217 Arbeitsgemeinschaft der Wert ermittelnden Betriebsberater im Handwerk: Unternehmensbewertung im Handwerk — AWH-Standard Version 5.0, Stand 01.05.2016.

218 § 203 BewG geändert durch Gesetz zur Anpassung des Erbschaft- und Schenkungsteuergesetzes an die Rechtsprechung des Bundesverfassungsgerichts vom 04.11.2016, BGBl. I 2016, S. 2464.

unsinnig gehalten. Das vereinfachte Ertragswertverfahren hat daher keine Relevanz für die Ermittlung eines Kaufpreises.

## 13.6 Vergleichswertverfahren

Eine weitere Methode, um den Unternehmenswert zu ermitteln, ist das sogenannte Vergleichswertverfahren. Hierbei werden die bei vergleichbaren Unternehmensverkäufen erzielten Preise herangezogen, um eine Art Marktpreis zu ermitteln. Die Frage, die das Verfahren beantworten will, lautet: »Welcher Preis wird typischerweise für vergleichbare Unternehmen gezahlt?« Diese Methode ist trotz aller praktischer Schwierigkeiten und theoretischer Bedenken sinnvoll, um einschätzen zu können, welcher Preis realisierbar sein wird.

In der Praxis gibt es unterschiedliche Varianten des Vergleichswertverfahrens (auch Multiplikatormethode genannt), die entweder auf den Umsatz abstellen oder auf das operative Betriebsergebnis (Gewinn vor Zinsen und Steuern). Das Finance-Magazin veröffentlicht regelmäßig Multiplikatoren auf der Grundlage von Markteinschätzungen von M&A-Beratungshäusern; dabei werden Ergebnis- und Umsatzmultiplikatoren für verschiedene Branchen in den Umsatzgrößenklassen unter 50 Mio. EUR, 50 bis 250 Mio. EUR und über 250 Mio. EUR) abgefragt und gemittelt (sogenannte Experten-Multiples). Zusätzlich werden Börsen-Multiples auf Basis der im CDax-Index vertretenen Unternehmen berechnet. Über die Internetseite der Zeitschrift ist zudem eine Berechnung unter Eingabe weiterer Faktoren möglich.[219]

Die Anwendung vereinfachter Preisfindungsmethoden anhand von Multiplikatoren lehnt das IDW allerdings auch für die Bewertung von kleinen und mittelständischen Unternehmen generell ab.[220] Diese pauschale Haltung des IDW zur Anwendung von Multiplikatoren wird aus Sicht der Praxis teilweise kritisiert, da eine »fundiert durchgeführte Multiplikatoranalyse gerade für Unternehmen ohne Unternehmensplanung eine gute Alternative für eine angemessene Wertfindung sein [kann].«[221]

219 Siehe auch im Internet unter www.finance-magazin.de/research/multiples/.
220 IDW/FAUB. In: FN-IDW, 2012, S. 323 ff.
221 Nestler, Anke. In: Betriebsberater (BB) 2012, Heft 20, S. 1271–1274 (1272).

Darüber hinaus haben diverse Kammern des freien Berufs Richtlinien zur Bewertung von Praxen bzw. Kanzleien veröffentlicht, die auf Umsatzmultiplikatoren beruhen.[222]

Auch nach Ansicht des IDW können tatsächlich gezahlte Preise für Unternehmen und Unternehmensanteile zur Beurteilung der Plausibilität von Unternehmenswerten und Anteilswerten dienen (Voraussetzung ist, dass Vergleichbarkeit und hinreichende Zeitnähe gegeben sind). Das IDW betont allerdings, dass dieses Vorgehen keine Unternehmensbewertung ersetzt. [223] Gemäß dem Grundsatz »Bewerten heißt vergleichen« müssen in einem ersten Schritt mehrere Vergleichsunternehmen mit beobachtbaren Preisen gefunden werden. Diese müssen in allen wichtigen Eigenschaften (Risiko, Profitabilität und Ergebniswachstum) mit dem zu bewertenden Unternehmen vergleichbar sein [224] – und hier liegt das Problem. Meistens stehen diese Daten nicht zur Verfügung, da Informationen zu Transaktionen im Mittelstand nicht veröffentlicht werden.

Auch wenn die meisten Transaktionsberater aufgrund ihrer Erfahrung ein »Gefühl« für einen realistischen Preis haben und/oder Vergleichswerte sammeln, lassen sich Multiplikatoren für nicht kapitalmarktorientierte Unternehmen nur sehr eingeschränkt seriös bestimmen.

## 13.7 Substanzwertverfahren

Bei dem Substanzwertverfahren errechnet man den Unternehmenswert, indem alle Vermögensgegenstände einschließlich der immateriellen Vermögensgegenstände des Unternehmens bewertet und davon die Schulden abgezogen werden.

Je nach der konkreten Fragestellung wird der Substanzwert als Rekonstruktionswert oder als Liquidationswert ermittelt. Der Rekonstruktionswert orientiert sich an den Wiederbeschaffungskosten der Gegenstände für ein identisches Unternehmen. Hingegen stellt der Liquidationswert auf die Summe aller Einzelverkaufspreise der Gegenstände ab.

---

222 Bundesrechtsanwaltskammer: *Aus der Arbeit des Ausschusses Bewertung von Anwaltskanzleien, Zur Bewertung von Anwaltskanzleien*, BRAK-Mitt. 6/2009, S. 268 ff.; Andere Standesorganisationen verkammerter Berufe haben ebenfalls Richtlinien veröffentlicht, die teilweise ein ähnliches methodisches Vorgehen vorsehen. So die Bundesärztekammer mit der *Richtlinie zur Bewertung von Arztpraxen*, Deutsches Ärzteblatt Jahrgang 2008, Nr. 51/52, S. 2778–2780.

223 IDW S 1, Rn. 13.

224 Deutsche Vereinigung für Finanzanalyse und Asset Management DVFA e. V., DVFA-Arbeitskreis: *Corporate Transactions and Valuation, Best-Practice-Empfehlungen Unternehmensbewertung*. Dezember 2012, S. 16 ff.

Aus Sicht des Verkäufers stellt der Liquidationswert abzüglich etwaiger Kosten für die Liquidation die Preisuntergrenze bei einem Verkauf dar, denn diesen Preis würde er in jedem Fall realisieren können. Dabei ist im Rahmen der Entscheidungsfindung allerdings zu berücksichtigen, dass bei Liquidation in der Regel noch Kosten für die Abwicklung hinzukommen, beispielsweise Verwertungskosten oder auch Kosten während der Restlaufzeit von Dauerschuldverhältnissen und den Kündigungsfristen von Arbeitsverhältnissen.

Der Substanzwert ist einfach zu ermitteln, eignet sich für die Bewertung eines laufenden Unternehmens allerdings nur bedingt. Ihm kommt aber eine Hilfsfunktion für die Ermittlung des nicht betriebsnotwendigen Vermögens auf Basis der Liquidationswerte zu.

## 13.8 Weitere Verfahren

In der Praxis sind zudem verschiedene Mischformen der einzelnen Verfahren gebräuchlich, die meist Ertragswert- und Substanzwertverfahren kombinieren und die Ergebnisse beider Verfahren unterschiedlich gewichten (beispielsweise 80:20 oder 90:10). Gebräuchlich für die Bewertung von Anteilen an nicht börsennotierten Kapitalgesellschaften für steuerliche Zwecke war auch das zum 1. Januar 2009 für steuerliche Zwecke abgeschaffte Stuttgarter-Verfahren.[225]

Beim Stuttgarter-Verfahren wird zunächst der Vermögenswert ermittelt als Differenz zwischen Vermögen und Schulden, ausgedrückt als Prozentsatz des Stammkapitals. Dann wird für die vergangenen drei Geschäftsjahre jeweils die kalkulatorische Eigenkapitalverzinsungen ermittelt (Gewinn ÷ Eigenkapital) und daraus das Mittel errechnet, wobei das letzte Jahr dreifach zählt, das Jahr davor doppelt und das Jahr davor einfach. Der gemeine Wert des Unternehmens ergibt sich sodann aus der Summe von Vermögenswert und dem Fünffachen des Unterschiedsbetrags von Ertragshundertsatz und einer Verzinsung auf das eingesetzte Eigenkapital. Für die Ermittlung des Verkaufspreises eines Unternehmens ist dieses Verfahren nicht geeignet.

Daneben existieren noch zahlreiche branchenspezifische Bewertungsmethoden. Auf der Internetseite des Bayerischen Landesamts für Steuern finden Sie einen Überblick über die in der Praxis üblichen Bewertungsmethoden.[226]

225 R 96 ff. ErbStR 2003.

226 ErbSt-Kartei, 28.02.2013, Az.: S 3224.1.1 - 1/7 St 34, im Internet verfügbar unter www.ihk-muenchen.de/ihk/documents/Recht-Steuern/Steuerrecht/Neuer-Ordner/ueberblick-ueber-branchenspezifische-bewertungsmethoden.pdf (abgerufen am 26.05.2017).

## 13.9 Bewertung eines Gesellschaftsanteils

Ein Sonderproblem stellt die Bewertung von Gesellschaftsanteilen dar.

Nach Auffassung des IDW entspricht der objektivierte Wert eines Unternehmensanteils der Beteiligungsquote. Der Wert eines 25 %igen Anteils an einem Unternehmen entspricht einem Viertel des Gesamtwerts des Unternehmens.

Im Rahmen der Bewertung des Unternehmens für Zwecke des Erwerbs geht es allerdings nicht um objektivierte Werte, sondern um einen subjektiven Entscheidungswert. Für den Wert des Anteils im Verhältnis zum Gesamtwert des Unternehmens ist deshalb insbesondere der mit dem Anteil verbundene Einfluss des Anteilseigners auf die Unternehmenspolitik entscheidend, sowie zu erwartende Synergieeffekte. Je nachdem wie sich die Einflussmöglichkeiten gestalten, wird der subjektive Wert des Anteils mehr oder weniger stark von dem Wert des quotalen Anteils am Unternehmensgesamtwert abweichen.[227]

Wenn — was typischerweise der Fall ist — in dem entsprechenden Gesellschaftsvertrag eine Veräußerungssperre oder ein Vorkaufsrecht enthalten sind, macht sich dies regelmäßig durch einen Abschlag bemerkbar oder der Anteil lässt sich erst gar nicht verkaufen.[228]

## 13.10 Zusammenfassung

Die Bewertung von Unternehmen ist ein unsicheres Feld — sowohl tatsächlich als auch methodisch. Für den Bewertenden geht es darum, eine Entscheidung unter Unsicherheit zu treffen. Ein Entscheidungswert kann in dieser Situation allerdings nur dann etwas zu der zu treffenden Entscheidung beitragen, wenn er überhaupt die richtige Frage beantwortet. Dies trifft am ehesten auf die Zukunftserfolgswerte zu, die fragen: »Wie hoch ist unter den gemachten Annahmen der Wert der in Zukunft zufließenden Zahlungen?«

Das modifizierte Ertragswertverfahren sagt zur der hier zu beantwortenden Frage des Käufers, mit welchem künftigen Ertrag er rechnen kann, nichts. Ermittelt wird aber zumindest ein Wert mit Blick in die Vergangenheit, der den Vorteil hat, auf tatsächlich realisierten Ergebnissen zu basieren.

Auch wenn — je nach konkreter Planung — im Einzelfall der in Euro und Cent gemessene Unterschied zwischen dem mit dem modifizierten Ertragswertver-

227 IDW S 1, Rn. 13 f.
228 Nestler, Anke. In: Betriebsberater (BB), 2012, Heft 20, S. 1271–1274 [1272 f.]

fahren ermittelten Wert und dem Zukunftserfolgswert gering sein kann, spricht alles dafür, einen Zukunftserfolgswert zu berechnen. Die für die Ermittlung eines Zukunftserfolgswerts zwingend erforderliche Planung zwingt den Käufer nämlich dazu, sich intensiv mit dem Unternehmen und seinen eigenen weiteren Planungen zu beschäftigen und einen Businessplan hierfür aufzustellen. Diese Mühe sollte er sich schon aus eigenem Interesse machen.

In der Praxis werden oftmals die Ergebnisse verschiedener Bewertungsmethoden miteinander kombiniert.[229] Hierdurch können unterschiedliche Szenarien miteinander verglichen werden[230]. Auch das ist ein sinnvolles Vorgehen, schon um in den Verhandlungen ggf. einen »Anker« setzen zu können, um die eigene Kaufpreisvorstellung durchzusetzen.[231]

Die hier dargestellten Methoden dienen dazu, den theoretischen Wert eines Unternehmens zu ermitteln. Der konkrete Kaufpreis ergibt sich am Ende der Verhandlung zwischen den Parteien – er kann dem Wert entsprechen aber auch höher oder niedriger sein. Eine Schwierigkeit ist dabei, dass es bei der Beurteilung des Wertes eine Reihe systematischer psychologischer Verzerrungen gibt, aufgrund derer Käufer und Verkäufer den Wert des Unternehmens in der Regel deutlich unterschiedlich einschätzen.

Zum einen schätzen Menschen etwas, das sie besitzen höher als etwas, das sie nicht besitzen, was zu der absurden Situation führt, dass Verkäufer mehr Geld für etwas verlangen als sie selbst bereit wären, dafür auszugeben. Auf der anderen Seite bewerten Menschen mögliche Verluste in der Regel deutlich höher als mögliche Gewinne.[232]

Dazu passt, dass über 50 % der Unternehmer die stark unterschiedliche Unternehmensbewertung von Käufer und Verkäufer als großes Problem bei der Durchführung einer Unternehmenstransaktion sehen. Insbesondere wenn Käufer und Verkäufer direkt miteinander die Bewertung verhandeln, wird die Verhandlung sehr schnell emotional und nicht mehr ergebnisorientiert geführt.[233]

Interessant ist in diesem Zusammenhang, dass aus der Sicht der erfolgreichen Käufer Schwierigkeiten bei der Einigung auf einen Kaufpreis vor allem daraus

229 Henselmann, Klaus/Barth, Thomas: *Unternehmensbewertung in Deutschland: Empirie zur Bewertungspraxis*. Norderstedt, 2009, S. 9.

230 Sonderegger, Joseph. St. Gallen, 2013, S. 106; siehe auch die Beispiele dort auf S. 111 ff.

231 Siehe Kapitel 11.4.

232 Siehe hierzu Dobelli, Rolf. München, 2011, Stichworte »Verlustaverson«, S. 134 f., 235 f. und »Endowment-Effekt«, S. 93 ff., 231 f. und Dobelli, Rolf. München, 2012, Stichwort »Aufwandsbegründung«, S. 41 f., 217.

233 Müller, Christoph/Freiland, Dirk/Tomaselli, Harald. In: Hohenheimer Beiträge zu Entrepreneurshipforschung und -praxis Nr. 12, 2006, S. 91.

resultieren, dass die Verkäufer ihre Steuerberater hinzuziehen, die für die Unternehmensbewertung im Steuerrecht gebräuchliche Bewertungsverfahren nutzen. Diese überschlägigen Verfahren seien für die Ermittlung eines Marktpreises wenig geeignet und vermittelten dem Alteigentümer vielfach einen unrealistisch hohen Wert seines Unternehmens.«[234]

Der Blick auf den Kaufpreis alleine greift allerdings aus unserer Sicht ohnehin zu kurz. Um es mit Charlie Munger zu sagen:

> *»[Es ist] besser, einen angemessenen Preis für ein gutes Unternehmen zu bezahlen als einen Spottpreis für eine Schrottfirma.«*[235]

234 Wolter, Hans-Jürgen. In: IfM-Materialien Nr. 191, Bonn, 2010, S. 28f.
235 Zitiert nach Lowenstein, Roger: *Buffet*. Kulmbach, 2009, S. 77.

# 14 Steuerliche Folgen des Verkaufs

Welche steuerlichen Folgen der Unternehmensverkauf für den Verkäufer hat, hängt davon ab, ob er ein Einzelunternehmen, Anteile an einer Personengesellschaft oder Anteile an einer Kapitalgesellschaft verkauft. Auch ob es sich beim Verkäufer um eine natürliche oder juristische Person oder eine Personengesellschaft handelt und ob die Anteile im Betriebs- oder Privatvermögen gehalten werden, kann Einfluss auf die steuerlichen Folgen haben.

Dabei sind unterschiedliche mögliche Anknüpfungspunkte der Steuern zu unterscheiden:

- Zum einen die Besteuerung des mit dem Verkauf des Unternehmens erzielten Gewinns durch Einkommen- bzw. Körperschaftsteuer und gegebenenfalls Gewerbesteuer beim Verkäufer.
  Für den Käufer hat der Unternehmenskauf keine unmittelbaren ertragsteuerlichen Folgen — allerdings ergeben sich Unterschiede zwischen Asset-Deal und Share-Deal, die bei sonst gleichen Gegebenheiten die künftige Steuerbelastung und die künftige Ertragslage beeinflussen können.
- Zum anderen kann — ohne, dass es auf einen Gewinn ankommt — die Übertragung von Gütern Steuern auslösen (sogenannte Verkehrsteuern), hier vor allem die Umsatzsteuer und die Grunderwerbsteuer.

Bei Familiengesellschaften ist für die vorausschauende Planung daneben insbesondere auch die Erbschaftsteuer relevant, die sowohl beim Erwerb von Todes wegen als auch bei Schenkungen unter Lebenden anfällt. Hier ist eine generationenübergreifende Betrachtung erforderlich.[236] Wegen des progressiven Tarifs in der Einkommensteuer und aufgrund der Freibeträge bei der Erbschaftssteuer kann es in Familienunternehmen sinnvoll sein, schon vor dem Verkauf Unternehmensteile auf die Familienmitglieder zu übertragen.

**Tipp** !

**Bei Übertragungen im Familienkreis dürfen Halte- und Sperrfristen nicht übersehen werden. Viele steuerliche Vergünstigungen entfallen mit Wirkung für die Vergangenheit, wenn der Beschenkte/Erbe den Anteil innerhalb der Fristen verkauft (siehe § 13a Abs.6 ErbStG).**

Das Steuerrecht ist wie wenige Rechtsgebiete geprägt vom Einfluss von Interessengruppen, was sich in zahlreichen Ausnahmen, Rückausnahmen, Richtlinien, Anwendungserlassen und Nichtanwendungserlassen zeigt. Die folgende Dar-

236 Siehe beispielsweise Wegner, Andreas: *Asset Deal versus Share Deal*. In: Erbfolgebesteuerung, Ausgabe 10/2001, S. 274.

stellung muss sich daher auf einen Überblick beschränken — im Einzelfall sollte auf jeden Fall ein spezialisierter Steuerfachmann hinzugezogen werden.[237]

! **Tipp**

Bei komplizierten Sachverhalten, beispielsweise der Zurückbehaltung erheblicher Teile des Betriebsvermögens des bisherigen Unternehmens, kann es sinnvoll sein, vor Veräußerung eine verbindliche — allerdings gebührenpflichtige — Auskunft der Finanzverwaltung einzuholen (§ 89 Abs. 2—7 AO).

## 14.1 Besteuerung des Veräußerungsgewinns

Wenn ein Unternehmen verkauft wird und der Kaufpreis abzüglich Veräußerungskosten über dem Buchwert der Gegenstände (Einzelunternehmen, Personengesellschaft) bzw. den Anschaffungskosten des Anteils (Kapitalgesellschaften) liegt, muss diese Differenz versteuert werden.

Dabei kommt grundsätzlich ein reduzierter Steuersatz zur Anwendung oder es muss nur ein Teil des Veräußerungserlöses versteuert werden.

Wenn der Verkäufer mindestens 55 Jahre alt oder berufsunfähig ist, können zusätzliche steuerliche Vergünstigungen in Anspruch genommen werden.

### 14.1.1 Veräußerung von Einzelunternehmen und Anteilen an Personengesellschaften

#### 14.1.1.1 Überblick

Gewinne aus dem Verkauf eines Einzelunternehmens oder von Gesellschaftsanteilen sind grundsätzlich in vollem Umfang steuerpflichtig. Unter bestimmten Umständen sieht das Gesetz aber steuerliche Vergünstigungen vor; und zwar:

- einen Freibetrag nach § 16 Abs. 4 EStG, wenn der Verkäufer über 55 Jahre alt oder dauernd berufsunfähig ist
- eine Tarifermäßigung nach § 34 Abs. 1 EStG (sogenannte »Fünftelregelung«)
- eine Tarifermäßigung nach § 34 Abs. 3 EStG, die wiederum nur gewährt wird, wenn der Verkäufer über 55 Jahre alt oder dauernd berufsunfähig ist.[238]

237 Siehe im Überblick: o. Verf.: *Betriebsveräußerung*. ProFirma Professional Online, Dokument HI1633136 (Stand 19.10.2016). Für Steuerbelastungsvergleiche für unterschiedlicher Rechtsformen siehe König, Rolf/Maßbaum, Alexandra/Sureth-Sloane, Caren: *Besteuerung und Rechtsformwahl*. Herne, 2016.

238 Daneben gibt es Vergünstigungen für den Verkauf von bestimmten Betrieben der Land- und Forstwirtschaft (§ 14a EStG), die hier allerdings nicht dargestellt werden.

Hintergrund für diese Steuerbegünstigungen ist, dass bei dem Verkauf des Unternehmens auf einen Schlag erhebliche stille Reserven aufgedeckt werden (also die Differenz zwischen den Buchwerten der Gegenstände und dem in der Regel höheren Preis, den der Käufer dafür bezahlt), was wegen des progressiven Steuertarifs in der Einkommensteuer zu einer überproportional hohen Steuerbelastung führt. Außerdem wird anerkannt, dass der Veräußerungserlös ab einem bestimmten Alter des Verkäufers oder bei dessen Berufsunfähigkeit auch seiner sozialen Absicherung dient.

Schematisch lässt sich dies wie folgt darstellen:

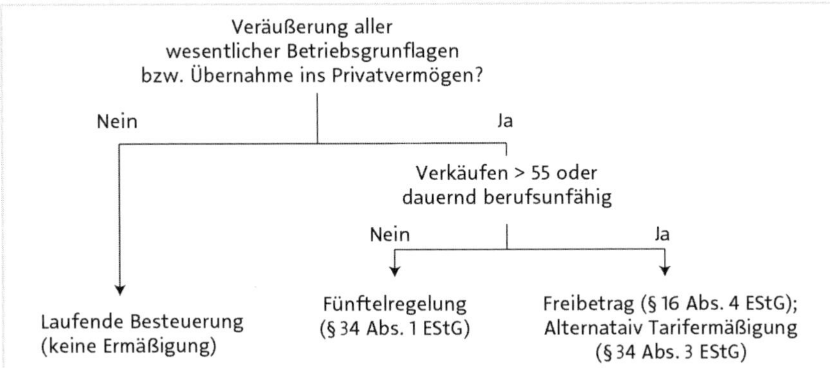


Abb. 15: Steuerliche Folgen bei Verkauf eines Betriebs, Teilbetriebs oder Anteils an einer Personengesellschaft

### 14.1.1.2 Betriebsveräußerung

Damit eine steuerliche Begünstigung infrage kommt, muss zunächst eine Betriebsveräußerung vorliegen.[239] Voraussetzung hierfür ist, dass sämtliche wesentlichen Betriebsgrundlagen gegen Entgelt auf einen Käufer übertragen werden, sodass dieser den Betrieb fortführen könnte und der Verkäufer die bisherige Tätigkeit aufgibt. Statt eines Verkaufs ist auch die Übernahme von Wirtschaftsgütern in das Privatvermögen unter Aufdeckung der stillen Reserven möglich.[240]

Wesentliche Betriebsgrundlagen sind in diesem Zusammenhang diejenigen Wirtschaftsgüter, die aufgrund ihrer Funktion für den Betrieb des Unternehmens

239 Die zentrale Norm im Hinblick auf den Verkauf von Einzelunternehmen und Anteilen an Personengesellschaften ist § 16 EStG. Die Norm, die an sich nur für Einkünfte aus Gewerbebetrieb gilt, ist durch Verweisung auch auf den Verkauf land- und forstwirtschaftlicher Betriebe (§ 14 Satz 2 EStG) und Praxen/Kanzleien von Selbstständigen anwendbar (§ 18 Abs. 3 EStG).

240 § 16 Abs. 3 Satz 1 EStG. Das bedeutet, dass die Differenz zwischen Buchwert und echtem Wert — dem sogenannten »gemeinen« Wert — versteuert werden muss.

erforderlich sind und eine gewisse Bedeutung für die Betriebsführung haben — beispielsweise die Walze bei einem Walzbetrieb. Daneben gelten unabhängig von ihrer Funktion auch solche Wirtschaftsgüter als wesentlich, in denen erhebliche stille Reserven ruhen, weshalb Betriebsgrundstücke fast immer zu den wesentlichen Betriebsgrundlagen gehören.[241]

Der Begriff der Betriebsveräußerung umfasst auch den Verkauf eines für sich lebensfähigen Teilbetriebs[242] sowie den des kompletten Anteils eines Gesellschafters einer Personengesellschaft.[243] Als Betriebsveräußerung gilt schließlich auch der Verkauf aller Anteile an einer Kapitalgesellschaft, die ausschließlich im Betriebsvermögen eines Einzelunternehmens oder einer Personengesellschaft gehalten wird.[244]

Einzelne Wirtschaftsgüter, bei denen es sich nicht um im obigen Sinn wesentliche Betriebsgrundlagen handelt, kann der Verkäufer zurückbehalten. Häufig wird das im Rahmen eines Unternehmensverkaufs die Altforderungen betreffen, die der bisherige Unternehmer in seinem Rest-Betriebsvermögen behält und weiter einzieht. Wenn nicht alle wesentlichen Betriebsgrundlagen veräußert oder in das Privatvermögen übernommen werden, liegt keine steuerbegünstigte Betriebsveräußerung vor.[245]

Grundsätzlich müssen die wesentlichen Betriebsgrundlagen in einem einheitlichen Vorgang innerhalb kurzer Zeit an einen oder mehrere Abnehmer verkauft oder ganz oder teilweise in das Privatvermögen überführt werden.[246] Welcher Zeitraum in diesem Sinne »kurz« ist, lässt sich allerdings nicht pauschal sagen — wenn Restverkäufe sich über 36 Monate hinziehen, ist dies aber unter keinen Umständen »kurz« zu nennen.[247]

Damit im steuerlichen Sinn eine Betriebsveräußerung vorliegt, muss gleichzeitig mit dem Verkauf der bisherige Inhaber seine mit dem Betrieb verbundene un-

241 BFH, Urteil vom 26.05.1993,X R 101/90; BFH, Urteil vom 03.02.1994, III R 23/89; BFH, Urteil vom 23.05.2000, VIII R 11/99.

242 Abgrenzungsmerkmale sind beispielsweise die räumliche Trennung vom Hauptbetrieb, eigenes Personal, selbstständige Organisation, eigenes Anlagevermögen, ungleichartige betriebliche Tätigkeit oder ein eigener Kundenstamm; siehe BFH, Urteil vom 04.07.2007, X R 49/06. Beispiele sind in der Regel Filialen oder Zweigniederlassungen.

243 Wenn nicht die gesamte Beteiligung verkauft wird, gilt dieser als laufender Gewinn aus Gewerbebetrieb, § 16 Abs. 1 Satz 2 EStG. Unter dem Strich lässt sich etwas vereinfacht feststellen, dass die Steuervergünstigungen nur dann zum Tragen kommen sollen, wenn alle stillen Reserven aufgedeckt werden. Siehe BFH, Urteil vom 09.12.2014, IV R 36/13.

244 § 16 Abs. 1 Satz 1 Nr. 1 Satz 2 EStG; R 16 Abs.3 EStR.

245 BFH, Urteil vom 05.02.2014, X R 22/12.

246 BFH, Urteil vom 26.05.1993, X R 101/90, Rz 18; BFH, Urteil vom 05.02.2014, X R 22/12.

247 BFH, Urteil vom 26.05.1993, X R 101/90, Rn. 2 f.

ternehmerische Tätigkeit beenden.[248] Ein völliges Einstellen aller unternehmerischen Aktivitäten des Verkäufers ist allerdings nicht erforderlich, in einem anderen Betrieb kann der Verkäufer weiterhin unternehmerisch tätig sein. Auch die Tätigkeit als freier Mitarbeiter oder Angestellter im verkauften Unternehmen steht der Annahme einer steuerbegünstigten Betriebsaufgabe nicht entgegen.[249] Wenn ein Einzelunternehmer sein Unternehmen aber an eine Personengesellschaft verkauft an der er beteiligt ist, wird dies als laufender, nicht steuerbegünstigter, Gewinn behandelt.[250]

**Tipp** !

**Dass die für Unternehmensverkäufe bestehenden steuerlichen Begünstigungen nur dann greifen, wenn das komplette Unternehmen oder die gesamte Beteiligung an einem Unternehmen verkauft wird, führt in der Praxis häufig zu Schwierigkeiten bei der Gestaltung. Oft ist es nämlich gerade gewünscht, das Unternehmen »schrittweise« zu verkaufen und den Nachfolger erst einmal nur in einem geringen Umfang zu beteiligen, bevor ihm alle Anteile übertragen werden. Eine solche »Salamitaktik« ist bei Einzelunternehmen bzw. Personengesellschaften aber steuerbegünstigt nicht ohne Weiteres möglich.**

### 14.1.1.3 Ermittlung des Veräußerungsgewinns

Wenn Einzelunternehmen oder Personengesellschaften bzw. alle Anteile eines Gesellschafters daran verkauft werden, errechnet sich der Veräußerungsgewinn wie folgt.[251]

| | |
|---|---|
| | Veräußerungspreis |
| – | Veräußerungskosten |
| – | Buchwert des Betriebsvermögens/Anteils am Betriebsvermögen |
| + | gemeiner Wert des ins Privatvermögen übernommenen Vermögens |
| – | vom Erwerber nicht übernommene betriebliche Schulden |
| = | Veräußerungsgewinn |

Sofern das Unternehmen gegen Leibrenten oder Rentenzahlungen veräußert wird, ergeben sich Besonderheiten — siehe dazu Kapitel 14.1.3).

Als Veräußerungskosten können beispielsweise die Kosten von Transaktionsberatern, Rechtsanwälten, Notaren oder sonstigen Beratern abgezogen werden,

248 BFH, Urteil v. 03.10.1984, I R 119/181; BFH Urteil v. 16.12.1992, X R 52/1992; BFH, Urteil v. 12.06.1996, XI R 56/95; BFH, Urteil v. 12.06.1996, XI R 57/95.
249 BFH, Urteil vom 17.07.2008, X R 40/07.
250 § 16 Abs. 2 Satz 3 EStG.
251 Siehe § 16 Abs. 2 EStG.

die im Zusammenhang mit dem Verkauf tätig waren. Schulden, die während des Bestehens des Betriebs entstanden sind, bleiben auch dann betrieblich veranlasst, wenn der Betrieb insgesamt veräußert oder aufgegeben wird soweit der Veräußerungserlös nicht ausreicht, eine ehemals betriebliche Verbindlichkeit zu begleichen.[252]

Der Wert des Betriebsvermögens ist zwingend durch Betriebsvermögensvergleich zu ermitteln.[253] Für Unternehmer, die ihren Gewinn bisher durch Einnahmeüberschussrechnung ermittelt haben, bedeutet dies, dass sie eine Bilanz auf den Stichtag der Übertragung erstellen müssen — das gilt auch für Freiberufler.[254]

Wenn sich durch den Wechsel der Gewinnermittlungsart ein Übergangsgewinn ergibt, kann dieser auf Antrag verteilt werden: entweder gleichmäßig auf das Jahr des Übergangs und das Folgejahr oder auf das Jahr des Übergangs und die beiden folgenden Jahre. Wenn der Betrieb vor Ablauf des Verteilungszeitraums veräußert wird, erhöhen die noch nicht berücksichtigten Beträge den laufenden Gewinn des letzten Wirtschaftsjahres.[255]

! **Tipp**

**Um die Progression zu mildern und nicht den Übergangsgewinn und den Veräußerungsgewinn im gleichen Jahr versteuern zu müssen, kann es sinnvoll sein, den Wechsel der Gewinnermittlungsart zeitlich vorzuziehen.**

Wenn zu den verkauften Wirtschaftsgütern Grund und Boden, Gebäude oder Binnenschiffe gehören, kann der Veräußerungsgewinn insoweit gemindert werden, als die in diesen Wirtschaftsgütern enthaltenen stillen Reserven auf andere Wirtschaftsgüter (sogenannte Ersatzwirtschaftsgüter) übertragen werden. Dies erfolgt, indem die entsprechenden Erlöse entweder von den Anschaffungs- oder Herstellungskosten der Ersatzwirtschaftsgüter abgezogen werden oder einer entsprechenden Rücklage zugeführt werden.[256] Diese Rücklage muss allerdings wieder aufgelöst werden, wenn nicht innerhalb von vier Jahren ein anderes Wirtschaftsgut erworben wurde — bei Gebäuden reicht es aus, wenn innerhalb dieser Frist mit deren Anschaffung begonnen wurde.

---

252 BFH, Urteil vom 12.11.1997, X R 98/96.

253 Also einer Bilanz im nach § 4 Abs. 1 EStG,, § 5 EStG.

254 In die Bilanz sind die betrieblich genutzten Gegenstände mit den Buchwerten einzustellen, die sich ergeben würden, wenn bereits von Anfang an bilanziert worden wäre. Auswirkungen ergeben sich dabei insbesondere aufgrund des Warenbestandes und aufgrund der Forderungen aus Lieferungen und Leistungen und der Verbindlichkeiten. Fallbeispiel siehe bei Minninger, Heiko: *Wechsel der Gewinnermittlungsart: Von der EÜR zur Bilanzierung*, in: MBP Mandat im Blickpunkt, Ausgabe 11/2011, S. 196.

255 R 4.6 Abs. 1 EStR.

256 Sogenannte Reinvestitionsrücklage, § 6b EStG (§ 6c EStG).

Durch diese Übertragung stiller Reserven wird deren Versteuerung verhindert, was aber in der Zukunft zu niedrigeren Abschreibungen auf die neu angeschafft oder hergestellten Wirtschaftsgüter führt. Zudem findet bei Übertragung von Buchwerten die Fünftelregelung keine Anwendung.[257]

Hier muss im Einzelfall berechnet werden, welche steuerliche Gestaltungsmöglichkeit zu einer geringeren Belastung führt: Übertragung von stillen Reserven und der daraus resultierende Steuerstundungseffekt bei regulärer Besteuerung des Veräußerungsgewinns oder die ermäßigte Besteuerung des gesamten Veräußerungsgewinns.

### 14.1.1.4 Freibetrag nach § 16 Abs. 4 EStG

Wenn der Verkäufer beim Verkauf das 55. Lebensjahr vollendet hat oder im sozialversicherungsrechtlichen Sinne dauernd berufsunfähig ist, wird der Veräußerungsgewinn auf Antrag zur Einkommensteuer nur herangezogen, soweit er 45.000,00 EUR übersteigt. Weiterhin ermäßigt sich der Freibetrag — der nur einmal im Leben gewährt wird — um den Betrag, um den der Veräußerungsgewinn 136.000,00 EUR übersteigt.

Grafisch stellt sich dies wie folgt dar:

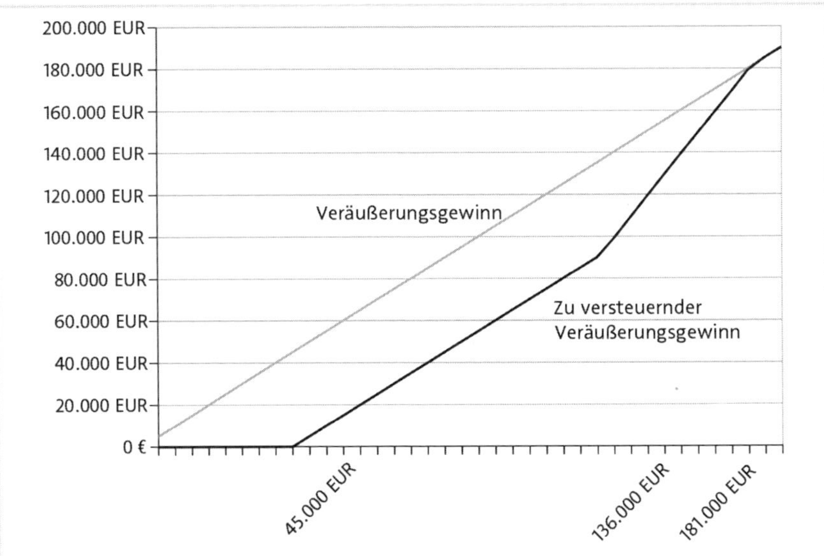


Abb. 16: Wirkung des Freibetrags gemäß § 16 Abs.4 EStG

257 Siehe § 34 Abs. 1 Satz. 4 EStG.

Bei der Veräußerung des gesamten Betriebs einer Personengesellschaft erhält jeder Gesellschafter einen Freibetrag in der genannten Höhe, sofern bei ihm die persönlichen Voraussetzungen vorliegen. Im Falle des Verkaufs einer 100 %igen Beteiligung an einer Kapitalgesellschaft ist zunächst das Teileinkünfteverfahren anzuwenden, erst im Anschluss wird der Freibetrag berücksichtigt.[258]

### 14.1.1.5 Fünftelregelung nach § 34 Abs. 1 EStG

Für die dargestellten Veräußerungsgewinne aus dem Verkauf von Betrieben, Teilbetrieben oder Mitunternehmeranteilen sieht das Gesetz eine Tarifbegünstigung vor. Dabei wird die zusätzliche Steuer aus einem Fünftel des Veräußerungsgewinns mit fünf multipliziert. Das führt dazu, dass der sich für das erste Fünftel ergebende Steuersatz auf den gesamten Veräußerungsgewinn angewendet wird, was aufgrund des progressiven Steuertarifs der Einkommensteuer zu einer deutlich niedrigeren Steuerbelastung führen kann, als es der Fall wäre, wenn der Steuertarif auf den gesamten Veräußerungsgewinn angewendet werden würde.[259]

Praktisch erfolgt die Berechnung in vier Schritten:[260]

1. Berechnung der tariflichen Einkommensteuer auf das zu versteuernde Einkommen ohne den Veräußerungsgewinn.
2. Berechnung der tariflichen Einkommensteuer auf das zu versteuernde Einkommen zuzüglich 1/5 des Veräußerungsgewinns.
3. Verfünffachung des Unterschiedsbetrags zwischen 1. und 2.
4. Hinzurechnung des Betrages aus 3. zu der Einkommensteuer aus 1.

Lediglich der Vollständigkeit halber sei in diesem Zusammenhang nochmals darauf hingewiesen, dass die Fünftelregelung nicht anwendbar ist, wenn im Rahmen der Betriebsveräußerung stille Reserven auf andere Wirtschaftsgüter übertragen wurden.[261]

---

258 BFH, Urteil vom 14.07.2010, X R 61/08.

259 § 34 Abs. 1 Satz 2 und 3 lauten: »Die für die außerordentlichen Einkünfte anzusetzende Einkommensteuer beträgt das Fünffache des Unterschiedsbetrags zwischen der Einkommensteuer für das um diese Einkünfte verminderte zu versteuernde Einkommen (verbleibendes zu versteuerndes Einkommen) und der Einkommensteuer für das verbleibende zu versteuernde Einkommen zuzüglich eines Fünftels dieser Einkünfte. Ist das verbleibende zu versteuernde Einkommen negativ und das zu versteuernde Einkommen positiv, so beträgt die Einkommensteuer das Fünffache der auf ein Fünftel des zu versteuernden Einkommens entfallenden Einkommensteuer«.

260 Siehe R 34.2 EStR.

261 Siehe oben Kapitel 14.1.1.4 am Ende.

#### 14.1.1.6 Tarifermäßigung nach § 34 Abs. 3 EStG

Alternativ zur Fünftelregelung kann unter den gleichen Voraussetzungen wie bei Gewährung des Freibetrags — also wenn der Verkäufer beim Verkauf das 55. Lebensjahr vollendet hat oder dauernd berufsunfähig ist und die Begünstigung bisher noch nie gewährt wurde — ein ermäßigter Steuersatz auf den Teil des Veräußerungsgewinns in Anspruch genommen werden, der 5 Millionen EUR nicht übersteigt.

Dazu wird zunächst die durchschnittliche tarifliche Einkommensteuer auf das gesamte zu versteuernde Einkommen einschließlich des Veräußerungsgewinns ermittelt. Auf den Veräußerungsgewinn wird dann ein ermäßigter Steuersatz in Höhe von 56 % dieses durchschnittlichen Steuersatzes, mindestens 14 %, angewendet.[262] Auch diese Tarifermäßigung ist nicht anwendbar, wenn im Rahmen einer Betriebsveräußerung stille Reserven übertragen wurden.[263]

## 14.1.2 Verkauf von Anteilen an einer Kapitalgesellschaft

### 14.1.2.1 Überblick

Welche steuerlichen Folgen die Veräußerung von Anteilen an Kapitalgesellschaften hat, hängt davon ab, ob der Verkäufer die Beteiligung im Privatvermögen oder im Betriebsvermögen hält. Hält er sie im Privatvermögen muss differenziert werden, ob er an der Kapitalgesellschaft wesentlich beteiligt war oder nicht; bei Beteiligungen im Betriebsvermögen kommt es auf die Beteiligungsquote nicht an:[264]

- Werden im Privatvermögen gehaltene Beteiligungen an Kapitalgesellschaften, an denen der Verkäufer innerhalb der letzten fünf Jahre unmittelbar oder mittelbar mit weniger als 1% beteiligt war, verkauft, wird der Gewinn aus der Veräußerung der sogenannten Abgeltungssteuer unterworfen.
- Auf Gewinne aus der Veräußerung von im Privatvermögen gehaltenen Anteilen an Gesellschaften an denen der Verkäufer innerhalb der letzten fünf Jahre unmittelbar oder mittelbar zu mindestens 1% beteiligt war, findet hingegen regelmäßig das Teileinkünfteverfahren Anwendung.
- Wird die Beteiligung hingegen in einem Betriebsvermögen gehalten, so ist unabhängig von der Beteiligungshöhe das Teileinkünfteverfahren anzuwen-

262 R 34.5 EStR
263 § 34 Abs. 3 Satz 6 verweist auf § 34 Abs. 1 Satz 4 EStG. Siehe oben Kapitel 14.1.1.4 am Ende.
264 Daneben gibt es zahlreiche Besonderheiten beispielsweise für einbringungsgeborene oder steuerverstrickte Anteile, auf die hier nicht eingegangen wird.

den – bei Veräußerung einer 100 %igen Beteiligung gelten zudem die unter 14.1.1 dargestellten Besonderheiten [265].

Der Gewinn, den eine Kapitalgesellschaft aus der Veräußerung einer Beteiligung an einer anderen Kapitalgesellschaft erhält, ist steuerbefreit (§ 8b Abs. 2 KStG), wobei allerdings 5 % des Veräußerungsgewinns als nicht abziehbare Betriebsausgaben gelten (§ 8b Abs. 3 KStG).

Im Überblick stellt sich dies wie folgt dar:

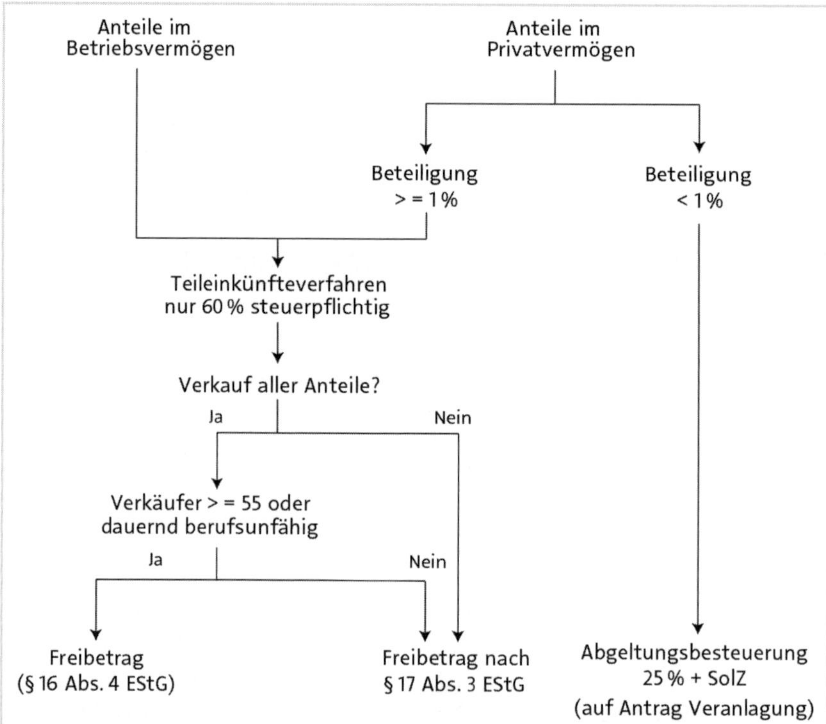


Abb. 17: Steuerliche Folgen des Verkaufs von Anteilen an Kapitalgesellschaften

265 Während bei der Veräußerung von Gesellschaftsanteilen das Teileinkünfteverfahren in den dargestellten Fällen Anwendung findet, ist es bei den laufenden Ausschüttungen wie folgt anzuwenden: wenn die Beteiligung im Betriebsvermögen gehalten wird, ist stets das Teileinkünfteverfahren anzuwenden. Wenn die Beteiligung im Privatvermögen gehalten wird, ist die Ausschüttung in der Regel der Abgeltungsteuer zu unterwerfen. Ein Wahlrecht zum Teileinkünfteverfahren besteht bei Beteiligungen ab 25 % und bei einer Beteiligung von mindestens 1 % wenn der Anteilseigner zudem beruflich für die Gesellschaft tätig ist (§ 32d Abs. 2 Nr. 3 EStG).

**Tipp** !

Gerade bei der Veräußerung von Anteilen an Kapitalgesellschaften sollten die steuerlichen Gestaltungsmöglichkeiten sorgfältig unter Einschaltung eines entsprechend spezialisierten Steuerfachmanns geprüft werden. So kann eine vorgeschaltete Umwandlung, z. B. mittels eines Formwechsels bzw. Ausgliederung auf eine Personengesellschaft mit anschließender Veräußerung dieser Anteile bei Vorliegen der Voraussetzungen der §§ 16 Abs. 4, 34 Abs. 3 EStG deutlich sinnvoller sein als der direkte Verkauf der Anteile im Wege eines Share-Deals.

### 14.1.2.2 Ermittlung des Veräußerungsgewinns

Werden Anteile von juristischen Personen veräußert, errechnet sich der Veräußerungsgewinn anders als bei der Veräußerung von Einzelunternehmen und Anteilen an Personengesellschaften:

Veräußerungspreis
- Veräußerungskosten
- Anschaffungskosten des Anteils

= Veräußerungsgewinn

Ein Gewinn entsteht immer dann, wenn der Veräußerungspreis abzüglich der Veräußerungskosten höher ist als die Anschaffungskosten.

Anders als bei der Veräußerung von Einzelunternehmen kommt es hier nicht auf den Wert des Betriebsvermögens an, sondern lediglich auf den Unterschied zwischen dem Verkaufspreis und den historischen Anschaffungskosten. Somit erhöht zum Beispiel die laufende Thesaurierung von Gewinnen den später beim Verkauf der Anteile entstehenden Veräußerungsgewinn.

### 14.1.2.3 Zeitpunkt des Entstehens des Veräußerungsgewinns

Der Veräußerungsgewinn entsteht im Zeitpunkt der Veräußerung, unabhängig davon, ob der Kaufpreis gestundet wird.[266] Dies ist der Zeitpunkt, zu dem das rechtliche oder zumindest wirtschaftliche Eigentum an den veräußerten Anteilen auf den Erwerber übergegangen ist.

Ein Übergang des wirtschaftlichen Eigentums wird allgemein dann angenommen, wenn ein anderer als der zivilrechtliche Eigentümer die tatsächliche Herr-

266 BFH, Urteil vom 20.07.2010, IX R 45/09.

schaft über ein Wirtschaftsgut in der Weise ausübt, dass er den Eigentümer im Regelfall für die gewöhnliche Nutzungsdauer von der Einwirkung auf das Wirtschaftsgut wirtschaftlich ausschließen kann.[267] Im Hinblick auf Anteile an Kapitalgesellschaften ist dass der Fall, wenn der Käufer insbesondere das Gewinnbezugs- und Stimmrecht innehat und an Wertveränderungen der Anteile partizipiert. Dabei ist der Zeitpunkt maßgeblich, ab dem er eine rechtlich geschützte Position hat, die ihm gegen seinen Willen nicht mehr entzogen werden kann.[268] Bei der Beurteilung wem das Eigentum zuzurechnen ist, kommt es auf das an, was die Parteien wirtschaftlich gewollt haben, so dass vor rechtlich allzu »konstruierten« Gestaltungen gewarnt werden muss.[269]

### 14.1.2.4 Teileinkünfteverfahren

Bei Anwendung des Teileinkünfteverfahrens (Verkauf von Anteilen an Kapitalgesellschaften, die entweder im Betriebsvermögen oder die im Privatvermögen gehalten werden und der Gesellschafter war innerhalb der letzten fünf Jahre unmittelbar oder mittelbar zu mindestens 1% beteiligt) müssen vom Veräußerungspreis nur 60% versteuert werden; gleichzeitig dürfen auch die Anschaffungskosten und die mit der Veräußerung zusammenhängenden Aufwendungen nur zu 60% abgezogen werden.[270] Im Ergebnis bleiben damit 40% des Veräußerungsgewinns steuerfrei.

! **Tipp**

Wenn Anteile an einer Gesellschaft von den Gesellschaftern reihum verkauft werden, um im Gesellschafterkreis die Verluste nutzen zu können, soll dies keinen Gestaltungsmissbrauch darstellen — diese Verluste können somit steuermindernd berücksichtigt werden.[271] Hingegen soll es rechtsmissbräuchlich und damit steuerlich unerheblich sein, wenn Anteile hinzugekauft werden, um dann eine wesentliche Beteiligung zu erreichen und erst dann durch Verkauf einen steuerwirksamen Veräußerungsverlust zu erzielen.[272]

In jedem Fall müssen die steuerlichen Gestaltungsmöglichkeiten im Vorfeld der Transaktion sehr genau geprüft werden.

---

267 § 39 Abs. 2 Nr. 1 Satz 1 AO.

268 BFH, Urteil vom 18.05.2005, VIII R 34/01; siehe auch BFH, Urteil vom 09.10.2008, IX R 73/06.

269 Siehe § 39 Abs.2 Nr.1 AO, BFH, Urteil vom 26.01.2011, IX R 7/09.

270 § 17 EStG i. V. m. § 3 Nr. 40 Buchst. c und § 3c Abs.2 Satz 1 EStG.

271 Zur Nichtanerkennung von Veräußerungsverlusten (nachfolgender Wiederkauf von zuvor mit Verlust veräußerten Wertpapieren) BFH, Urteil vom 25.08.2009.

272 Zum ringweisen Anteilverkauf Siehe BFH, Urteil vom 07.12.2010, X R 40/09. Siehe auch Weigl, Gerald. Stand 31.12.2016, S. 25.

#### 14.1.2.5 Abgeltungssteuer

Die der Abgeltungssteuer unterworfenen Veräußerungsgewinne (also wenn Beteiligungen an Kapitalgesellschaften verkauft werden, die im Privatvermögen gehalten werden an denen der Verkäufer innerhalb der letzten fünf Jahre unmittelbar oder mittelbar mit weniger als 1% beteiligt war) werden im Ergebnis wie Kapitaleinkünfte behandelt und sind auch in der Steuererklärung in der Anlage KAP anzugeben. Die Steuer beträgt pauschal 25 %.[273] Hinzu kommt noch der Solidaritätszuschlag in Höhe von zurzeit 5,5 % auf den Abgeltungssteuerbetrag (5,5 % von 25 %).[274] Darüber hinaus wird für Angehörige bestimmter Religionsgemeinschaften Kirchensteuer fällig, die jedoch wiederum zu einer geringfügigen Minderung der Abgeltungssteuer führt, da sie als Sonderausgabe abzugsfähig ist.[275]

Wie bei laufenden Dividendenerträgen auch, hat der Steuerpflichtige unter bestimmten Voraussetzungen ein Wahlrecht, die Veräußerungsgewinne zu veranlagen, also nicht der Abgeltungssteuer zu unterwerfen sondern seinem regulären Steuersatz.[276] Dies kann sinnvoll sein, wenn der Grenzsteuersatz für das gesamte zu versteuernde Einkommen unter 25 % liegt. Auf Antrag des Steuerpflichtigen führt das Finanzamt eine Günstigerprüfung durch, dazu muss lediglich in der Steuererklärung an entsprechender Stelle ein »Häkchen« gesetzt werden.

#### 14.1.2.6 Freibetrag nach § 17 Abs. 3 EStG

Ähnlich wie bei der Veräußerung von Einzelunternehmen und Personengesellschaften (siehe oben Kapitel 14.1.1.4) gibt es auch für die Veräußerung von Anteilen an Kapitalgesellschaften einen Freibetrag.[277] Der Veräußerungsgewinn wird nur besteuert, soweit er 9.060,00 EUR übersteigt. Der Freibetrag ermäßigt sich um den Betrag, um den der Veräußerungsgewinn den Teil von 36.100,00 EUR übersteigt. Ab einem Veräußerungsgewinn von 45.160,00 EUR wird also kein Freibetrag mehr gewährt.

Außerdem ermäßigt sich der Freibetrag entsprechend dem veräußerten Anteil an der Kapitalgesellschaft — wenn 50 % der Anteile an der Gesellschaft veräußert werden, wird nur der halbe, sich nach der oben dargelegten Berechnung ergebende, Freibetrag gewährt. Etwaige Voraussetzungen für den Freibetrag

273 § 20 Abs. 2 Satz 1 Nr. 1 i. V. m. § 32d Abs. 1 EStG.
274 § 4 SolzG 1995.
275 § 32d Abs. 1 EStG.
276 § 32d Abs. 4, 6 EStG
277 § 17 Abs. 3 EStG.

gibt es nicht – er wird, anders als bei der Veräußerung von Einzelunternehmen und Personengesellschaften, unabhängig von Alter oder Berufsunfähigkeit gewährt.

#### 14.1.2.7 Sonderfall Verkauf der kompletten Gesellschaft

Eine Besonderheit stellt die Veräußerung einer Beteiligung an einer Kapitalgesellschaft dar, die das gesamte Nennkapital der Gesellschaft umfasst – also 100 % der Anteile. Das gilt als Veräußerung eines Teilbetriebes, wenn die gesamte Beteiligung an der Kapitalgesellschaft zum Betriebsvermögen eines einzelnen Steuerpflichtigen oder einer Personengesellschaft gehört und die gesamte Beteiligung im Laufe eines Wirtschaftsjahres veräußert wird.[278] Das bedeutet für den Verkäufer, dass er neben dem Teileinkünfteverfahren in den Genuss des höheren Freibetrags aus § 16 Abs. 4 EStG kommt. Die Tarifvergünstigungen aus § 34 EStG sind hingegen nicht anwendbar, da sie zu einer doppelten Begünstigung führen würden.[279] Zweck dieser Regelung ist, dass im Ergebnis gleichgestellt werden: der Verkauf aller Anteile an einer Kapitalgesellschaft und der Verkauf eines Einzelunternehmens bzw. einer kompletten Beteiligung an einer Personengesellschaft.

! **Tipp**

**Je nach individueller Planung kann es sinnvoll sein, die GmbH vor dem geplanten Verkauf in eine Holding GmbH einzubringen. Die Holding darf die Unternehmensanteile zu einem späteren Zeitpunkt nahezu steuerfrei verkaufen.**

#### 14.1.2.8 Auswirkungen auf die Körperschaft

Grundsätzlich hat der Verkauf von Gesellschaftsanteilen keine unmittelbaren steuerlichen Auswirkungen auf die Gesellschaft, da der Verkauf der Anteile sich außerhalb der Gesellschaft zwischen den Gesellschaftern abspielt. Eine Besonderheit besteht allerdings im Hinblick auf steuerliche Verlustvorträge: Wenn die Gesellschaft Verlustvorträge aufweist und innerhalb von fünf Jahren die Gesellschaftsanteile zu mindestens 25 % wechseln, gehen sowohl für die Körperschaftsteuer als auch die Gewerbesteuer die Verlustvorträge anteilig verloren. Beträgt der Wechsel mehr als 50 %, geht sogar der komplette Verlustvortrag verloren.[280] Das bedeutet, dass die in der Vergangenheit entstandenen Verluste

---

278 § 16 Abs. 1 Satz 1 Nr. 1 Satz 2 EStG; Eine Teilbetriebsveräußerung liegt nicht vor, wenn die Beteiligung an der Kapitalgesellschaft teilweise auch zum Privatvermögen des Steuerpflichtigen gehört: R 16 Abs. 3 EStG.

279 § 34 Abs. 2 Nr. 1 EStG.

280 § 8c KStG, § 10a Satz 9 GewStG.

nicht mehr steuermindernd von den künftigen Gewinnen abgezogen werden können.

Von diesem Grundsatz gibt es zwei Ausnahmen, bei denen eine Verlustverrechnung weiterhin möglich ist:

- zum einen bleiben die Verlustvorträge erhalten, wenn es sich bei Käufer und Verkäufer um die gleiche Person bzw. das gleiche Unternehmen handelt (sogenannte Konzernklausel),[281],
- zum anderen bleibt der noch nicht genutzte Verlustvortrag erhalten, soweit er die im Inland steuerpflichtigen stillen Reserven des Betriebsvermögens der Körperschaft nicht übersteigt.[282]

Die im Gesetz ebenfalls erhaltene Sanierungsklausel, wonach der Verlustvortrag ebenfalls erhalten bleibt, wenn der Beteiligungserwerb zum Zweck der Sanierung des Geschäftsbetriebs der Körperschaft erfolgt, ist — da es sich um eine europarechtswidrige Beihilfe handelt — nicht anzuwenden.[283]

### 14.1.3 Veräußerung gegen wiederkehrende Leistungen

Relativ häufig sind Gestaltungen, bei denen der Betrieb gegen unterschiedliche Arten laufender Zahlungen übertragen wird. Dabei sind verschiedene Varianten zu unterscheiden.

#### 14.1.3.1 Versorgungsleistungen

Familienunternehmen werden häufig an die nächste Generation »weitergegeben«. Dabei wird normalerweise vereinbart, dass der Übernehmer in der Folge regelmäßige Zahlungen an den Übergeber leistet, damit dieser seinen Lebensunterhalt bestreiten kann. Hauptzweck der Zahlungen ist die Versorgung des Übergebers, ähnlich einer Altersrente.

---

281 § 8c Abs. 1 Satz 5 KStG.

282 § 8c Abs. 1 Satz 6 KStG.

283 §§ 8c Abs. 1a, 34 Abs. 6 KStG; EuG, Urteile vom 04.02.2016, 287/11 (Heitkamp Bau Holding) und T-620/11 (GFKL Financial Services AG).

Nach Auffassung der Finanzverwaltung handelt es sich bei diesen Zahlungen weder um Veräußerungsentgelt noch um Anschaffungskosten, die Übergabe des Betriebes erfolgt vielmehr unentgeltlich.[284]

Typisch sind derartige Unternehmensübertragungen gegen Versorgungsleistungen im Zusammenhang mit einer vorweggenommenen Erbfolge unter Angehörigen — im Regelfall also von den Eltern an ihre Kinder. Entsprechende Vereinbarungen sind aber grundsätzlich auch unter Fremden möglich, wenn die Vertragsbedingungen allein nach dem Versorgungsbedürfnis des Übergebers und der Leistungsfähigkeit des Übernehmers vereinbart werden.[285]

Der Übernehmer führt die Buchwerte des Unternehmens fort. Er kann die Versorgungsleistungen als Sonderausgaben abziehen, der Empfänger muss diese gegebenenfalls als sonstige Einkünfte berücksichtigen.[286]

#### 14.1.3.2 Leibrenten und Rentenzahlungen

Steuerlich anders zu beurteilen sind die Fälle, in denen der Kaufpreis für einen Betrieb, einen Teilbetrieb, einen Mitunternehmeranteil oder eine Beteiligung an einer Kapitalgesellschaft [287] auf Rentenbasis gezahlt wird. Wenn der Kaufpreis auf Basis von Leibrenten, Veräußerungsrenten oder Kaufpreisraten veräußert wird, handelt es sich — anders als bei Versorgungsleistungen — um einen entgeltlichen Erwerb.

Für den Käufer ergeben sich Anschaffungskosten des Unternehmens aus dem Barwert der Leibrentenverpflichtung. Die im Laufe der Zeit zu leistenden Zahlungen sind aufgrund des Zinsanteils höher als der Barwert. Dieser Zinsanteil ergibt sich aus dem Unterschiedsbetrag zwischen den Rentenzahlungen einerseits und dem jährlichen Rückgang des Barwerts der Leibrentenverpflichtung andererseits.[288] Der Zinsanteil ist bei Zahlung als Betriebsausgabe zu berücksichtigen und verringert so den laufenden Gewinn.

Aus Verkäufersicht kommen grundsätzlich zwei Arten der Behandlung des Veräußerungserlöses in Betracht: die Sofortversteuerung und die Zuflussbesteue-

284 Siehe dazu ausführlich Schreiben des BMF zur einkommensteuerlichen Behandlung von wiederkehrenden Leistungen im Zusammenhang mit einer Vermögensübertragung, BMF vom 11.03.2010, IV C 3 — S 2221/09/10004, BStBl 2010 I S. 227 und BMF Schreiben vom 06.05.2016 zur Änderung des BMF-Schreibens vom 11.03.2010 aufgrund der Anwendung des BFH-Urteils vom 12.05.2015, IX R 32/14.

285 BFH, Urteil vom 16.12.1997, IX R 11/94.

286 § 22 Nr. 1 EStG, § 10 Abs. 1 Nr. 1a EStG.

287 Nach R 17 Abs. 7 EStR soll die Regelung in R 16 Abs. 11 EStR entsprechend gelten.

288 Siehe dazu § 14 BewG.

rung. In beiden Fällen werden die Zahlungen – spiegelbildlich zur Behandlung beim Käufer – in einen Zins- und einen Tilgungsanteil geteilt.

Bei der Sofortbesteuerung ist der Veräußerungsgewinn vom Verkäufer bereits im Zeitpunkt der Veräußerung zu versteuern. Dabei besteht grundsätzlich ein Anspruch auf den unter Kapitel 14.1.1.4 dargestellten Freibetrag und die Tarifermäßigungen gemäß § 34 EStG[289].

Bei der Zuflussbesteuerung erfolgt die Versteuerung erst, wenn die Raten gezahlt werden. Dabei wird wiederum eine Aufteilung vorgenommen, in den Zinsanteil und den Tilgungsanteil. Die Zinsanteile werden jeweils im Jahr des Zuflusses versteuert. Die Tilgungsanteile werden so behandelt, wie wenn der Kaufpreis in einer Summe gezahlt worden wäre: sie werden zunächst mit dem Buchwert des Kapitalkontos und den Veräußerungskosten verrechnet.[290]

Wenn es sich um den Verkauf einer wesentlichen Beteiligung an einer Kapitalgesellschaft handelt, erfolgt die Verrechnung der Tilgungsanteile mit den Anschaffungs- und Veräußerungskosten der Beteiligung. Steuervergünstigungen werden bei der Zuflussbesteuerung nicht gewährt. Aufgrund des progressiven Steuertarifs kann sich aber gleichwohl eine geringere Steuerbelastung ergeben als bei der Sofortbesteuerung.

Die Zuflussbesteuerung ist nur unter bestimmten Voraussetzungen zulässig. Zum einen müssen die Raten über einen mehr als zehn Jahre andauernden Zeitraum gezahlt werden. Weiterhin muss aus den Ratenzahlungen sowie sonstigen Ausgestaltungen des Vertrags klar hervorgehen, dass der Verkäufer beabsichtigt, sich eine Vorsorge zu verschaffen.[291] Eine schlichte Ratenzahlung des Kaufpreises genügt jedenfalls nicht.[292] Wenn Anteile an Kapitalgesellschaften verkauft werden, findet zudem das Teileinkünfteverfahren Anwendung. Dann

289 Bei Veräußerung eines Betriebs, Betriebsteils oder Mitunternehmeranteils ergibt sich bei Sofortversteuerung der Tilgungsanteil aus dem Barwert der Rate nach dem BewG abzüglich Veräußerungskosten und abzüglich Kapitalkonto. Der Zinsanteil wird bei Veräußerung gegen Leibrenten als Einkünfte als sonstige Einkünfte nach der Tabelle in § 22 Nr. 1 Satz 3 Buchstabe a. Doppelbuchstabe bb. EStG versteuert und bei Veräußerung gegen Rente als Einkünfte aus Kapitalvermögen nach § 20 Abs. 1 Nr. 7 EStG.

290 Bei Veräußerung eines Betriebs, Betriebsteils oder Mitunternehmeranteils wird bei Zuflussbesteuerung der Zinsanteil im Jahr des Zuflusses als nachträgliche Einnahmen nach §§ 13, 15 oder 18 i. V. m § 24 Nr. 2 EStG behandelt. Bei Leibrenten ermittelt er sich nach §§ 13 und 14 BewG und bei Rentenzahlungen entsprechend Tabelle 2 zu § 12 BewG. Der Tilgungsanteil wird in beiden Fällen erst nach Verrechnung mit dem Kapitalkonto und etwaigen Veräußerungskosten im Jahr des Zuflusses als nachträgliche Einkünfte behandelt.

291 R 16 Abs. 11 EStR; BFH; siehe auch BFH, Beschluss vom 29.03.2007, XI B 56/06.

292 FG Münster, Urteil vom 11.11.2008, 1 K 1498/06 (rechtskräftig); BFH, Urteil vom 20.07.2010, IX R 45/09.

bleiben bei Sofortversteuerung jeweils 40 % steuerfrei und bei Zuflussbesteuerung 40 % des Tilgungsanteils.[293]

### 14.1.4 Exkurs: Betriebsverpachtung im Ganzen

Bei Verpachtung aller wesentlichen Betriebsgrundlagen hat der bisherige Betriebsinhaber die Wahl zwischen zwei Möglichkeiten: Er kann

- entweder die Einstellung als Aufgabe seines Betriebs behandeln und die Wirtschaftsgüter ins Privatvermögen übernehmen. Dabei müssen die stillen Reserven aufgedeckt werden. Die späteren Pachteinnahmen sind steuerbar als Einkünfte aus Vermietung und Verpachtung.[294]
- seinen Betrieb auch als »ruhenden Gewerbebetrieb« behandeln. Dabei behält er das Betriebsvermögen ohne die stillen Reserven aufzudecken. Die Pachteinnahmen sind als Einkünfte aus Gewerbebetrieb zu versteuern.[295]

Voraussetzung ist in beiden Fällen, dass der verpachtete Gewerbebetrieb im Wesentlichen nicht verändert wird. Der bisherige Betriebsinhaber oder seine Erben müssen so gesehen weiterhin die Möglichkeit haben, den Gewerbebetrieb wieder aufzunehmen. Wenn nur ein Teil der Wirtschaftsgüter verpachtet wird und der Pächter andere wesentliche Betriebsgrundlagen von dem bisherigen Inhaber erwirbt, liegt keine Betriebsverpachtung im Ganzen vor.

Die Betriebsaufgabeerklärung kann durch den Steuerpflichtigen zu Beginn der Verpachtung oder zu einem späteren Zeitpunkt abgegeben werden. Sie wirkt immer auf den Zeitpunkt der Betriebsaufgabeerklärung und führt zu einer Aufdeckung der dann vorliegenden stillen Reserven (eine rückwirkende Betriebsaufgabeerklärung ist nur innerhalb eines Dreimonatszeitraums möglich).

Die Pachteinnahmen des ruhenden Gewerbebetriebs sind nicht gewerbesteuerpflichtig. Etwas anderes gilt aber bei der gewerblich geprägten Personengesellschaft (in der Regel der GmbH & Co. KG): auch nach Verkauf eines Teilbetriebs ist diese qua Fiktion noch gewerblich tätig.[296]

---

293 R 17 Abs. 7 Satz 2 i. V. m. R 16 Abs. 11 EStR.
294 §§ 16 Abs. 3, 21 EStG.
295 § 15 EStG.
296 § 15 Abs. 3 Nr. 2 EStG.

## 14.2 Gewerbesteuer

Bei der Frage, ob der Veräußerungsgewinn der Gewerbesteuer unterliegt, ist zu differenzieren:

Der Gewinn aus der Veräußerung eines Einzelunternehmens ist nicht gewerbesteuerpflichtig, wenn es sich um eine Betriebsveräußerung im Sinne der oben dargestellten §§ 16, 34 EStG handelt.[297]

Wenn die Beteiligung an einer Personengesellschaft verkauft wird, fällt dann keine Gewerbesteuer an, wenn an dieser Gesellschaft unmittelbar natürliche Personen beteiligt sind und es sich für diese um eine Betriebsveräußerung im Sinne der §§ 16, 34 EStG handelt.[298] In allen anderen Fällen löst der Verkauf die Gewerbesteuer aus.[299]

Wenn das Unternehmen einer Kapitalgesellschaft im Wege des Asset-Deals verkauft wird, unterliegt der Veräußerungsgewinn bei der verkaufenden Gesellschaft der Gewerbesteuer.[300]

Wenn hingegen Anteile an einer Kapitalgesellschaft erworben werden (Share-Deal), ist wiederum zu differenzieren: hält der Verkäufer den Anteil im Privatvermögen, unterliegt der Veräußerungsgewinn in der Regel nicht der Gewerbesteuer. Liegt der zu verkaufende Anteil im Betriebsvermögen einer Kapitalgesellschaft, ist nur der nach § 8b Abs. 3 KStG steuerpflichtige Teil von 5 % des Veräußerungsgewinns gewerbesteuerpflichtig. In allen anderen Fällen, in denen der Anteil in einem Betriebsvermögen gehalten wird, unterliegt der nach dem Teileinkünfteverfahren zu versteuernde Teil der Gewerbesteuer.

## 14.3 Umsatzsteuer

Geschäftsveräußerungen im Ganzen unterliegen nicht der Umsatzsteuer[301]. Werden also Kapitalgesellschaften oder Einzelunternehmen und Personengesellschaften verkauft, fällt keine Umsatzsteuer an.

Für die Umsatzsteuerbefreiung müssen grundsätzlich — wie bei § 16 EStG — alle wesentlichen Betriebsgrundlagen übereignet werden. Wenn wesentliche Be-

297 Abschn. 38 Abs. 3 Satz 1 GewStR.
298 R 7.1 Abs. 3 Satz 3 und 4 GewStR.
299 § 7 Abs. 2 GewStG.
300 R.7.1 Abs. 4 GewStR.
301 § 1 Abs. 1a UStG.

triebsgrundlagen beim Käufer verbleiben, kann eine Umsatzsteuerpflicht entfallen, wenn diese vom Käufer gemietet oder gepachtet werden.

Eine weitere Voraussetzung für die Befreiung von der Umsatzsteuer ist, dass der Betrieb fortgeführt wird. Der Käufer des Betriebs tritt an die Stelle des Verkäufers. Wird das Unternehmen vom erwerbenden Unternehmer oder Unternehmen nicht fortgeführt, ist die Geschäftsveräußerung steuerpflichtig. Gleiches gilt, wenn das Unternehmen von einem Nicht-Unternehmer erworben wird.[302] Jedoch kann ein bisheriger Nicht-Unternehmer durch die Fortführung der unternehmerischen Tätigkeit zum Unternehmer werden.

Wenn das Unternehmen ohne Berechnung vom Umsatzsteuer verkauft wird, und die Finanzverwaltung im Nachhinein zu dem Ergebnis kommt, dass keine umsatzsteuerfreie Geschäftsveräußerung im Ganzen vorgelegen hat, löst dies eine Vorsteuerberichtigung zuungunsten des Verkäufers aus. Abhilfe kann in diesem Fall eine Umsatzsteuer-Klausel im Kaufvertrag schaffen, die vorsorglich und ohne weitere Bedingungen eine Option zur Umsatzsteuerpflicht vorsieht. Dann wird nachträglich Umsatzsteuer auf den Kaufpreis aufgeschlagen.

Für den Käufer ist die Umsatzsteuer nur kurzfristig mit einem Liquiditätsentzug verbunden, da er die gezahlte Vorsteuer sogleich geltend macht und diese erstattet wird. Daher kann auch mit einer Abtretung des Erstattungsanspruchs an den zahlungspflichtigen Verkäufer gearbeitet werden, der diesen Erstattungsanspruch dann gegenüber der Finanzverwaltung aufrechnet, sodass im Ergebnis kein Geld fließen muss. Dabei ist allerdings zu bedenken, dass der Vorsteuerbetrag mit Umsatzsteuer verrechnet wird und sich insoweit die Erstattung reduziert – der Verkäufer sollte die Abtretung daher nicht an Erfüllungs statt annehmen, weil dann sein Anspruch gegen den Käufer untergeht.[303]

## 14.4 Grunderwerbsteuer

Wenn Grundstücke im Wege des Asset-Deals übertragen werden, löst dies auf den entsprechenden Teil des Kaufpreises grundsätzlich Grunderwerbsteuer aus. Die Grunderwerbsteuer erhöht die Anschaffungskosten des Grundbesitzes und ist, soweit sie anteilig auf ein aufstehendes Gebäude entfällt, im Rahmen der Abschreibungen steuerlich verwertbar.

302 Unternehmer im Sinne des Umsatzsteuerrechts ist (nur) »wer eine gewerbliche oder berufliche Tätigkeit selbstständig ausübt.«, § 2 Abs. 1 Satz 1 UStG.
303 § 364 Abs. 1 BGB.

Grunderwerbsteuer entsteht aber nicht nur bei direkten Grundstücksübertragungen, sondern auch bei maßgeblichen Veränderungen in der Beteiligungsstruktur von Gesellschaften mit Grundstückseigentum.[304]

Dabei werden Personengesellschaften anders behandelt als Kapitalgesellschaften:

- Bei Kapitalgesellschaften die Grundvermögen haben, entsteht Grunderwerbsteuer dann, wenn durch die Übertragung unmittelbar oder mittelbar mindestens 95 % der Anteile der Gesellschaft in einer Hand vereinigt werden — also einem Gesellschafter danach (fast) die gesamte Gesellschaft gehört. Außerdem wenn mindestens 95 % der Anteile der Gesellschaft übertragen werden.[305]
- Bei Personengesellschaften entsteht Grunderwerbsteuer insbesondere dann, wenn innerhalb von fünf Jahren 95 % der Anteile auf neue Gesellschafter übergehen oder sich (außerhalb der 5-Jahres-Frist) alle Anteile in der Hand eines Gesellschafters vereinigen.[306] Anders als bei Kapitalgesellschaften reicht es bei Personengesellschaften also nicht aus, dass einem Gesellschafter fast alle Anteile gehören (dort reichen 95 %).

Aktuell reichen die Grunderwerbsteuersätze von 3,5 % (Bayern, Sachsen) über 4,5 % (Hamburg), 5 % (Baden-Württemberg, Sachsen-Anhalt, Niedersachsen, Rheinland-Pfalz, Bremen, Mecklenburg-Vorpommern), 6,0 % (Hessen, Berlin) bis 6,5 % (Schleswig-Holstein, Nordrhein-Westfalen, Saarland, Brandenburg, Thüringen).

## 14.5 Auswirkungen beim Erwerber

Wenn der Käufer ein Unternehmen im Wege eines Asset-Deals erwirbt, kann er den Kaufpreis auf die einzelnen Vermögensgegenstände verteilen und diese dann über die Nutzungsdauer abschreiben, wenn der Kaufpreis zumindest so hoch ist wie der Buchwert des übertragenen Vermögens. Liegt der Kaufpreis darunter, handelt es sich um einen (teilweise) unentgeltlichen Vorgang und ein Veräußerungsgewinn entsteht nicht; der Käufer führt die bisherigen Buchwerte fort.[307]

Beim Erwerb von Anteilen an Kapitalgesellschaften ist dies hingegen nicht möglich. Hier hat der für das Unternehmen gezahlte Kaufpreis erst bei Veräußerung

304 Siehe hierzu Wendt, René/Uppenkamp Klaus: *Aktueller Begriff Share Deals in der Grunderwerbsteuer*. In: Deutscher Bundestag, Wissenschaftliche Dienste — Fachbereich WD 4, Haushalt und Finanzen, Nr. 06/17 (09.02.2017).

305 § 1 Abs. 3 GrEStG.

306 § 1 Abs. 2a GrEStG.

307 § 16 Abs. 1 und Abs. 3 EStG.

des Unternehmens im Rahmen der Ermittlung des Veräußerungsgewinns eine Bedeutung; er wird nicht auf die einzelnen Gegenstände Gesellschaft verteilt.

Ein Investor, der strategische Interessen hat und das Unternehmen langfristig behalten will hat dabei andere Interessen als ein Investor, der das Unternehmen nach wenigen Jahren wieder verkaufen will. Hier sollte eine auch steueroptimierte Struktur für den Verkauf gefunden werden, die es beispielsweise dem Käufer ermöglicht, ein hohes Abschreibungspotential zu erhalten – dies öffnet auch die Tür für einen höheren Kaufpreis. Gegebenenfalls ist in diesem Zusammenhang auch die Umwandlung einer Kapital- in eine Personengesellschaft vor dem Verkauf sinnvoll.

# 15 Sonstige Aspekte

Neben den beschriebenen Punkten gibt es zahlreiche weitere (überwiegend rechtliche) Fragen, die im Rahmen des Verkaufs eines Unternehmens relevant sind. Die wichtigsten davon haben wir nachfolgend im Überblick dargestellt.

## 15.1 Haftung des Käufers

Grundsätzlich besteht das Risiko, dass der Käufer nach dem Kauf mit Ansprüchen konfrontiert wird, die er vorher nicht bedacht hat. Die relevanten Fälle sind im Folgenden dargestellt:

### 15.1.1 Aus der Gesellschafterstellung

Wenn eine Stellung als Komplementär (Vollhafter) einer KG oder Gesellschafter einer oHG übernommen wird, haftet der Übernehmer unbeschränkt für bestehende Verbindlichkeiten der Gesellschaft.[308] Das gleiche gilt bei Eintritt in eine GbR. Es leuchtet unmittelbar ein, dass in diesen Fällen, der Prüfung der Gesellschaft im Vorfeld (siehe Kapitel 10) ein ganz besonderer Stellenwert zukommt, da das Risiko besteht, für Verbindlichkeiten haften zu müssen, die den Kaufpreis weit übersteigen.

Bei Anteilen an Kapitalgesellschaften und Kommanditanteilen ist die Haftung per Gesetz auf die Einlage beschränkt. Wenn die Einlage wirksam geleistet wurde, ist der entsprechende Gesellschafter in der Regel nicht verpflichtet, Zahlungen an die Gesellschaft oder deren Gläubiger zu leisten.[309] Das maximale Risiko für den Käufer ist daher der Nennbetrag des Anteils bzw. der dafür gezahlte Kaufpreis.

Wenn das Unternehmen im Rahmen eines Share-Deals, also durch Erwerb der Gesellschaftsanteile, erworben wird, stellt sich daher die Frage, ob der Verkäufer oder dessen Vorgänger die jeweiligen Leistungen auf die Einlage in voller

---

308 Vgl. § 130 HGB.

309 Eine Ausnahme besteht, wenn im Gesellschaftsvertrag ausdrücklich eine Nachschusspflicht vereinbart ist (§ 26 GmbHG) oder den Gesellschaftern bestimmte weitere Leistungen auferlegt sind (§ 3 Abs. 2 GmbHG) — dies ist allerdings in aller Regel nicht der Fall. Auch bei der KG bedarf eine von § 707 BGB abweichende Nachschusspflicht des Kommanditisten der eindeutigen Regelung im Gesellschaftsvertrag (OLG München, Urteil vom 16.04.2004, 7 U 5669/03).

Höhe erbracht haben oder aus anderen Gründen persönlich haften und diese Haftung auch den Käufer trifft.

Wenn GmbH-Anteile übernommen werden, haftet der Käufer gesamtschuldnerisch gemeinsam mit dem Verkäufer für alle rückständigen Gesellschafterleistungen.[310] Dies betrifft insbesondere die folgenden Fälle:

- nicht vollständige Leistung der Einlage des Gesellschafters bzw. Differenzhaftung bei Überbewertung von Sacheinlagen.[311] Das gleiche gilt, wenn die Einlage zwar formal geleistet wurde, aber in einem engen zeitlichen Zusammenhang wieder an den Gesellschafter zurückgezahlt wurde.[312]
- Ausfallhaftung, falls andere Gesellschafter ihre Einlage nicht leisten können.[313] Dann entsteht zwar ein Anspruch gegen diese Gesellschafter, der aber wirtschaftlich in der Regel keinen Wert hat.
- Haftung für Verbindlichkeiten, die vor der Eintragung im Namen der Gesellschaft begründet wurden[314] — riskant sind in diesem Zusammenhang vor Eintragung begründete Dauerschuldverhältnisse.

Ähnlich verhält es sich bei Kommanditeinlagen:

- Der Käufer haftet ab Eintragung seiner Gesellschafterstellung gesamtschuldnerisch neben dem Verkäufer in Höhe des noch offenen Teils der Einlage bzw. des wieder zurückgezahlten Teils der Einlage.[315]
- Außerdem trifft ihn eine unbeschränkte Haftung für Neuschulden zwischen Übertragung des Kommanditanteils und Eintragung der Rechtsnachfolge im Handelsregister.[316] Um zu verhindern, dass in dieser Zeit neue Verbindlichkeiten entstehen, wird meist vereinbart, dass die Übertragung des Anteils bis zur Eintragung des Wechsels des Kommanditisten aufschiebend bedingt ist.
- Der ausscheidende Gesellschafter haftet für die Zeit von fünf Jahren nach dem Ausscheiden für bestimmte Ansprüche gegen die Gesellschaft.[317] Achtung: Diese Frist beginnt erst zu laufen, wenn die Rechtsnachfolge im Handelsregister eingetragen ist!

310 § 16 Abs. 2 GmbHG.
311 §§ 19, 9 Abs. 1 GmbHG,
312 Bayer, Walter, in Lutter/Hommelhoff, GmbHG, 18. Aufl. 2012, § 19 Rn. 101 ff.
313 § 24, § 31 Abs. 3 GmbHG.
314 § 11 Abs. 2 GmbHG.
315 § 172 Abs. 4 HGB.
316 § 176 Abs. 2 HGB.
317 § 160 HGB.

Am sichersten ist es – sowohl bei GmbH-Anteilen als auch bei Kommanditeinlagen – wenn vor Übertragung die Einlagen komplett geleistet werden. Aus Sicht des Käufers ist es zudem empfehlenswert, sich den Einzahlungsbeleg zeigen und gegebenenfalls eine Abschrift davon anfertigen zu lassen.[318] Außerdem sollten jedenfalls beim Erwerb von GmbH-Anteilen die Kontoauszüge für etwa drei Monate nach Leistung der Einlage durchgesehen werden, um auszuschließen, dass diese wieder zurückgezahlt wurde.

### 15.1.2 Bei Fortführung der Firma

In vielen Fällen macht der »Name, unter dem [der Kaufmann] seine Geschäfte betreibt und die Unterschrift abgibt«[319] – und das damit verbundene Image einen Großteil des Unternehmenswerts aus. Daher wird der Name bzw. das Recht diesen zu nutzen, häufig mitverkauft und das Unternehmen wird vom Nachfolger unter der alten Bezeichnung fortgeführt. Dieser Name wird im Handelsrecht anders als in der Alltagssprache »Firma« genannt.

Wenn der Käufer allerdings ein unter Lebenden erworbenes Handelsgeschäft (auch eine Zweigniederlassung oder einen wesentlichen Teil[320]) unter der bisherigen Firma fortführt, haftet er damit zugleich für alle im Betrieb des Geschäfts begründeten Verbindlichkeiten des früheren Inhabers unbeschränkt.[321] Nach Auffassung des Landessozialgerichts Rheinland-Pfalz umfasst die Haftung allerdings nicht rückständige Sozialversicherungsbeiträge.[322]

Maßgeblich dafür, ob eine Firma fortgeführt wird, ist die Verkehrsanschauung, also ob die potentiellen Kunden der Meinung sind, dass es sich um die gleiche Firma handelt. Eine Haftung ist daher auch möglich, wenn die bisherige Firma zwar nicht wortgetreu verwendet wird, die neue Firma der alten Firma aber in dem Sinne gleicht, dass deren prägender Teil mit dem Unternehmen des Verkäufers gleichgesetzt wird.[323]

Entscheidendes Merkmal einer Firma ist, dass dieser Name geeignet ist, den Geschäftsinhaber im Rechtsverkehr zu individualisieren. Eine Geschäfts- oder

318 Nach der Rechtsprechung (vgl. LG Neuruppin, 2 O 59/05, LG Erfurt, 1 HKO 21/08, OLG Brandenburg, 6 U 29/06, OLG Jena, 6 U 833/08, Kammergericht, NZG 2005, 46, BGH Beschluss v. 09.07.2007, II ZR 222/06) kann der Einlagenschuldner im Einzelfall auch durch entsprechende Bilanzen und andere Dokumente den Hauptbeweis führen, dass er seine Einlagenverpflichtung erfüllt hat.

319 § 17 HGB.

320 BGH, Urteil vom 07.12.2009, II ZR 229/08; BGH, Urteil vom 08.05.1972, II ZR 155/69.

321 § 25 Abs. 1 HGB. Dabei handelt es sich nach ganz allgemeiner Auffassung um einen Schuldbeitritt, d. h. der alte Inhaber haftet grundsätzlich weiter.

322 LSG Rheinland Pfalz, Urteil vom 13.8.08, L 4 R 366/07.

323 BGH, Urteil vom 12.02.2001, II ZR 148/99.

Etablissementbezeichnung, die das Geschäftslokal oder den Betrieb allgemein, nicht aber den Geschäftsinhaber kennzeichnet, ist daher in der Regel keine Firma.[324]

Der Unternehmensnachfolger kann sich der Haftung bei Firmennachfolge gegenüber den Altgläubigern zum einen entziehen, indem er unter einer völlig anderen Bezeichnung auftritt. Zum anderen ist ein Ausschluss der Haftung auch möglich, indem durch Vereinbarung mit dem Verkäufer — beispielsweise aber nicht zwingend im Unternehmenskaufvertrag — die Haftung des Käufers ausgeschlossen wird.[325] Diese Vereinbarung sollte dann unverzüglich nach dem Geschäftsübergang entweder in das Handelsregister eingetragen und bekannt gemacht oder vom Käufer bzw. Verkäufer den Gläubigern mitgeteilt werden.[326] Die Haftung des Firmenübernehmers tritt nicht ein, wenn der Käufer das Unternehmen vom Insolvenzverwalter erwirbt.[327]

### 15.1.3 Für Steuerverbindlichkeiten

Bei einem Asset-Deal übernimmt der Nachfolger die Haftung für alle im Unternehmen begründeten Steuerschulden, die im Kalenderjahr vor der Übertragung entstanden sind und bis vor Ablauf von einem Jahr nach Übergang angemeldet oder festgesetzt werden.[328] Beim Erwerb eines Unternehmens ist hierbei vor allem die Haftung für Gewerbe-, Umsatz-, sonstige Verbrauchs- und Versicherungssteuern relevant, nicht aber Einkommen- und Umsatzsteuer des Verkäufers.[329]

Voraussetzung für die Haftung ist der Übergang des gesamten lebenden Unternehmens, »d. h. der durch das Unternehmen repräsentierten organischen Zusammenfassung von Einrichtungen und dauernden Maßnahmen, die dem Unternehmen dienen oder zumindest seine wesentlichen Grundlagen ausmachen, so dass der Erwerber das Unternehmen ohne nennenswerte finanzielle Auf-

---

324 Im konkreten Fall hatte die »YZ GmbH« das »Ausländische Restaurant XYZ Inh. A« übernommen. Der BFH hat die Haftung der »YZ-GmbH« für Steuerschulden der vorherigen Betreiberin A abgelehnt, obwohl diese das Restaurant weiterhin »Ausländisches Restaurant XYZ« nannte. BFH, Urteil vom 20.05.2014, VII R 46/13.

325 § 25 Abs. 2 HGB.

326 BGH, Urteil vom 16.01.1984, II ZR 114/83. Siehe zum ganzen Thema: Blöse, Jochen: *Fallstricke bei der Erwerberhaftung nach § 25 HGB*. In: GStB Gestaltende Steuerberatung, Ausgabe 03/2010, S. 98.

327 BGH, Urteil vom 11.04.1988, II ZR 313/87; siehe auch Kapitel 4.4.

328 § 75 AO; vgl. dazu ausführlich Klein/Rüsken AO § 75 Rn. 1—48.

329 Siehe zum Haftungsumfang BFH, Urteil vom 11.07.1963, V 208/60.

wendungen fortführen kann«.[330] Der Erwerb von einzelnen Maschinen oder des Kundenstamms genügt daher nicht, um die Haftung auszulösen.

Die Haftung des Käufers ist allerdings auf den Bestand des übernommenen Vermögens beschränkt und erstreckt sich nicht auf sein Privatvermögen. Da diese Haftung im Außenverhältnis nicht begrenzt werden kann, wird der Käufer hier regelmäßig auf entsprechende Zusicherungen des Verkäufers drängen, dass keine Steuerschulden bestehen und er gegebenenfalls für diese aufkommt.

## 15.2 Haftung des Verkäufers

Für den Verkäufer bleiben beim Verkauf seines Unternehmens bestimmte Risiken bestehen. Außerdem kann sich eine Haftung ergeben, wenn das verkaufte Unternehmen nicht dem entsprochen hat, was zwischen den Parteien vereinbart war.

### 15.2.1 Nachhaftung

Der Verkäufer eines Einzelunternehmens haftet grundsätzlich bis zum Eintritt der gesetzlichen Verjährung unbegrenzt für die von ihm begründeten Verbindlichkeiten. Diese Haftung reduziert sich auf die Dauer von fünf Jahren, wenn der Nachfolger die Firma und damit die Verbindlichkeiten übernimmt (siehe Kapitel 15.1.2).[331] Diese Haftungsbegrenzung für den Verkäufer tritt auch ein, wenn der Käufer nur die Verbindlichkeiten übernimmt und dies im Handelsregister eingetragen wird.[332] Aus Verkäufersicht sollte daher eine entsprechende Regelung in den Unternehmenskaufvertrag aufgenommen werden.

Eine ebenfalls fünfjährige Nachhaftung trifft die ausscheidenden Gesellschafter einer oHG, einer KG sowie einer GbR. Etwaige Ansprüche müssen innerhalb dieser Zeit verjährungshemmend geltend gemacht werden.[333]

Den Verkäufer eines GmbH-Anteils treffen zwei mögliche Haftungsrisiken. Er haftet grundsätzlich neben dem Käufer für die rückständige Stammeinlage. Dieser Anspruch verjährt 10 Jahre nach seiner Entstehung. Wird über das Vermögen der Gesellschaft das Insolvenzverfahren eröffnet, tritt die Verjährung frü-

330 BFH, Urteil vom 11.05.1993, VII R 86/92.
331 § 26 HGB.
332 § 25 Abs. 3 HGB.
333 oHG: § 160 Abs. 1 HGB; KG: §§ 161 Abs. 2 i. V. m. 160 Abs. 1 HGB; GbR: § 736 BGB i. V. m. § 160 Abs. 1 HGB.

hestens sechs Monate nach Eröffnung des Verfahrens ein.[334] Daneben haftet der Verkäufer eines GmbH-Anteils für die noch nicht geleistete Stammeinlage, wenn der Käufer diese nicht leisten kann und der Anteil daraufhin kaduziert (eingezogen) wird.[335] Dieser Anspruch verjährt nach der allgemeinen Verjährungsfrist, die drei Jahre beträgt. Die Verjährung beginnt mit Ende des Jahres, in dem der Anspruch entstanden ist und Kenntnis von ihm erlangt wurde. Auch für den Verkäufer ist die komplette Leistung der Einlage vor Veräußerung daher zu empfehlen.

### 15.2.2 Gewährleistung und Garantien

Da spezielle rechtliche Bestimmungen für den Unternehmensverkauf fehlen, finden die Regeln aus dem »normalen« Schuldrecht Anwendung. Dabei kommt entweder eine Haftung für ein Verschulden bei Vertragsabschluss[336] zur Anwendung oder die Gewährleistungsregeln aus dem Kaufrecht – nicht aber beide zusammen.

Die kaufrechtlichen Gewährleistungsregeln behandeln den Kauf von Rechten (Share-Deal) und sonstigen Gegenständen (Asset-Deal) ebenso wie den Kauf von Sachen.[337] Im Ergebnis finden jedenfalls die §§ 434 ff. BGB Anwendung, wonach die Sache frei von Sach- und Rechtsmängeln sein muss. Ein Rechtsmangel liegt vor, wenn von Dritten aufgrund eines privaten oder öffentlichen Rechts das Eigentum, der Besitz oder der unbeschränkte Gebrauch des Kaufgegenstands beeinträchtigt oder vorenthalten werden kann.[338] Ein Sachmangel liegt grundsätzlich immer dann vor, wenn der Sache die »vereinbarten Beschaffenheit« fehlt.[339]

Nach der früher ganz überwiegenden Ansicht war ein Fehler nur dann anzunehmen, wenn Eigenschaften betroffen waren, die der Sache auf Dauer und unmittelbar anhaften oder die ihren Grund im tatsächlichen Zustand der Sache selbst haben. Dies war insbesondere bei wirtschaftlichen Kennzahlen wie Umsatz, Ertrag oder sonstigen Bilanzangaben problematisch.[340] Die mittlerweile wohl herrschende Meinung legt den Beschaffenheitsbegriff hingegen weit aus, mit der Folge, dass jedenfalls jede Abweichung von einer vereinbarten Beschaffenheit zu einem Mangel des Kaufgegenstands »Unternehmen« führt. Erst

334 §§ 16 Abs. 2, 19 Abs. 6 GmbHG.
335 § 22 GmbHG.
336 § 311 Abs. 2 i. V. m. § 280 Abs. 1 BGB.
337 § 453 Abs. 1 BGB verweist auf die allgemeinen Regeln.
338 § 435 BGB.
339 § 434 Abs. 1 BGB.
340 Auf der Basis der Gesetzeslage vor der Schuldrechtsreform BGH, Urteil vom 03.02.1999, VIII ZR 14/98.

wenn sich die Parteien nicht über die Beschaffenheit verständigt haben, bestimmt sich die Frage, ob ein Mangel vorliegt danach, ob die Sache sich für die nach dem Vertrag vorausgesetzte oder gewöhnliche Verwendung eignet. Diese objektive Beurteilung führt beim Asset-Deal allerdings regelmäßig nicht weiter. Auf jeden Fall wird man einen Mangel aber annehmen bei falschen Angaben zur Beschaffenheit des verkauften Inventars, zum (bilanzmäßigen) Ertrag der vergangenen Jahre sowie zur Kundenstruktur.

Grundsätzlich bestimmen sich die Möglichkeiten des Käufers bei Vorliegen eines Mangels nach § 437 BGB. Danach kann der Käufer Nacherfüllung verlangen, von dem Vertrag zurücktreten oder den Kaufpreis mindern und Schadensersatz oder Ersatz vergeblicher Aufwendungen verlangen. Die genannten Sekundäransprüche[341] kann der Käufer aber nur dann geltend machen, wenn der Verkäufer von seinem Recht auf Nacherfüllung keinen Gebrauch macht bzw. nicht Gebrauch machen kann. Zur Ausübung seiner Rechte muss der Käufer dem Verkäufer daher zunächst eine Frist zur Nacherfüllung setzen, damit der Verkäufer seiner primären Verpflichtung nachkommen kann.[342]

Wenn bei einem Asset-Deal nur einzelne Wirtschaftsgüter mangelhaft sind, stellt sich die Frage, welche Auswirkungen das auf dem Unternehmenskauf und auf das Rücktrittsrecht des Käufers hat. Allgemein wird angenommen, dass der Mangel eines Einzelgegenstands nur dann zur Mangelhaftigkeit des gesamten Unternehmens führt, wenn er das Unternehmen als Ganzes betrifft, der Mangel an einem Einzelgegenstand demnach auf das Unternehmen als solches durchschlägt. Wenn der Käufer insoweit Minderung verlangt, ist der Minderungsbetrag zu schätzen.[343] Es ist umstritten, ob es den Verkäufer in diesem Zusammenhang entlasten kann, wenn er im Rahmen einer Due Diligence, durchgeführt vom Käufer, die gestellten Fragen zwar ordnungsgemäß beantwortet aber auf kritische Punkte nicht hingewiesen hat. Nach überwiegender Ansicht muss der Verkäufer ungefragt solche Umstände offenbaren, die den Vertragszweck des Käufers vereiteln können und daher für seinen Entschluss von wesentlicher Bedeutung sind. Maßstab ist dabei die Auffassung der relevanten Kreise.

Grundsätzlich gilt beim Unternehmensverkauf eine gesteigerte Aufklärungs- und Sorgfaltspflicht für den Verkäufer gegenüber dem Verkäufer. Dies wird damit der wirtschaftlichen Tragweite des Geschäfts begründet und mit der regelmäßig erschwerten Bewertung des Kaufobjekts durch den Kaufinteressenten.[344] Vor diesem Hintergrund ist dem Verkäufer zu raten, den Käufer umfas-

---

341 Sekundäransprüche werden sie deshalb genannt, weil die hinter der eigentlichen Leistung — dem sogenannten Primäranspruch — zweitranging sind.
342 § 323 Abs. 1 BGB.
343 § 441 Abs. 3 Satz 2 BGB.
344 BGH, Urteil vom 04.04.2001, VIII ZR 32/00.

send zu informieren, um ihm die spätere Geltendmachung von Gewährleistungsansprüchen unmöglich zu machen.[345]

Da der Beschaffenheitsbegriff in der Rechtsprechung noch nicht abschließend geklärt ist, empfiehlt es sich aus Gründen der Rechtssicherheit außerdem, einen umfassenden Garantiekatalog in den Kaufvertrag mit aufzunehmen. Für den Erwerber hat eine selbstständige Garantievereinbarung den Vorteil einer verschuldensunabhängigen Haftung des Verkäufers.

Andererseits ist auch ein Gewährleistungsausschluss möglich.[346] Die Grenzen des Haftungsausschlusses definiert — jenseits der Übernahme einer Beschaffenheitsgarantie — das arglistige Verschweigen eines Mangels. Der Verkäufer kann sich in diesen Fällen nicht auf den Gewährleistungsausschluss berufen. Sinnvoll ist in diesem Zusammenhang auch, explizit zu regeln, welche Folgen bei Nichterfüllung oder dem Vorliegen von Sachmängeln eintreten sollen. Sinnvoll sind in diesem Zusammenhang der Ausschluss des Rücktritts und die Beschränkung auf eine Kompensation in Geld, gegebenenfalls in Kombination mit der Festlegung des maximalen Umfangs der Schadensersatzpflicht oder der Vereinbarung von Pauschalbeträgen als Schadensersatz.

Nur wenn keine kaufrechtlichen Gewährleistungsansprüche bestehen, finden gegebenenfalls die Vorschriften zur Haftung bei Vertragsabschluss Anwendung. Diese gewähren dem Käufer allerdings nicht die Möglichkeit vom Vertrag zurückzutreten sondern nur einen Schadenersatzanspruch.[347]

Wenn nichts anderes vereinbart ist, verjähren Gewährleistungsansprüche innerhalb von zwei Jahren ab Übergang.[348] Ansprüche wegen der Verletzung vorvertraglicher Informations- und Aufklärungspflichten verjähren in der Regelverjährung von drei Jahren — die Frist beginnt mit Ende des Jahres, in dem der Anspruch entstanden ist.[349] In beiden Fällen wird die Verjährung gehemmt — also pausiert —, wenn außergerichtlich Verhandlungen über das Bestehen der Ansprüche geführt werden.[350] Diese Folge muss der Verkäufer bedenken, wenn der Käufer kurz vor Ende der Verjährung mit ihm Kontakt aufnimmt — ggf. ist es dann klüger, gar nicht zu reagieren.

Etwaige Gewährleistungsrisiken — etwa die Haftung aus Garantieverletzungen im Zusammenhang mit Bilanzen, gewerblichen Schutzrechten oder staatlichen Beihilfen — lassen sich durch Gewährleistungsversicherungen abdecken (soge-

345 § 442 BGB.
346 § 444 BGB.
347 §§ 311, 281 BGB.
348 § 438 Abs. 1 Nr.3 BGB.
349 §§ 195, 199 BGB.
350 § 203 BGB.

nannte Warranty and Indemnity Insurances). Diese können vom Käufer oder Verkäufer abgeschlossen werden. Die Versicherungsprämien liegen – je nachdem, ob sie vom Käufer oder Verkäufer abgeschlossen werden – etwa zwischen 2 % und 6 % der Versicherungssumme.

Der Vollständigkeit halber soll an dieser Stelle darauf hingewiesen werden, dass der Käufer den Kaufvertrag anfechten kann, wenn er bei Abschluss des Vertrags arglistig getäuscht wurde. Die Rechtsfolge der Anfechtung ist, dass der Kaufvertrag rückwirkend unwirksam wird und rückabzuwickeln ist.[351]

## 15.3 Wettbewerb

Im Rahmen der Verhandlungen ist zu klären, ob der Verkäufer eine gleichartige Tätigkeit dort ausüben oder aufnehmen darf, wo das verkaufte Unternehmen wirtschaftlich tätig ist. Bei der Beurteilung von Wettbewerbsverboten muss abgewogen werden zwischen dem berechtigten Schutz des Erwerbers und dem Interesse des Verkäufers an der Möglichkeit einer weiteren wirtschaftlichen Betätigung. Daher darf ein Wettbewerbsverbot den Verkäufer in der Berufsausübung nicht übermäßig beschränken und nicht über die schützenswerten Interessen des Käufers in räumlicher, gegenständlicher und zeitlicher Hinsicht hinausgehen.

**Beispiel**

**Wenn beispielsweise eine Tischlerei in Münster verkauft wird, kann das Verbot einer Tischlerei im Umkreis von 30 km um Münster angemessen sein, nicht aber das Verbot jeder handwerklichen Tätigkeit in Deutschland. Wenn hingegen ein Internethandel für Hundefutter verkauft wird, kann auch ein generelles Verbot des Handels mit Tierbedarf noch zulässig sein.**

Wenn gesellschaftsrechtliche Beteiligungen verkauft werden, erkennt die Rechtsprechung ein schutzwürdiges Interesse des Käufers an einem Wettbewerbsverbot im Allgemeinen nur für einen Zeitraum an, in dem die geschäftlichen Beziehungen fortwirken,[352] hier wird im Allgemeinen ein Zeitraum etwa 2 bis 3 Jahren für zulässig gehalten.[353]

Um nicht zu riskieren, dass das vereinbarte Wettbewerbsverbot unwirksam ist, wird empfohlen – auch wenn der Verkäufer seine Tätigkeit vollständig einstellt, den Standort an einen weiter entfernten Ort verlegt oder sich beruflich gänz-

351 Vgl. § 123 BGB.
352 Vgl. beispielsweise BGH, Urteil vom 15.03.1989, VIII ZR 62/88; BGH, Urteil vom 19.03.1973, II ZR 52/72.
353 BGH, Urteil vom 18.07.2005, II ZR 159/03.

lich anders orientiert — lediglich ein örtlich und zeitlich begrenztes Wettbewerbsverbot zu vereinbaren.

Ein Überschreiten der von der Rechtsprechung für zulässig gehaltenen Grenzen eines Wettbewerbsverbots führt in der Regel zur Nichtigkeit der ganzen Klausel. Nur wenn eine Wettbewerbsklausel ausschließlich die zeitlichen Grenzen überschreitet, sonst aber unbedenklich ist, kommt nach der Rechtsprechung ein Zusammenstreichen der Klausel auf die zulässige Dauer in Betracht. Wenn das Wettbewerbsverbot hingegen in gegenständlicher und/oder räumlicher Sicht die Grenzen des Zulässigen überschreitet, ist das Wettbewerbsverbot immer komplett nichtig und nicht mehr anzuwenden.[354] Für den Käufer ist im Hinblick auf das Wettbewerbsverbot weniger also mehr — im Zweifel sollte das Wettbewerbsverbot eher enger formuliert werden, damit es auch wirklich hält.

## 15.4 Weitergabe von Daten

Besondere Probleme treten bei der Weitergabe von Daten bei einem Asset-Deal auf, insbesondere bei Mitarbeiterdaten im Rahmen der Due Diligence und bei Kundendaten. Den Beteiligten ist das nicht immer bewusst. Die Weitergabe von Mitarbeiterdaten — beispielsweise an potentielle Käufer — ist stets eine datenschutzrelevante Übermittlung von personenbezogenen Daten an Dritte. Das bedeutet, die Betroffenen müssen einwilligen.[355] Wenn die Mitarbeiter nicht eingewilligt haben, dürfte allenfalls die Weitergabe einer anonymisierten Aufstellung zulässig sein.

Jedenfalls dann, wenn unter den Kunden des Unternehmens natürliche Personen sind und die Daten Angaben wie z. B. E-Mailadressen, Telefonnummern, Bankverbindung, Kreditkartennummer und Kontonummer enthalten, handelt es sich um personenbezogenen Daten im Sinne der Datenschutzgesetze.

Auch die Übertragung von Kundendaten beim Asset-Deal — beispielsweise durch Übergabe von Datenbanken oder ganzen Computern — ist grundsätzlich nur dann zulässig, wenn der Kunde vor der Übertragung durch den Verkäufer in die Übertragung seiner Daten eingewilligt hat, so die Auffassung beispielsweise des Bayerischen Landesamts für Datenschutzaufsicht.[356] Teilweise wird es auch für zulässig gehalten, die Einwilligung auf Basis eines Opt-out-Verfahrens einzuholen, d. h. die Kunden werden vor der Übertragung informiert und auf ihr

354 BGH vom 8. Mai 2000, II ZR 308/98.
355 § 3 Abs. 4 Nr. 3a oder b BDSG, § 4 Abs. 1 BDSG.
356 § 28 Abs. 3 Satz 1 BDSG. E-Mailadressen und Telefonnummern dürfen auch gemäß § 7 Abs. 2 Nr. 2 und Nr. 3 UWG nicht ohne ausdrückliche Werbeeinwilligung des jeweiligen Kunden genutzt werden.

Widerspruchsrecht hingewiesen. Sicherer sind aber in jedem Fall Systeme, welche zwar dem Käufer sämtliche Daten anonymisiert zur Verfügung stellen, die Anonymisierung im Einzelfall aber erst aufheben, nachdem der Kunde zugestimmt hat.[357] Verstöße gegen das Datenschutzrecht werden zunehmend geahndet – mehrfach schon wurden in Fällen unzulässiger Datenübertragung bei einem Asset-Deal empfindliche Bußgelder gegen den Käufer als auch den Verkäufer festgesetzt.[358]

Wenn Freiberuflerpraxen verkauft werden, tritt das Problem in verschärfter Form auf. Hier führt die Weitergabe der Daten ohne Einwilligung der Mandanten/Patienten/Klienten regelmäßig zur Begehung einer Straftat.[359] Folge kann sein, dass der Praxisverkauf wegen Verstoßes gegen ein gesetzliches Verbot, trotz salvatorischer Klausel, nichtig werden kann.[360]

---

357 Möglich ist etwa folgende Formulierung im Kaufvertrag: »Der Verkäufer stellt dem Übernehmer am Übernahmestichtag die Kundenkartei vollständig zur Verfügung, soweit ihm entsprechende schriftliche Einverständniserklärungen der Kunden vorliegen. Hierzu wird der Verkäufer im Rahmen des normalen Geschäftsbetriebes seine Kunden anschreiben und diese unter Übersendung eines Vordrucks bitten, ihr Einverständnis zur Datenübertragung zu erklären.«

358 Pressemeldung des Bayerisches Landesamt für Datenschutzaufsicht vom 30.07.2015, https://www.lda.bayern.de/media/pm2015_10.pdf (zuletzt abgerufen am: 29.05.2017). Vgl. auch Bayerisches Landesamt für Datenschutzaufsicht (Hrsg.). 7. Tätigkeitsbericht 215/2016, S. 74 ff. Das maximale Bußgeld beträgt 300.000,00 EUR.

359 § 203 Abs. 1 Nr. 3 StGB; BGH, Urteil vom 11.12., VIII ZR 4/91; BGH, Urteil vom 17.05.1995, VIII ZR 94/94.

360 OLG Naumburg, Urteil vom 25.03.2002, 1 U 137/01; siehe auch BGH, Urteil vom 13.06.2001, VIII ZR 176/00.

# 16 Kaufpreiszahlung und -finanzierung

**Die Finanzierung der Übernahme ist in vielen Fällen problematisch. Die Möglichkeiten einer Kombination von Verkäuferdarlehen bzw. flexibleren Zahlungen, der Einschaltung von Beteiligungsgesellschaften sowie öffentlichen Förderungen werden nicht immer optimal ausgeschöpft.**

## 16.1 Varianten der Kaufpreiszahlung

Naheliegend und von den Käufern oftmals präferiert ist die Einmalzahlung; der Kaufpreis wird sofort komplett an den Verkäufer gezahlt. Der Käufer muss den Kaufpreis dann meist zu einem erheblichen Teil finanzieren. Der Verkäufer ist vom weiteren Schicksal des Unternehmens vollkommen unabhängig.

Um dem Käufer die Finanzierung zu erleichtern, ist es nicht unüblich, dass der Verkäufer und der Käufer vereinbaren, dass der Kaufpreis in Raten gezahlt wird. In diesem Fall gibt der Verkäufer dem Käufer im Ergebnis einen Kredit, weshalb der Kaufpreis in der Regel um einen kalkulatorischen Zins höher ist als bei einer Einmalzahlung.

Möglich ist auch, dass ein Teil der Kaufpreisschuld in ein Darlehen des Verkäufers an den Käufer umgewandelt wird (sogenanntes Verkäuferdarlehen). Diese Verkäuferdarlehen haben eine erhebliche praktische Bedeutung. Ist vertraglich ein Nachrangdarlehen vereinbart, bekommt der Verkäufer sein Geld im Falle einer Insolvenz erst nach allen anderen Gläubigern.[361] Damit stärkt das Verkäuferdarlehen die Eigenkapitalbasis und macht dem Nachfolger den Zugang zu anderen Finanzierungsquellen leichter, weil es das Vertrauen in den Firmenkäufer stärkt.

Derartige Darlehen sind auch aus Sicht der Verkäufer angesichts niedriger Renditen bei Anlage des Verkaufserlöses im Moment eine attraktive Anlage. Zumal ohne Entgegenkommen der Verkäufer viele Übertragungen nicht zustande kommen.

Eine weitere Möglichkeit ist der Verkauf des Unternehmens auf Rentenbasis (meist als sogenannte Leibrenten, die so lange gezahlt werden, wie der Verkäufer lebt). Hier steht häufig die Absicherung des Verkäufers im Vordergrund.

361 Vgl. § 39 InsO.

Darüber hinaus gibt es weitere übliche Möglichkeiten – so kann beispielsweise ein Teil des Kaufpreises an den Umsatz oder den Gewinn geknüpft werden oder daran, dass es gelingt, bestimmte Kunden mit zu übertragen.

Insgesamt gilt: Wenn der Kaufpreis nicht sofort komplett in einer Einmalzahlung geleistet wird, muss aus Sicht des Verkäufers vor allem die Absicherung der künftigen Zahlungen, beispielsweise durch (Bank-)Bürgschaften oder Sicherungsrechte, und deren Wertsicherung geregelt werden, beispielsweise durch Koppelung der Zahlungen an die Verbraucherpreise.

## 16.2 Finanzierungsvarianten

Bei der Finanzierung der Übernahme ist entscheidend, wie diese die Kapitalkosten beeinflusst sowie über die Sicherheiteninanspruchnahme das Rating des Unternehmens. Grundsätzlich kann der Erwerb des Unternehmens durch den Käufer in der Weise finanziert werden, dass er den Kaufpreis ausschließlich aus den Erträgen des erworbenen Unternehmens zahlt (Innenfinanzierung) oder durch Finanzmittel von außen (Außenfinanzierung). Typische Formen der Außenfinanzierung sind vorhandenes Eigenkapital des Käufers, die Bereitstellung von Fremdmitteln und Sonderformen der Fremdfinanzierung wie Factoring und Leasing.

Bei einer Umfrage unter Anwälten, die eine Kanzlei erworben haben, gaben rund 50 % der Kanzleieinsteiger und -übernehmer an, bei der Finanzierung eigene Mittel eingesetzt zu haben, 38 % nahmen bankübliche Investitions-/Betriebsmittelkredite in Anspruch, 31 % griffen auf staatlich geförderte Existenzgründungskredite zurück und immerhin 23 % hatten »sonstige Darlehen« aufgenommen[362] – vermutlich aus dem Familienkreis, über Crowdfunding-Plattformen oder Plattformen für Privatkredite bzw. -investitionen. Auch wenn sich die Untersuchung nur auf Rechtsanwälte bezieht, dürfte es bei Existenzgründungen in anderen Branchen ähnlich sein.

Meistens wird ein Finanzierungskonzept mehrere Bausteine kombinieren. Als Faustregel gilt dabei, dass etwa 15 % bis 20 % des Kaufpreises mit Eigenkapital finanziert sein sollte. Das Kapital kann vom Käufer selbst stammen oder aus dem privaten Umfeld. Auch Beteiligungsgesellschaften kommen in Betracht, die Eigenkapital ohne Sicherheiten zur Verfügung stellen (entweder als echte Beteiligung oder als stille Beteiligung), was wiederum die Aufnahme von Fremdkapital erleichtert.[363] In den Bundesländern gibt es eigene öffentliche Beteiligungsge-

362 Kilian, Matthias: *Der Erwerb von Kanzleien und Sozietätsanteilen durch junge Anwälte*. In: AnwBl 2016, 660–662 (662).

363 Bundesverband Deutscher Kapitalbeteiligungsgesellschaften e.V., www.bvkap.de.

sellschaften mit wirtschaftspolitischen Aufgaben im Bereich Übernahme- und Wachstumsfinanzierung.[364] Typische Themen bei Verhandlungen mit privaten Beteiligungsgesellschaften sind Mitspracherechte und welche Vorstellungen die Beteiligungsgesellschaft von Zeitpunkt und Art des Ausstiegs hat.

Bei einer Finanzierung der Übernahme durch Finanzinvestoren wird häufig eine Konstruktion mit einer eigens zwischengeschalteten Erwerbergesellschaft gewählt, die den Zweck hat, die Finanzierung sicherzustellen und das operativ tätige Unternehmen im Wege eines Share-Deals zu erwerben. Die Erwerbergesellschaft dient dabei als reines Übernahmevehikel ohne operatives Geschäft. Sie wird von dem Finanzinvestor und dem Management mit Eigenkapital ausgestattet, das zusammen mit dem Akquisitionsdarlehen zur Finanzierung des Transaktionsvolumens dient.

Wenn die Erwerbergesellschaft Kredite aufnimmt, besteht das Problem, dass sie nur ein eingeschränktes Zins- und Tilgungspotenzial hat, da die Einnahmen nicht in der Erwerbergesellschaft erzielt werden, sondern in dem erworbenen Unternehmen. Die Erwerbergesellschaft hat nur das an Einnahmen, was von dem operativ tätigen Unternehmen ausgeschüttet wird. Das führt dazu, dass die Banken, die die Erwerbergesellschaft finanzieren in einer schlechteren Position sind als die Gläubiger des operativ tätigen Unternehmens. Gleichzeitig kann die Erwerbergesellschaft an sich nur eingeschränkt Sicherheiten stellen, da diese nur über ein Beteiligungsvermögen, nicht aber über das Betriebsvermögen verfügt. Als Sicherheit werden daher in der Regel die Gesellschaftsanteile des operativ tätigen Unternehmens verpfändet. Außerdem werden die Finanziers der Erwerbergesellschaft meist auch Bürgschaften der Gesellschafter und — soweit möglich — Sicherheiten an den Vermögensgegenständen des operativ tätigen Unternehmens verlangen.[365]

Auch die Beteiligung der Mitarbeiter am Kapital »ihres« Unternehmens kann ein sinnvoller Baustein im Finanzierungskonzept sein. Diese Kapitalanlage ist besonders bei gut funktionierenden Betrieben sinnvoll und fördert die Motivation der Beteiligten nachhaltig. Die Mitarbeiter werden so zu »Mitunternehmern« und erhalten auch bestimmte Anteile am Unternehmensgewinn sowie Informations- und Mitbestimmungsrechte, die allerdings klar geregelt sein müssen.

Klassisches »Fremdkapital« gehört in den meisten Fällen zum Finanzierungsmix — ganz vorne rangieren Bankdarlehen von der Hausbank.[366] Nach unserer Erfah-

364 Verband Deutscher Bürgschaftsbanken e. V., www.vdb-info.de.
365 Hoffelner, Matthias: *Akquisitionsfinanzierung als Mittel zur Umsetzung der Unternehmensnachfolge*. In: Betriebswirtschaft im Blickpunkt (BBP), Ausgabe 07/2006, S. 182.
366 Siehe hierzu den Überblick von Julia Graven zur Finanzierung. In: impulse 07/2015.

rung haben in den letzten Jahren auch Darlehen von privaten Kreditgebern zugenommen, die häufig über Internetplattformen vermittelt werden.

Bei den Finanzierungsformen verfügen der klassische Bankkredit und Leasing über die höchste Bekanntheit und den breitesten Einsatz. Eigenkapitalnahe Instrumente sind zumindest fast zwei Drittel der von der Universität Hohenheim in einer Untersuchung im Jahr 2005 befragten Unternehmen und Dienstleister bekannt, werden aber nur in maximal jedem vierten Unternehmen eingesetzt. Bei den Fördermitteln kennen die meisten Unternehmer öffentliche Bürgschaften; ansonsten gab nur die Hälfte der Unternehmer an, die anderen grundlegenden Förderungsmöglichkeiten zu kennen.[367]

In der zitierten Untersuchung sah zudem über die Hälfte der Befragten das Hauptproblem einer Unternehmensfinanzierung in der praktischen Kreditvergabe der Banken. Hier insbesondere den — seither noch deutlich gestiegenen — Regularien der Banken sowie im hohen Verwaltungsaufwand der mit Bankkrediten einhergeht.[368]

## 16.3 Fördermöglichkeiten

Für Unternehmensnachfolgen gibt es zahlreiche Fördermöglichkeiten durch die KfW und die Förderbanken der Länder.[369] Wesentliches Element sind öffentlich geförderte zinsgünstige Kredite; da diese Förderdarlehen in der Regel eine Haftungsfreistellung für die Hausbank beinhalten, wird die weitere Aufnahme von Fremdmitteln erleichtert. Daneben gibt es weitere Eigenkapitalhilfen als Mezzanine-Kapital von Bund, Ländern, Kommunen und auch der EU. Dabei handelt es sich um Finanzierungsformen zwischen Eigen- und Fremdkapital (beispielsweise nachrangige Darlehen, partiarische Darlehen oder Gesellschafterdarlehen), die sehr flexibel ausgestaltet werden können. Die öffentlichen Existenzförderkredite leisten speziell bei MBO/MBI-Lösungen (siehe Kapitel 2.3) einen ganz entscheidenden Beitrag für das Zustandekommen der Finanzierung, weil so die Eigenkapitalquote niedrig gehalten werden kann.

Daneben gibt es Förderprogramme, bei denen Realleistungen gewährt werden, insbesondere in Form von Zuschüssen für konzeptionelle Beratungstätigkeiten. Bewilligungsbehörde ist das Bundesamt für Wirtschaft und Ausfuhrkontrolle

367 Müller, Christoph/Freiland, Dirk/Tomaselli, Harald. In: Hohenheimer Beiträge zu Entrepreneurshipforschung und -praxis Nr. 12, 2006, S. 57.

368 Ebd. S. 102.

369 Einen Überblick gibt es unter www.foerderdatenbank.de. Dabei gilt typischerweise das Durchleitungsprinzip, d. h. das Darlehen wird nicht direkt vom Förderinstitut vergeben, sondern von der jeweiligen Hausbank.

(BAFA). Der Antrag kann bis zu 3 Monate nach Abschluss der Beratung gestellt werden.[370]

Sucht man qualifizierte Beratung über Fördermittel, sind Banken und Kammern erste Anlaufstelle – diesen kommt mit 40–50 % die höchste Bedeutung im Bereich der Förderberatung zu; damit liegen sie noch vor speziellen Beratungseinrichtungen mit unter 30 %.[371]

370 Richtlinien über die Förderung unternehmerischen Knowhows für kleine und mittlere Unternehmen sowie Freie Berufe durch Unternehmensberatungen vom 1. Dezember 2011 (Bundesanzeiger 189, Seite 4411) in der geänderten Fassung vom 15. August 2012 (Bundesanzeiger AT 17.08.2012 B3).

371 Müller, Christoph/Tomaselli, Harald/Freiland, Dirk. In: Hohenheimer Beiträge zur Entrepreneurshipforschung und -praxis Nr. 12, 2006, S. 187.

# 17 Die Hälfte der Tat besteht darin, angefangen zu haben

Auf den vorhergehenden Seiten haben Sie gelesen, welche Arten des Unternehmensverkaufs und -kaufs es gibt, wie der Verkaufsprozess abläuft und wie sich die Gestaltung dieses Prozesses auf den Preis auswirkt. Außerdem haben Sie erfahren, welche vorbereitenden Maßnahmen aus Sicht des Verkäufers sinnvoll sind, wie Sie als Käufer das Unternehmen unter die Lupe nehmen sollten und was bei den Vertragsverhandlungen zu beachten ist. Schließlich, wie Sie den Wert eines Unternehmens ermitteln, welche steuerlichen und rechtlichen Fallstricke es zu beachten gilt und was bei der Finanzierung wichtig ist.

Zugegeben, das waren viele Informationen und streckenweise ziemlich komplizierte noch dazu. Vielleicht werden Sie auch den einen oder anderen Teil öfter lesen oder einzelne Themenbereiche tiefer recherchieren wollen. Doch wenn Sie die ganzen Details, Zahlen und Paragraphen einmal beiseitelassen, ist es relativ einfach: Sie müssen anfangen!

Als Verkäufer machen Sie sich als erstes ein Bild davon, wie Ihr Ausstieg im besten Fall laufen könnte, wann der richtige Zeitpunkt dafür ist und wie Ihr Leben aussehen soll, wenn Sie Ihr Unternehmen hinter sich gelassen haben. Wenn Sie ein Unternehmen kaufen wollen, entwickeln Sie eine konkrete Vorstellung Ihrer unternehmerischen Tätigkeit oder wie Ihr Unternehmen sich durch einen Zukauf erweitern kann.

Der Rest ist Handwerk – und wie das funktioniert, haben wir in diesem Buch beschrieben. Damit sind Sie gerüstet, um den Kauf oder Verkauf Ihres Unternehmens anzugehen und auch, um zu beurteilen, bei welchen Themen Sie vielleicht fachkundige Hilfe brauchen und bei welchen nicht.

Auch hier passt das bekannte Zitat von Johann Wolfgang von Goethe:

*»Es ist nicht genug, zu wissen, man muss auch anwenden;*
*es ist nicht genug, zu wollen, man muss auch tun.«*[372]

und auch die in der Kapitelüberschrift zitierte Erkenntnis des römischen Dichters Decimus Magnus Ausonius passt:

*»Die Hälfte der Tat besteht darin, angefangen zu haben«.*

372 Wilhelm Meisters Wanderjahre, Aus Makariens Archiv.

Den meisten Unternehmern fällt es also schwer, den Verkaufsprozess anzustoßen, am besten legen Sie sofort los: Nach der 72-Stunden-Regel müssen Sie alles, was Sie sich vornehmen, innerhalb dieser Zeitspanne beginnen, sonst sinkt die Chance, dass Sie das Projekt jemals umsetzen, auf 1%.

Wir wünschen Ihnen viel Erfolg und ein optimales Ergebnis!

# Anhang

Sie finden den Anhang auch auf der Arbeitshilfen online-Seite zum Download.

## Abkürzungsverzeichnis und Glossar

| | |
|---|---|
| AO | Die Abgabenordnung ist das steuerliche Verfahrensgesetz. Es regelt, wie das Besteuerungsverfahren unabhängig von den einzelnen Steuerarten funktioniert. |
| Asset-Deal | Eine Form der Unternehmensübertragung, die in der Weise erfolgt, dass die einzelnen Vermögensgegenstände gesondert übertragen werden (»assets« = Englisch für »Vermögenswerte«). |
| AWH | Arbeitsgemeinschaft der Wert ermittelnden Betriebsberater im Handwerk. |
| BewG | Das Bewertungsgesetz ist ein Steuergesetz, das für alle Steuerarten die Bewertung von Gegenständen regelt. |
| BFH | Der Bundesfinanzhof in München ist das höchste deutsche Gericht für Steuersachen. |
| BGB | Das Bürgerliche Gesetzbuch, das am 01.01.1900 in Kraft getreten ist, ist das zentrale Gesetz für die Regelung der Rechtsverhältnisse zwischen Bürgern. |
| BGH | Der Bundesgerichtshof in Karlsruhe ist das höchste deutsche Gericht für Zivilsachen – also Streitigkeiten zwischen Bürgern – und Strafsachen. |
| BMF | Das Bundesministerium der Finanzen in Berlin ist die den Finanzämtern vorgesetzte Behörde. |
| Break-up Fee | Die Break-up Fee ist eine zuvor vereinbarte Geldsumme, die fällig wird, wenn die Vertragsverhandlungen zur Übertragung des Unternehmens aus Gründen scheitern, die eine Vertragsseite zu verantworten hat. Es ist eine Art Strafe für den mutwilligen Verhandlungsabbruch. |
| CAPM | Das Capital Asset Pricing Model (zu Deutsch Preismodell für Kapitalgüter) ist ein ökonomisches Modell, das versucht, den Zusammenhang zwischen Renditen und Risikoneigung abzubilden. |
| Cashflow | Der Cashflow (auch Cash-Flow) beziffert den Nettozufluss liquider Mittel während einer Periode – dieser kann von bilanziellen Größen abweichen. Der Cashflow spielt für die Beurteilung der Liquidität von Unternehmen eine Rolle. Cashflows bilden auch die Grundlage für die Unternehmensbewertung nach den → DCF-Methoden. |
| DCF-Verfahren | DCF-Verfahren (lang: Discounted Cashflow-Verfahren) sind eine Gruppe von Methoden zur Unternehmensbewertung, die alle darauf basieren, künftige Nettozuflüsse auf den Gegenwartszeitpunkt zu → diskontieren. |

| | |
|---|---|
| **Debt Equity Swap** | Bei einem Dept Equity Swap werden Forderungen gegen ein Unternehmen in Gesellschaftsanteile getauscht — aus einem Gläubiger wird ein Gesellschafter. |
| **Diskontieren** | Diskontieren (auch: Abzinsung) bedeutet den jetzigen Wert einer zukünftigen Zahlung zu ermitteln. Die Differenz ist der Zinseszins. |
| **Distressed M&A** | Oberbegriff für Unternehmenstransaktionen, Verkäufe und Betriebsübergänge bei Unternehmen in Krisensituationen (z. B. Insolvenzen). |
| **Due Diligence** | Due Diligence bedeutet übersetzt etwa »gebotene Sorgfalt« und bezeichnet die seitens des Käufers durchgeführte Prüfung und Analyse eines zu erwerbenden Unternehmens. |
| EBIT | Earnings before interest and taxes (= Ergebnis vor Zinsen und Steuern), insbesondere im angloamerikanischen Raum gebräuchlich. |
| EBITDA | Earnings before interest and taxes, depreciation and amortisation (= Ergebnis vor Zinsen, Steuern und Abschreibungen) — insbesondere im angloamerikanischen Raum gebräuchlich. |
| EStR | Die Einkommensteuer-Richtlinien sind Anweisungen des → BMF an die Finanzverwaltung. Sie dienen dem einheitlichen Verwaltungshandeln. |
| FG | In Deutschland gibt es 18 Finanzgerichte. Diese entscheiden in Steuersachen — also Klagen zwischen Bürger und Finanzverwaltung. Über den Finanzgerichten gibt es nur noch den → BFH; der gerichtliche Instanzenzug ist in der Finanzgerichtsbarkeit verkürzt. |
| HGB | Das gleichzeitig mit dem → BGB in Kraft getretene Handelsgesetzbuch enthält das Spezialgesetz für Kaufleute. Es geht insoweit dem BGB vor. |
| IDW | Das Institut der Wirtschaftsprüfer e. V. mit Sitz in Düsseldorf ist ein eingetragener Verein, der die Arbeit der Wirtschaftsprüfer fördert. Die Mitgliedschaft ist freiwillig. Nach eigenen Angaben hatte das IDW zum 01.01.2016 12.994 ordentliche Mitglieder. Die Verlautbarungen und Stellungnahmen des IDW haben in der Praxis eine erhebliche Bedeutung. |
| IfM | Institut für Mittelstandsforschung, Bonn. |
| KMU | Abkürzung für »Kleine und mittlere Unternehmen«; das sind nach Definiton der EU (Empfehlung 2003/361/EG) Unternehmen mit nicht mehr als 250 Mitarbeitern, einem Jahresumsatz unter 50 Mio. EUR und einer Bilanzsumme unter 43 Mio. EUR. Daneben gibt es weitere andere Definitionen. |
| LBO | Leveraged-Buy-out ist die Bezeichnung für einen im überwiegenden Umfang mit Fremdkapital finanzierten Kauf eines Unternehmens. |
| LG | Landgericht. |
| LOI | Letter of Intent. Eine unverbindliche Absichtserklärung, welche die Rahmenbedingungen der Vertragsverhandlungen im Rahmen eines Unternehmensverkaufs regelt, siehe auch → MoU. |

| | |
|---|---|
| Long list | Ungekürzte Liste potentieller Käufer. |
| M&A | Mergers & Acquisitions ist die aus dem angloamerikanischen Raum stammende Bezeichnung für Unternehmenszusammenschlüsse und -aufkäufe. |
| MBI | Management-Buy-in bedeutet die Übernahme eines Unternehmens durch externe Führungskräfte/Manager. |
| MBO | Management-Buy-out bezeichnet die Übernahme des Unternehmens durch das bisherige Management. |
| Mezzanine-Kapital | Bezeichnet Finanzierungsarten, die eine Mischform aus Eigen- und Fremdkapital darstellen. Es wird i.d.R. dem wirtschaftlichen Eigenkapital zugerechnet. |
| MoU | Memorandum of Understanding. Eine unverbindliche Absichtserklärung, welche die Rahmenbedingungen von Vertragsverhandlungen im Rahmen eines Unternehmensverkaufs regelt, siehe auch → LOI. |
| NDA | Non Disclosure Agreement, zu Deutsch Geheimhaltungsvereinbarung oder Vertraulichkeitsvereinbarung. |
| Post Merger Integration | Übersetzt ist dies die Zusammenführung nach einer Übernahme, das heißt die so genannte Integrationsphase, bei der Geschäftsbereiche zweier Unternehmen verbunden und ggf. neu strukturiert und organisiert werden. |
| RVG | Rechtsanwaltsvergütungsgesetz. |
| Share-Deal | Beim Share-Deal erwirbt der Käufer die Anteile (Englisch »shares«) des Unternehmens, das heißt das Unternehmen bleibt in seiner Gesamtheit mit allen bestehenden Verbindlichkeiten und Verpflichtungen unverändert bestehen. |
| Short List | Bereinigte Liste anzusprechender Investoren. |
| StBVV | Steuerberatervergütungsverordnung. |
| VDD | Die Vendor Due Diligence (auch Vendor's Due Diligence) ist eine Prüfung des zu verkaufenden Unternehmens durch den Verkäufer. Hierdurch wird der oft mehrstufige Prozess der Due Diligence durch den Käufer verkürzt, da diesem ein umfangreiches Exposé des zu verkaufenden Unternehmens zur Verfügung gestellt werden kann. |
| Venture Capital/ Private Equity | Bezeichnet Risiko- bzw. Beteiligungskapital. |
| WACC-Ansatz | Als Weighted Average Cost of Capital (WACC) wird in der Unternehmensbewertung ein Verfahren bezeichnet, das mit gewichteten durchschnittlichen Kapitalkosten arbeitet. |
| WPO | Wirtschaftsprüferordnung. Die berufsrechtlichen Regeln der Wirtschaftsprüfer. |

# A. Vorfragen für den Verkäufer

Die nachfolgende Liste dient als »Ideensammlung« für die Vorüberlegungen, die der Verkäufer anzustellen hat. Wir halten es für sinnvoll, mit diesen Überlegungen etwa zwei bis drei Jahre vor Einleitung des Verkaufsprozesses zu beginnen, damit genug Zeit bleibt, entsprechende Maßnahmen umzusetzen bzw. Alternativen zu suchen.[373]

1. Erstellen eines Notfallplans für den Fall von Berufsunfähigkeit/Tod des Unternehmers.
2. Gibt es Nachfolger aus dem Familienkreis und sind diese zur Nachfolge bereit?
3. Kommen Arbeitnehmer aus dem Unternehmen (mittelfristig) als Übernehmer in Betracht?
4. Wie viele Jahre wollen Sie noch tätig sein (Achtung, wenn weniger als 6)?
5. Was sind die Motive für den Verkauf/die Übertragung?
6. Ist eine »schleichende« Übergabe möglich/gewollt?
7. Wie sieht die weitere Lebensplanung nach Übergabe aus?
8. Sind die steuerlichen Folgen bei unterschiedlichen Varianten des Verkaufs geklärt?
9. Gibt es Optimierungsmöglichkeiten für den Unternehmensverkauf (Rechtsformwechsel o. Ä.)?
10. Welche Gegenstände sollen in das Privatvermögen übernommen werden?
11. Muss der Kaufpreis sofort fließen oder ist Ratenzahlung o. Ä. möglich?
12. Sind bei Übertragung im Familienkreis Erben zu bedenken?
13. Muss der Ehegatte zustimmen? Ist der Ehegatte involviert?
14. Sind die Verkaufsoptionen mit Mitgesellschaftern abgestimmt?
15. Welche (Neben-)Ziele sollen beim Verkauf erreicht werden?
16. Unter welchen Bedingungen sind die Banken zur Freistellung von Bürgschaften und der Freigabe von Sicherheiten bereit?
17. Sind Arbeitsverträge oder Ähnliches mit Familienmitgliedern zu bedenken?

373 Bedenken Sie bei dieser und den folgenden Listen insbesondere die Punkte, die nicht darauf stehen. Zum Feature-Positive-Effect siehe Dobelli, Rolf. München 2012, S. 194, 228.

# B. Checkliste relevante Unterlagen

Die folgende Liste soll dabei helfen, die relevanten Unterlagen zusammenzustellen bzw. anzufordern. Sie muss jeweils auf den Einzelfall angepasst werden - bei einem größeren produzierenden Unternehmen mit internationalem Vertrieb sind mehr Unterlagen erforderlich als bei einem lokalen Einzelhändler.

| **Checkliste: relevante Unterlagen** | |
|---|---|
| **Rechnungswesen** | |
| ❑ | Jahresabschlüsse/Gewinnermittlungen für (mindestens) die letzten drei Jahre |
| ❑ | aktuelle BWA und Summen- und Saldenliste |
| ❑ | Kontenblätter der letzten 12 Monate |
| ❑ | (soweit vorhanden) Aufstellung der privat veranlassten Aufwendungen/ersparten Aufwendungen |
| ❑ | (soweit relevant) Erläuterungen zur Ermittlung und Verbuchung von Bestandsveränderungen |
| ❑ | (wenn vorhanden) Ertrags- und Liquiditätsplanungen |
| **Bewegliches Vermögen** | |
| ❑ | Anlagenverzeichnis (soweit nicht im Jahresabschluss in ausreichender Form enthalten) |
| ❑ | genaue Aufstellung der Grundstücke, Gebäude, Mieträume (Größen-, Flächen- und Lagepläne) und Belastungen |
| ❑ | Aufstellung des Maschinen- und Anlagenparks (sofern Anlageverzeichnis nicht ausreicht) |
| ❑ | Angabe, ob größere Reparaturen oder Investitionen anstehen/geplant sind |
| ❑ | detaillierte Darstellung der EDV-Ausstattung (Hardware, Software) |
| ❑ | Aufstellung der EDV-Investitionen in den vergangenen drei Jahren |
| ❑ | Darstellung der geplanten, beschlossenen und begonnenen Investitionen |
| **Kunden/Umsatz** | |
| ❑ | anonymisierte Liste der Kunden des laufenden Jahres mit Angaben zu Auftrag, Auftragsvolumen, dem bereits fakturierten und dem realisierten Umsatz |
| ❑ | anonymisierte Liste der Top-30-Kunden der letzten drei Jahre mit Angaben zum jeweils fakturierten und realisierten Umsatz |
| ❑ | (wenn möglich) Umsätze gegliedert nach Produkt, Produktgruppe, Region o.Ä. |
| ❑ | (wenn möglich) entsprechend gegliederte Deckungsbeitragsrechnung |
| ❑ | typische Kalkulationsunterlagen |
| ❑ | Angaben zu etwaigen nicht übertragbaren Umsätzen (z. B. weil die Auftragsvergabe aufgrund der persönlichen Bekanntschaft mit dem Unternehmer erfolgte) |
| ❑ | Rahmenverträge |

!

| Checkliste: relevante Unterlagen |
| --- |
| **Lieferanten/Einkauf** |
| ❑ Einkaufsvolumen bei den 10 wichtigsten Lieferanten in den letzten drei Jahren |
| ❑ Angabe von neu hinzugekommenen und weggefallenen Lieferanten in den letzten drei Jahren |
| ❑ Warenbestandslisten inkl. Datum des Zugangs |
| ❑ Lagerumschlaghäufigkeit |
| **Personal** |
| ❑ Aufstellung der Arbeitsverhältnisse zumindest mit Geburtsdaten, Beschäftigungsbeginn, Gehalt, Qualifikation/Ausbildungsprofil |
| ❑ Angaben zu Anstellungsverträgen mit nahen Angehörigen/Mitarbeit von Familienangehörigen |
| ❑ Muster-Arbeitsvertrag |
| ❑ Angaben zu Pensionsverpflichtungen (sofern vorhanden) und Betriebsvereinbarungen (Arbeitszeitregelungen etc.) |
| ❑ Ausfallzeiten von Mitarbeitern (wenn überdurchschnittlich) |
| ❑ Entwicklung der Anzahl der Mitarbeiter in den letzten drei Jahren nach Funktion |
| ❑ Aufhebungsvereinbarungen und Kündigungen der letzten 12 Monate |
| ❑ anhängige, in den letzten 12 Monaten abgeschlossene und drohende Kündigungsschutzprozesse |
| ❑ Verträge mit freien Mitarbeitern |
| **Allgemeine Organisation** |
| ❑ Organigramm des Unternehmens mit Zuordnung der einzelnen Mitarbeiter |
| ❑ Dokumentation der Geschäftsprozesse/QM-Handbuch (falls vorhanden) |
| **Vertrieb** |
| ❑ Darstellung der Vertriebsorganisation |
| ❑ Liste mit Abgängen von Vertriebsmitarbeitern in den letzten 18 Monaten |
| ❑ (wenn vorhanden) Liste der Handelsvertreter mit Umsätzen, Dauer der Tätigkeit, Provisionsmodelle, Ausgleichsansprüche |
| ❑ Marketing- und Verkaufsunterlagen, Broschüren |
| ❑ (wenn relevant) Preislisten und Rabattstaffeln |
| **Verträge** |
| ❑ Miet- und Pachtverträge für Unternehmensimmobilien |
| ❑ Aufstellung der Miet- und Leasingverträge über bewegliche Sachen (z. B. Telefonanlage, Fahrzeuge, Maschinen) |
| ❑ Wartungsverträge über bewegliche Sachen |
| ❑ Versicherungesverträge |

## Checkliste: relevante Unterlagen

### Steuer

- ❑ Aufstellung der Steuerzahlungen und Steuererstattungen der letzten drei Jahre
- ❑ Umsatzsteuerbescheide der letzten drei Jahre, ggf. Körperschaftsteuerbescheide
- ❑ Erläuterung, falls Steuernachzahlungen zu erwarten sind
- ❑ Berichte der letzten Betriebsprüfung (soweit vorhanden)

### Forderungen und Verbindlichkeiten

- ❑ Darstellung der Forderungen aus Lieferungen und Leistungen mit Angaben zum Alter jeder Forderung, ggf. Bewertung und Angabe zum Stand des Forderungseinzugs
- ❑ Auflistung aller gegebenen Darlehen einschließlich Darlehen an Mitarbeiter, Gesellschafter etc. mit Darlehensverträgen
- ❑ Auflistung von Subventionen und Zuschüssen sowie deren Rückzahlungsverpflichtungen
- ❑ Darstellung der Verbindlichkeiten aus Lieferungen und Leistungen mit Angaben zum Alter jeder Verbindlichkeit
- ❑ Auflistung aller aufgenommenen Darlehen und deren Besicherung einschließlich Kontokorrentlinien, Avallinien (bedingte Verbindlichkeiten) und Gesellschafterdarlehen mit den zugehörigen Darlehensverträgen
- ❑ Auflistung von gewährten Bürgschaften, Garantien für Dritte und gestellten Sicherheiten

### Sonstiges

- ❑ alle Aktiv- und Passivprozesse sowie nicht gerichtlich anhängige Verfahren, die in anwaltlicher Bearbeitung sind
- ❑ außergerichtlich geltend gemachte Gewährleistungs-, Produkthaftungs- und Schadenersatzansprüche sowie drohende Rechtsstreitigkeiten
- ❑ eigene gewerbliche Schutzrechte (Patente, Warenzeichen, Geschmacksmuster)
- ❑ für den Geschäftsbetrieb relevante Genehmigungen, Erlaubnisse, Freigaben, Zertifikate etc.
- ❑ Einschätzung bestehender Haftungsrisiken bezüglich möglicher Umweltlasten

### Zusätzlich beim Share-Deal: Gesellschaftsrechtliche Unterlagen

- ❑ Auszug Handelsregister
- ❑ Gesellschaftsverträge (alte und neue Verträge bzw. gesamte Historie)
- ❑ Gesellschafterliste
- ❑ Gesellschafterbeschlüsse und Protokolle der Gesellschafterversammlungen der letzten drei Jahre
- ❑ Verträge der Gesellschafter untereinander/Geschäftsordnungen
- ❑ Darstellung des tatsächlichen Gewinnverteilungssystems (wenn nicht im Gesellschaftsvertrag enthalten)
- ❑ bei Kapitalgesellschaften: Einzahlungsnachweise, Kontoauszüge

# C. Typische Fragen Due Diligence

Die nachfolgenden Fragen sollen Denkanstöße zur Prüfung des Unternehmens geben. Sie beziehen sich auf typische Fragestellungen und sind nur als Anregungen zu verstehen. Auch hier gilt wieder, dass sie auf das jeweilige konkrete Unternehmen zugeschnitten werden müssen.

### Finanzielle Rahmendaten

1. Kann aus den erzielten Erträgen der Lebensunterhalt und der Kapitaldienst bestritten werden?
2. Sind die Erträge stetig oder gibt es besondere Schwankungen?
3. Sind sämtliche betrieblichen Aufwendungen (angemessen) im Rechnungswesen erfasst? Wenn nein, wie verändert dies das Ergebnis?
4. Welche Größenordnung haben Leistungen von/an den Verkäufer bzw. diesem verbundene oder nahestehende Personen/Unternehmen?
5. Welche Schlüsse lassen sich ziehen, wenn über mehrere Jahre hinweg die einzelnen Posten der Gewinn- und Verlustrechnung in Relation zu den Umsätzen oder den Gesamterlösen gesetzt werden?
6. Sind die Altforderungen in vollem Umfang werthaltig oder müssen diese berichtigt werden?
7. Wie haben sich der Verschuldungsgrad und die Liquidität über die Zeit entwickelt? Welche Schlüsse lassen sich daraus ziehen?
8. Entsprechen die betrieblichen Kennzahlen dem, was in der Branche üblich ist?
9. Passt die Fälligkeit der einzelnen Darlehen zu der jeweiligen Nutzungsdauer der Vermögensgegenstände?
10. Wurden in den letzten Jahren ungewöhnliche Sicherheiten gestellt?
11. Wurden die Bilanzierungs- und Bewertungsmethoden geändert? Welche Folgen hatte das auf den ausgewiesenen Ertrag?
12. Sofern eine Planung vorgelegt wurde: Passt die Gesamtplanung zu den jeweiligen Teilplanungen? Schlägt sich beispielsweise eine angenommene Umsatzausweitung auch in höheren Personalaufwendungen und Maschinenkosten wieder?
13. Lassen sich dem Rechnungswesen Ursachen für Erfolge oder Misserfolge entnehmen oder Risiken erkennen?

### Markt und Marktposition

1. Wie schätzen Branchenverbände oder Banken die Entwicklung des relevanten Marktes ein?
2. Welche Trends gibt es und welche Folgen werden diese für das Unternehmen haben?
3. Gibt es völlig neue Entwicklungen/neue Produkte, die das bisherige Geschäftsmodell bedrohen?
4. Gibt es eine Bedrohung durch neue Konkurrenten?

5. Wie intensiv ist der Wettbewerb?
6. Wie ist die Marktposition im Vergleich zu den direkten Wettbewerbern?
7. Welche wesentlichen Marktveränderungen gab es in den vergangenen Jahren (z. B. Konsolidierung, neue Wettbewerber, Insolvenzen etc.)?
8. Gibt es auf Seiten des Unternehmens Alleinstellungsmerkmale, die einen gewissen Schutz vor Konkurrenz bieten?
9. Wo liegen zukünftige Potentiale und Marktchancen aber auch Risiken?
10. Wie ist der Gesamtauftritt des Unternehmens in der Außendarstellung? Besteht Änderungsbedarf?

### Kunden und Vertrieb

1. Besteht eine hohe Abhängigkeit von einzelnen Kunden (Konzernen), Branchen oder Regionen?
2. Liegt die Zahlungsmoral der Kunden im Branchendurchschnitt? Gibt es nennenswerte Forderungsausfälle?
3. Gibt es besondere Verbindungen zwischen dem Verkäufer und wichtigen Kunden?
4. Liegen entsprechende Auswertungen vor, aus denen hervorgeht, mit welchen Kunden und welchen Produkte welche Umsätze generiert werden? Welche Schlüsse lassen sich daraus ziehen?
5. Werden (gerade bei produzierenden Unternehmen) regelmäßig Nachkalkulationen erstellt? Welche Ergebnisse lassen sich daraus gewinnen?
6. Wie ist der Vertrieb organisiert?
7. Welche Qualifikation und Ausbildung haben die Vertriebsmitarbeiter?
8. Gab es außergewöhnliche Fluktuation im Vertrieb? Wenn ja, welche Schlüsse lassen sich daraus ziehen?
9. Sind Ausgleichsansprüche von Handelsvertretern zu erwarten?

### Produkte und Dienstleistungen

1. Definiert sich das Unternehmen über den Preis oder über die besondere Qualität seiner Produkte/Dienstleistungen?
2. Gibt es verschiedene Umsatzträger (optimal in verschiedenen Teilmärkten, Branchen etc.)?
3. Gibt es ggf. Nachfolger für ältere Produkte (Lebenszyklus)?
4. Gibt es Geschäftsbeziehungen zu verbundenen Unternehmen und welche Auswirkungen haben diese auf Umsatz und Ergebnis?
5. Bestehen Abhängigkeiten im Einkauf oder bei Konditionen?
6. Gibt es besondere Verbindungen zwischen dem Verkäufer und wichtigen Lieferanten?
7. Ist der Lagerbestand aktuell und verkäuflich oder besteht er zum überwiegenden Teil aus Ladenhütern?

## Produktion und Umwelt

1. Sind die Produktionsanlagen (Maschinen und Anlagen) auf dem Stand der Technik und werden diese regelmäßig gewartet?
2. Gibt es Reparatur- und Instandhaltungsrückstände? Wenn ja, was kostet deren Beseitigung?
3. Kann mit dem vorhandenen Maschinenpark eine ggf. geplante Produktionsausweitung realisiert werden?
4. Dürfen sämtliche Maschinen auch nach einer Sitzverlegung weiter betrieben werden oder genießen diese nur am derzeitigen Standort Bestandsschutz?
5. Sind alle erforderlichen Genehmigungen und Zertifizierungen vorhanden? Müssen diese ggf. neu beantragt werden?
6. Bestehen Umweltgefährdungen/Umweltrisiken?

## Organisation, IT

1. Liegt ein ausführliches Organigramm des Unternehmens mit detaillierten Stellen- und Kompetenzbeschreibungen vor?
2. Ergibt sich daraus, dass die Aufbauorganisation des Unternehmens stimmig ist und zur Größe des Unternehmens passt?
3. Gibt es eine klare Zuordnung von Zuständigkeiten und Verantwortlichkeiten?
4. Sind alle relevanten Abläufe (insbesondere Hauptleistungsprozesse) im Unternehmen sorgfältig und nachvollziehbar dokumentiert?
5. Gibt es ein Wissensmanagement-System?
6. Ist die EDV-Ausstattung zeitgemäß und ausfallsicher?
7. Sind alle Lizenzen vorhanden?
8. Ist die Sicherung der Daten funktional und dokumentiert? Gibt es Prüfungen über erfolgreiche Rücksicherungen?
9. Sind die abteilungsübergreifenden Abläufe funktional? Existieren einheitliche EDV-Systeme und/oder Schnittstellen?

## Personal

1. Ist das Personal qualifiziert? Werden laufend Fortbildungen besucht?
2. Sind die gezahlten Gehälter marktgerecht und stimmt das Gehaltsgefüge?
3. Passt die »Alterspyramide« der Mitarbeiter?
4. Liegen die Ausfallzeiten von Mitarbeitern über dem Durchschnitt? Warum?
5. Passt die Personalentwicklung zur Entwicklung des Umsatzes?
6. Wenn vorhanden: Ist eine gute Zusammenarbeit mit dem Betriebsrat möglich?
7. Sind die Konditionen der Arbeitsverträge und mit freien Mitarbeitern üblich?
8. Besteht die Gefahr, dass freie Mitarbeiter als Scheinselbstständige eingestuft werden?
9. Schweben Kündigungsrechtsstreite oder sind solche zu erwarten? Wie hoch wären etwaige Abfindungen?

10. Bestehen Pensionsverpflichtungen? Sind die Rückstellungen ausreichend dotiert?
11. Wer besetzt unternehmenskritische Schlüsselpositionen? Werden diese Personen auch nach Übernahme (wahrscheinlich) im Unternehmen bleiben?

## Sonstiges

1. Gab es in den letzten Jahren auffällige Wechsel im Gesellschafterkreis?
2. Bei beabsichtigtem Share-Deal: Sind die Einlagen geleistet und nicht wieder zurückgezahlt?
3. Bei beabsichtigtem Share-Deal: Gibt es Sonderrechte für einzelne Gesellschafter? Ergeben sich Besonderheiten aus den Gesellschafterbeschlüssen?
4. Bei beabsichtigtem Share-Deal: Stehen die Mehrheitsverhältnisse/Zustimmungserfordernisse einer sinnvollen Zusammenarbeit mit Mitgesellschaftern im Wege?
5. Sind die Konditionen für Miet-, Pacht-, Leasing-, Wartungsverträge etc. angemessen und die Laufzeiten passend? Können die Verträge (bei beabsichtigtem Asset-Deal) übernommen werden?
6. Gibt es Verbindlichkeiten aus noch nicht abgeschlossenen Geschäften?
7. Sind Rechtstreite anhängig oder drohen? Welche Konsequenzen drohen?
8. Wurden außergerichtlich Gewährleistungs-, Produkthaftungs- und Schadensersatzansprüche geltend gemacht?
9. Sind alle Steuererklärungen abgegeben?
10. Für welchen Zeitraum wurden Betriebsprüfungen durchgeführt? Drohen Risiken aus der Zeit danach?
11. Wurden Bürgschaften oder Garantien für Dritte gewährt?

# D. Liste der Diskontierungsfaktoren

| | Zinssatz | | | | | | | |
|---|---|---|---|---|---|---|---|---|
| Jahr | 4 | 4,5 | 5 | 5,5 | 6 | 6,5 | 7 | 7,5 |
| 1 | 0,962 | 0,957 | 0,952 | 0,948 | 0,943 | 0,939 | 0,935 | 0,930 |
| 2 | 0,925 | 0,916 | 0,907 | 0,898 | 0,890 | 0,882 | 0,873 | 0,865 |
| 3 | 0,889 | 0,876 | 0,864 | 0,852 | 0,840 | 0,828 | 0,816 | 0,805 |
| 4 | 0,855 | 0,839 | 0,823 | 0,807 | 0,792 | 0,777 | 0,763 | 0,749 |
| 5 | 0,822 | 0,802 | 0,784 | 0,765 | 0,747 | 0,730 | 0,713 | 0,697 |
| 6 | 0,790 | 0,768 | 0,746 | 0,725 | 0,705 | 0,685 | 0,666 | 0,648 |
| 7 | 0,760 | 0,735 | 0,711 | 0,687 | 0,665 | 0,644 | 0,623 | 0,603 |
| 8 | 0,731 | 0,703 | 0,677 | 0,652 | 0,627 | 0,604 | 0,582 | 0,561 |
| 9 | 0,703 | 0,673 | 0,645 | 0,618 | 0,592 | 0,567 | 0,544 | 0,522 |
| 10 | 0,676 | 0,644 | 0,614 | 0,585 | 0,558 | 0,533 | 0,508 | 0,485 |
| 11 | 0,650 | 0,616 | 0,585 | 0,555 | 0,527 | 0,500 | 0,475 | 0,451 |
| 12 | 0,625 | 0,590 | 0,557 | 0,526 | 0,497 | 0,470 | 0,444 | 0,420 |
| 13 | 0,601 | 0,564 | 0,530 | 0,499 | 0,469 | 0,441 | 0,415 | 0,391 |
| 14 | 0,577 | 0,540 | 0,505 | 0,473 | 0,442 | 0,414 | 0,388 | 0,363 |
| 15 | 0,555 | 0,517 | 0,481 | 0,448 | 0,417 | 0,389 | 0,362 | 0,338 |

| | Zinssatz | | | | | | | | |
|---|---|---|---|---|---|---|---|---|---|
| Jahr | 8 | 8,5 | 9 | 9,5 | 10 | 10,5 | 11 | 11,5 | 12 |
| 1 | 0,926 | 0,922 | 0,917 | 0,913 | 0,909 | 0,905 | 0,901 | 0,897 | 0,893 |
| 2 | 0,857 | 0,849 | 0,842 | 0,834 | 0,826 | 0,819 | 0,812 | 0,804 | 0,797 |
| 3 | 0,794 | 0,783 | 0,772 | 0,762 | 0,751 | 0,741 | 0,731 | 0,721 | 0,712 |
| 4 | 0,735 | 0,722 | 0,708 | 0,696 | 0,683 | 0,671 | 0,659 | 0,647 | 0,636 |
| 5 | 0,681 | 0,665 | 0,650 | 0,635 | 0,621 | 0,607 | 0,593 | 0,580 | 0,567 |
| 6 | 0,630 | 0,613 | 0,596 | 0,580 | 0,564 | 0,549 | 0,535 | 0,520 | 0,507 |
| 7 | 0,583 | 0,565 | 0,547 | 0,530 | 0,513 | 0,497 | 0,482 | 0,467 | 0,452 |
| 8 | 0,540 | 0,521 | 0,502 | 0,484 | 0,467 | 0,450 | 0,434 | 0,419 | 0,404 |
| 9 | 0,500 | 0,480 | 0,460 | 0,442 | 0,424 | 0,407 | 0,391 | 0,375 | 0,361 |
| 10 | 0,463 | 0,442 | 0,422 | 0,404 | 0,386 | 0,368 | 0,352 | 0,337 | 0,322 |
| 11 | 0,429 | 0,408 | 0,388 | 0,369 | 0,350 | 0,333 | 0,317 | 0,302 | 0,287 |
| 12 | 0,397 | 0,376 | 0,356 | 0,337 | 0,319 | 0,302 | 0,286 | 0,271 | 0,257 |
| 13 | 0,368 | 0,346 | 0,326 | 0,307 | 0,290 | 0,273 | 0,258 | 0,243 | 0,229 |
| 14 | 0,340 | 0,319 | 0,299 | 0,281 | 0,263 | 0,247 | 0,232 | 0,218 | 0,205 |
| 15 | 0,315 | 0,294 | 0,275 | 0,256 | 0,239 | 0,224 | 0,209 | 0,195 | 0,183 |

# E. Muster einer Vertraulichkeitsvereinbarung

Es gibt zahlreiche Formularbücher und in der Praxis sind unterschiedlichste Muster im Einsatz, die sich oft nur in Nuancen unterscheiden - auch wenn jeder Anwalt oder Berater im Regelfall auf sein Muster »schwört«. Für alle hier wiedergegebenen Muster gilt: Es sind nur Vorschläge, die im Einzelfall angepasst und sorgfältig geprüft werden müssen. Eine Garantie dafür, dass diese Muster bei Ihnen passen, können wir leider nicht übernehmen.

**Muster einer Vertraulichkeitsvereinbarung**

**Vertraulichkeitsvereinbarung**

zwischen ______________________________________

— nachfolgend Verkäufer genannt —

und ______________________________________

— nachfolgend Käufer genannt —

bezüglich ______________________________________

— nachfolgend Unternehmen genannt —

**Vorbemerkung**

1. Der Käufer interessiert sich dafür, das Unternehmen des Verkäufers, oder Teile davon oder eine Beteiligung an dem Unternehmen oder sämtliche Anteile an dem Unternehmen zu erwerben.
2. Der Verkäufer ist alleiniger Eigentümer/Gesellschafter des Unternehmens und bereit, dem Käufer alle das Unternehmen betreffenden Informationen zu übermitteln, die für eine Bewertung und Kaufentscheidung relevant sind.
3. Voraussetzung für die Aufnahme von Übernahmegesprächen und die Übergabe von Informationen und Firmenunterlagen ist, dass alle Maßnahmen vertraulichen Charakter haben.

Dies vorausgeschickt, schließen die Parteien die folgende

**Vertraulichkeitsvereinbarung**

1. Der Käufer verpflichtet sich, über die Tatsache, dass Gespräche über den Erwerb des Unternehmens bzw. der Vermögensgegenstände stattfinden sowie den Stand dieser Gespräche strengstens Stillschweigen gegenüber Dritten zu wahren.

2. Der Käufer verpflichtet sich, alle ihm in schriftlicher, mündlicher oder anderweitiger Form zur Verfügung gestellten Informationen und Unterlagen ausschließlich für die Prüfung des Erwerbs des Unternehmens zu nutzen und nur solchen Mitarbeitern bzw. Beratern zu offenbaren, die in diesen Prüfungsprozess eingebunden sind und die beruflich zur Verschwiegenheit verpflichtet sind. Insbesondere ver-

pflichtet sich der Käufer, die ihm überlassenen Informationen und Unterlagen nicht zu anderen Zwecken, insbesondere nicht zu Wettbewerbszwecken, zu nutzen und auch nicht an Dritte weiterzugeben oder öffentlich bekanntzumachen.

3. Der Käufer verpflichtet sich, mit den Arbeitnehmern des Unternehmens jeweils nur nach Zustimmung des Verkäufers (schriftlich oder in Textform) in Kontakt zu treten und diesen Arbeitnehmern weder unmittelbar noch mittelbar eine Arbeitsstelle anzubieten.

4. Der Käufer verpflichtet sich, unverzüglich nach Aufforderung durch den Verkäufer oder das Unternehmen sämtliche zur Verfügung gestellten schriftlichen oder elektronischen Informationen und Unterlagen und jegliche davon angefertigten Kopien oder sonstigen Vervielfältigungen an den Verkäufer zurückzugeben und elektronische Daten zu löschen.

5. Für den Fall, dass der Käufer oder einer seiner Mitarbeiter oder Berater die sich aus dieser Vertraulichkeitsvereinbarung ergebenden Pflichten verletzt, verpflichtet er sich, an den Verkäufer für jeden Fall der Zuwiderhandlung eine Vertragsstrafe in Höhe von 20.000,00 EUR [374] zu zahlen. Handelt es sich bei der Zuwiderhandlung gegen diese Vertraulichkeitsvereinbarung um einen andauernden Verstoß, verpflichtet er sich, für jeden Monat, in dem dieser Verstoß andauert, zu einer weiteren Zahlung im vorstehenden Sinne. Die Zahlung der Vertragsstrafe schließt die Geltendmachung eines weiteren Schadens durch den Verkäufer oder das Unternehmen nicht aus.

6. Auf diese Vereinbarung findet deutsches Recht unter Ausschluss der Kollisionsregeln Anwendung.

7. Gerichtsstand ist, soweit gesetzlich zulässig, der Sitz des Unternehmens.

8. Das Unternehmen stimmt dieser Vereinbarung ausdrücklich zu und ist mit der Weitergabe entsprechender Informationen an den Käufer einverstanden.[375]

9. Diese Vereinbarung wird mit Unterzeichnung durch den Verkäufer, den Käufer und das Unternehmen wirksam. Die Verpflichtungen aus dieser Vereinbarung treten fünf Jahre nach Wirksamwerden außer Kraft, soweit sie oder ihre Verletzung nicht vorher gerichtlich geltend gemacht sind.

10. Sollten einzelne Bestimmungen dieser Vereinbarung ganz oder teilweise unwirksam sein oder unwirksam werden, so wird dadurch die Gültigkeit der übrigen Ver-

---

374 Die Höhe der Vertragsstrafe muss im Einzelfall angepasst werden – sie soll gleichzeitig einen möglichen Schaden ersetzen und abschreckend wirken.

375 Eine Beteiligung des Unternehmens ist nicht erforderlich, wenn es keine eigene Rechtspersönlichkeit hat oder alle Anteile verkauft werden. Bei Einzelunternehmen genügt eine Vereinbarung zwischen dem Käufer und dem Verkäufer.

einbarung nicht berührt. Die weggefallene Bestimmung ist durch eine wirksame Regelung zu ersetzen, die dem entspricht, was die Parteien gewollt hätten.[376]

..., den ....

______________________ ______________________

(Unterschrift Käufer) (Unterschrift Verkäufer)

________________________________________

(Unterschrift Vertreter des Unternehmens)

376 Diese Salvatorische Klausel hat ihren Grund in § 139 BGB, der regelt dass im Zweifel die Nichtigkeit eines Teils des Rechtsgeschäfts zur Nichtigkeit des gesamten Rechtsgeschäfts führt.

# F. Muster Unternehmenskaufvertrag Share-Deal

**Muster: Unternehmenskaufvertrag Share-Deal**

**Kaufvertrag und Abtretung**[377]

zwischen ________________________________

– nachfolgend Verkäufer genannt –

und ________________________________

– nachfolgend Käufer genannt –

**§ 1**
**Vertragsgegenstand**

1. Der Verkäufer ist zu _____ % an der _____ GbR beteiligt.
2. Nach § _____ des Gesellschaftsvertrags der GbR ist die Abtretung dieses Gesellschaftsanteils mit Zustimmung sämtlicher Mitgesellschafter zulässig.[378] Alle Mitgesellschafter haben mit Gesellschafterbeschluss vom _____ der Übertragung des Anteils zugestimmt. Der betreffende Beschluss ist diesem Vertrag als **Anlage 1** beigefügt.

**§ 2**
**Übertragung/Erfüllung**

Der Verkäufer überträgt hiermit im Wege der Abtretung mit dinglicher Wirkung ab dem Stichtag seinen in § 1 genannten Anteil an der _____ GbR auf den Käufer. Der Käufer nimmt die Abtretung an.[379]

**§ 3**
**Stichtag**

Als Stichtag des wirtschaftlichen Übergangs der Beteiligung vereinbaren die Parteien den _____, _____ Uhr.[380]

---

377 Der Verkauf bezieht sich auf einen GbR-Anteil; bei anderen Gesellschaftsformen sind ggf. Anpassungen erforderlich; die Veräußerung eines GmbH-Anteils bedarf der notariellen Beurkundung.

378 Wenn die Gesellschafter es nicht anderes regeln, sind GbR-Anteile nicht bzw. nur mit Zustimmung aller Gesellschafter übertragbar, § 717 BGB. Wenn es im Gesellschaftsvertrag geregelt ist, ist auch die Übertragung ohne Zustimmung der Mitgesellschafter zulässig (sehr selten) oder mit Mehrheit der Stimmen der Gesellschafter (selten).

379 Wenn das Vermögen der GbR aus einem GmbH-Anteil besteht, kann unter Umständen ebenfalls Beurkundung erforderlich sein, BGH, Urteil vom 10.03.2008, II ZR 312/06.

380 Der Veräußerungsgewinn entsteht im Zeitpunkt des wirtschaftlichen Übergangs des Anteils. Die Beteiligten können daher durch entsprechende vertragliche Regelung klarstellen, ob eine Übertragung beispielsweise noch im alten Jahr zum 31.12. oder im neuen Jahr zum 01.01. erfolgen soll. Normalerweise ist die Gewinnrealisierung im Folgejahr für den Verkäufer günstiger.

## § 4
## Kaufpreis

1. Der Käufer verpflichtet sich, dem Verkäufer für dessen Anteil einen Kaufpreis in Höhe von _____ EUR zu zahlen.[381, 382] Der Kaufpreis ist am Stichtag fällig.[383]

2. Bei der Ermittlung des Kaufpreises sind die Parteien davon ausgegangen, dass das Kapital der GbR zum Stichtag _____ EUR entspricht.

3. Zahlt der Käufer erst nach dem vereinbarten Fälligkeitstermin, ist der Kaufpreis bis zum Zahlungstag mit 9 % über dem jeweiligen Basiszinssatz zu verzinsen. Die Geltendmachung eines höheren Verzugsschadens bleibt dem Verkäufer vorbehalten. Eine Stundung ist mit der Abrede nicht verbunden.

## § 5
## Jahresabschluss per Stichtag

Der Verkäufer verpflichtet sich, nach Abschluss dieses Vertrags den Jahresabschluss [384] für die Gesellschaft per Stichtag in Auftrag zu geben bzw. auf seine Mitgesellschafter dahingehend einzuwirken und spätestens in _____ Monaten den Abschluss vorzulegen.

## § 6
## Gewinn- und Verlustabgrenzung

1. Der bei der Gesellschaft auf Grund des gemäß § 5 aufzustellenden Jahresabschlusses per Stichtag ermittelte Gewinn steht dem Verkäufer zu.[385]

2. Der Käufer verpflichtet sich, dafür Sorge zu tragen, dass der gemäß § 6 Absatz 1 auf den Verkäufer entfallende Gewinn innerhalb von drei Monaten nach dem Stichtag an den Verkäufer ausgezahlt wird.[386]

---

381 Ggf. sollte angegeben werden, welcher Teil des Kaufpreises beispielsweise auf immaterielle Vermögensgegenstände, Maschinen oder Vorräte entfällt.

382 Weitere Möglichkeit: »Als Kaufpreis zahlt der Käufer an den Verkäufer eine Leibrente in Höhe von monatlich _____ EUR. Die Leibrente ist jeweils bis zum dritten Werktag eines Monats fällig. Sobald und sooft sich der vom Statistischen Bundesamt in Wiesbaden ermittelte Index der Verbraucherpreise für Deutschland auf der Basis für 2010 = 100 gegenüber dem Stand zum Stichtag um 10 % erhöht oder ermäßigt, verändert sich die monatliche Leibrente im entsprechenden prozentualen Verhältnis.«

383 Weitere Möglichkeit (nicht bei Leibrenten): »Der Kaufpreis ist in _____ gleichen monatlichen Raten zu je _____ EUR zu zahlen. Die Ratenzahlungen sind jeweils zum 1. eines Monats fällig. Erstmals am _____. Der Käufer verpflichtet sich, dem Verkäufer zur Sicherung des Kaufpreises eine unbedingt unbefristete, unwiderrufliche und selbstschuldnerische Bürgschaft einer deutschen Großbank über _____ EUR auszuhändigen.«

384 Bei einer Gewinnermittlung nach § 4 Abs. 3 EStG ist der richtige Terminus statt »Jahresabschluss« »Gewinnermittlung«.

385 Hier sind auch andere Regelungen möglich.

386 Die Zahlungspflicht trifft die Gesellschaft. Daher sollte der Käufer dies nur dann zusichern, wenn er die rechtzeitige Zahlung innerhalb der Gesellschaft auch durchsetzen kann.

3. Sollte die Gesellschaft per Stichtag einen Verlust ausweisen, vermindert sich der Kaufpreis anteilig um diesen Betrag. Sofern der Kaufpreis schon gezahlt ist, verpflichtet sich der Verkäufer, diesen Betrag innerhalb eines Monats nach Vorlage des Jahresabschlusses zurückzuzahlen.

**§ 7**
**Dauerschuldverhältnisse**

1. Die Gesellschaft ist aus den in der **Anlage 2** aufgelisteten längerfristigen Verträgen (Miet- und Pachtverträge, Versicherungsverträge, Leasingverträge, Lieferverträge etc.) berechtigt und verpflichtet. Käufer und Verkäufer werden gemeinsam auf die jeweiligen Gläubiger dahingehend einwirken, dass der Verkäufer aus der Verpflichtung entlassen wird. Soweit dies nicht gelingt, hat der Käufer den Verkäufer für jeden Fall der Inanspruchnahme so zu stellen, als sei der Verkäufer nicht mehr Schuldner des jeweiligen Vertragsverhältnisses.[387]

2. Die Gesellschaft nimmt die aus der **Anlage 3** ersichtlichen kurz-, mittel- und langfristigen Kredite in Anspruch. Der Verkäufer garantiert, dass die Kreditinanspruchnahme per Stichtag nicht mehr als _____ EUR beträgt.

**§ 8**
**Arbeitsverhältnisse**

1. Die Gesellschaft beschäftigt die aus der **Anlage 4** ersichtlichen Mitarbeiter. Aus der Anlage ergeben sich die jeweiligen Geburts- und Eintrittsdaten und das zurzeit von diesen bezogene monatliche Brutto-Entgelt.

2. Die Mitarbeiter der Gesellschaft haben Anspruch auf Sonderzahlungen bis maximal ein Monatsbrutto-Entgelt je Jahr (Urlaubs- und Weihnachtsgeld).

3. Mitarbeiter der Gesellschaft haben keinen Anspruch aus betrieblichen Pensionszusagen. Dies gilt auch für bereits aus der Gesellschaft per Stichtag ausgeschiedene Arbeitnehmer.

**§ 9**
**Laufende Prozesse**

Die Gesellschaft führt zurzeit keine Rechtsstreitigkeiten.[388]

**§ 10**
**Gewerbliche Schutzrechte**

Der Verkäufer garantiert, dass die aus der **Anlage 5** ersichtlichen Patente, Marken und sonstigen gewerblichen Schutzrechte uneingeschränkt der Gesellschaft zustehen.

---

387 Alternativ: »Der Verkäufer versichert, dass die Gesellschaft nicht durch Verträge gebunden ist, die nicht mit einer Frist von drei Monaten zum Jahresende kündbar sind.«

388 Wenn es Rechtsstreite gibt, sollten diese benannt oder in einer Anlage aufgeführt werden.

## § 11
## Zusicherungen und Garantien hinsichtlich des Gesellschaftsanteils

Der Verkäufer versichert, dass

a) hinsichtlich des verkauften Anteils keine Vor- und Ankaufsrechte Dritter bestehen,
b) der verkaufte Geschäftsanteil nicht sein gesamtes oder nahezu gesamtes Vermögen darstellt und er uneingeschränkt verfügungsberechtigt ist.[389]

## § 12
## Zusicherungen und Garantien hinsichtlich der GbR

1. Der Verkäufer versichert, dass
   a) die für die Jahre _____ und _____ vorgelegten Jahresabschlüsse der GbR den allgemein anerkannten Grundsätzen entsprechen, dass diese Jahresabschlüsse vollständig sind und die Vermögens- und Ertragslage der Gesellschaft zutreffend wiedergeben,
   b) die ausgewiesenen Forderungen nach den bekannten Umständen werthaltig sind.

2. Weiterhin versichert der Verkäufer, dass
   a) die Gesellschaft alle erforderlichen behördlichen Genehmigungen hat, um ihren Geschäftsbetrieb so zu führen, wie dies gegenwärtig tatsächlich geschieht;
   b) die Gesellschaft keine Bestimmungen des Wettbewerbsrechts oder des Gesetzes über den Umweltschutz verletzt;
   c) die von der Gesellschaft genutzten und ihr gehörenden Gebäude in Übereinstimmung mit den angewendeten Bauvorschriften und Bauplänen errichtet und unterhalten werden und dass die Einrichtungen der Gesellschaft die gesetzlichen und berufsgenossenschaftlichen Sicherheitsanforderungen erfüllen.

3. Der Verkäufer sichert zu, dass ihm nichts bekannt ist, was die Fortführung des Betriebes der Gesellschaft über den Stichtag hinaus berühren könnte.

4. Der Verkäufer sichert zu, dass die Gesellschaft alle bis zum Stichtag abzugebenden Steuererklärungen abgegeben hat und alle fälligen Steuern ausgleichen wird bzw. alle wirtschaftlich den Zeitraum bis zum Stichtag betreffenden Steuern in dem Jahresabschluss per Stichtag in ausreichender Höhe passiviert sein werden.

5. Der Verkäufer sichert zu, dass die von der Gesellschaft hergestellten und vertriebenen Erzeugnisse keine gewerblichen Schutzrechte Dritter verletzen.

6. Der Verkäufer sichert zu, dass die Bücher, Aufzeichnungen und Unterlagen der Gesellschaft ordnungsgemäß geführt sind und der Gesellschaft auch nach dem Stichtag uneingeschränkt zur Verfügung stehen.

---

389 Alternativ: »der verkaufte Geschäftsanteil nahezu sein gesamtes Vermögen darstellt, der Ehegatte der Übertragung zugestimmt hat. Die Zustimmungserklärung ist diesem Vertrag als Anlage __ beigefügt.«

### § 13
### Nichterfüllung der vertraglichen Garantien und Zusicherungen

1. Sollte sich innerhalb von zwei Jahren nach dem Stichtag herausstellen, dass eine oder mehrere der von dem Verkäufer gegebenen Garantien und Zusicherungen unzutreffend oder nicht eingehalten sind, hat der Verkäufer die Gesellschaft oder — nach Wahl des Käufers — den Käufer so zu stellen, wie die Gesellschaft oder der Käufer stehen würden, wenn die Zusicherung oder Garantie zutreffend gewesen wäre.

2. Die Rückabwicklung des Kaufvertrags wird auf den Fall beschränkt, dass die Gesellschaft ihren Geschäftsbetrieb nicht führen darf und dies dem Verkäufer bekannt war oder hätte bekannt sein müssen. Es besteht Einigkeit darüber, dass der Verkäufer nicht für Umstände und behördliche Auflagen einzustehen hat, die erst nach dem Stichtag eintreten oder erlassen werden und die dem Verkäufer nicht bekannt waren oder hätten bekannt sein müssen.

### § 14
### Überleitung des Betriebes

1. Der Verkäufer verpflichtet sich, als Gesellschafter der _____ GbR die Geschäfte der Gesellschaft bis zum Stichtag mit der Sorgfalt eines ordentlichen Geschäftsmannes zu führen. Alle zu treffenden Entscheidungen, welche über den Stichtag hinaus Bedeutung erlangen können, sind von dem Verkäufer rechtzeitig mit dem Käufer abzustimmen.

2. Der Verkäufer verpflichtet sich, dem Käufer spätestens ab dem _____ uneingeschränkt Einsicht in den Geschäftsbetrieb der _____ GbR zu gewähren und ihn soweit wie möglich einzuarbeiten.

3. Käufer und Verkäufer werden die Veräußerung des Anteils an der GbR gemeinschaftlich am ________ gegenüber der Belegschaft und gegenüber Kunden und Lieferanten der Gesellschaft und der Öffentlichkeit bekanntgeben.[390]

### § 15
### Wettbewerbsverbot

1. Der Verkäufer verpflichtet sich, für die Dauer von _____ Jahren nach dem Stichtag in einem Umkreis von _____ km um den Sitz der Gesellschaft in deren sachlichem Tätigkeitsbereich jeden Wettbewerb zu unterlassen. Der Verkäufer verpflichtet sich weiter, sich weder unmittelbar noch mittelbar an Unternehmen zu beteiligen, die im Wettbewerb mit der Gesellschaft stehen, als Mitarbeiter für solche Unternehmen tätig zu werden oder solche Unternehmen direkt oder indirekt zu fördern.

2. Der Verkäufer verpflichtet sich, für jeden Fall einer Zuwiderhandlung gegen das vorstehende Wettbewerbsverbot, eine Vertragsstrafe in Höhe von 50.000,00 EUR

390 Alternativ: »Die Parteien verpflichten sich, die Veräußerung des GbR-Anteils geheim zu halten und nicht vor dem Stichtag offen zu legen.«

zu zahlen. Bei Dauerverstößen gilt jeder Monat als ein Fall der Zuwiderhandlung. Dem Käufer bleibt vorbehalten, einen weiteren Schaden geltend zu machen.

**§ 16**
**Sonstige Vereinbarungen**

1. Nichtigkeit oder Anfechtbarkeit einzelner Bestimmungen dieses Vertrags berühren die Gültigkeit der übrigen Bestimmungen nicht. Sie haben nicht die Nichtigkeit oder Anfechtbarkeit des ganzen Vertrags zur Folge. Nichtige oder unwirksame Bestimmungen sind so umzudeuten, dass der mit ihnen beabsichtigte wirtschaftliche Zweck erreicht wird. Ist eine Umdeutung nicht möglich, sind die Vertragsschließenden verpflichtet, eine Vereinbarung zu treffen, die dem Zweck der unwirksamen oder nichtigen Bestimmung möglichst nahe kommt.

2. Änderungen dieses Vertrags bedürfen der Schriftform. Dies gilt auch für die Aufhebung dieses Schriftformerfordernisses.

3. Nebenabreden haben die Parteien nicht getroffen.

..., den ....

| ______________________ | ______________________ |
|---|---|
| (Unterschrift Käufer) | (Unterschrift Verkäufer) |

Anlage 1: Zustimmungsbeschluss der verbleibenden Gesellschafter der GbR

Anlage 2: Aufstellung der per Stichtag bestehenden Miet- und Pachtverträge, Versicherungsverträge, Leasingverträge, Belieferungs- und Bezugsrechte

Anlage 3: Aufstellung der kurz-, mittel- und langfristigen Kredite

Anlage 4: Aufstellung der per Stichtag bestehenden Arbeitsverhältnisse: Name, Geburtsdatum, Eintrittsdatum, monatliches Brutto-Entgelt

Anlage 5: Aufstellung der der Gesellschaft zustehenden Patente, Marken und sonstige gewerbliche Schutzrechte

# G. Muster Unternehmenskaufvertrag Asset-Deal

**Muster: Unternehmenskaufvertrag Asset-Deal**

**Kauf- und Übertragungsvertrag**[391]

zwischen ________________________________________

– nachfolgend Verkäufer genannt –

und ________________________________________

– nachfolgend Käufer genannt –

wird die folgende Vereinbarung geschlossen:

**Präambel**

Der Verkäufer betreibt unter der Anschrift ___________________________________
eine ____________________________________________________ (»Unternehmen«). Der Käufer beabsichtigt, den Geschäftsbetrieb zu erwerben und fortzuführen.

**§ 1**
**Gegenstand des Vertrags**

Der Verkäufer verkauft und überträgt an den Käufer nach Maßgabe dieses Vertrags hiermit seinen gesamten Geschäftsbetrieb, einschließlich des Rechts, die Firma fortzuführen.

**§ 2**
**Stichtage**

1. Bewertungsstichtag ist der ________. Auf diesen Zeitpunkt sind die Aufstellungen und Wertermittlungen der Wirtschaftsgüter erstellt worden, die zum Geschäftsbetrieb des Verkäufers gehören.

2. Vollzugsstichtag ist der Zeitpunkt, zu dem die Übertragung des Unternehmens an den Käufer vollzogen wird.

**§ 3**
**Wirtschaftsgüter**

Im Einzelnen werden die nachfolgend bezeichneten Gegenstände verkauft und übertragen:[392]

---

391 Der Vertrag bezieht sich auf den Verkauf eines Einzelunternehmens. Dieser muss ggf. auf andere Konstellationen angepasst werden. Ähnliche Vertragsmuster sind weit verbreitet.

392 Im Einzelnen auf das konkrete Unternehmen anpassen und nicht zutreffende Teile streichen.

1. **Anlagevermögen**[393]
   a) Alle zum Unternehmen des Verkäufers gehörenden Vermögensgegenstände, insbesondere die im Geschäftsbetrieb genutzten technischen Anlagen und Maschinen, andere Anlagen, Betriebs- und Geschäftsausstattungen und Betriebsvorrichtungen, die sich in den in **Anlage 1** besonders gekennzeichneten Geschäftsräumen befinden.[394]
   b) Alle geringwertigen Wirtschaftsgüter, die dem Geschäftsbetrieb dienen und sich in den Geschäftsräumen und in den Fahrzeugen des Verkäufers befinden.
   c) Alle dem Verkäufer zustehenden gewerblichen Schutzrechte einschließlich der Rechte an Geschäftsbezeichnungen, Marken und anderen Kennzeichen, Domain-Namen sowie Nutzungsrechte an Urheberrechten.[395]
   d) Alle dem Verkäufer zustehenden Nutzungsrechte an den in **Anlage 2** aufgeführten Softwareprodukten.[396]
   e) Sofern sich Gegenstände im Eigentum Dritter befinden, wird nicht das Eigentum verkauft und übertragen, sondern das dem Verkäufer jeweils zustehende Anwartschaftsrecht an diesen Gegenständen. Die entsprechenden Gegenstände sind in **Anlage 3** aufgeführt.[397]

2. **Umlaufvermögen**
   a) Alle Lagerbestände an Halbfertig- und Fertigprodukten sowie andere Gegenstände des Umlaufvermögens, die sich aus **Anlage 4** ergeben.
   b) Die Forderungen des Verkäufers aus Lieferung und Leistungen sowie sonstige Forderungen die aus dem Geschäftsbetrieb resultieren gemäß **Anlage 5**.
   c) Die Beteiligungen gemäß **Anlage 6**.

3. **Sonstige Vermögensgegenstände**
   Alle Vermögensgegenstände, die nicht in den vorstehenden Ziffern 1 bis 3 und den **Anlagen 1 bis 6** enthalten sind, jedoch zum Stichtag zum Geschäftsbetrieb gehören und im Betrieb genutzt werden.

4. **Unterlagen**
   Alle Unterlagen die mit den in Ziffern 1 bis 3 genannten Wirtschaftsgütern und Verträgen in Zusammenhang stehen (Geschäftsbücher, Auftragsbücher, Kunden- und Lieferantenlisten, Preislisten, Buchhaltungsunterlagen, Werbe- und Marketingunterlagen sowie sonstige Unterlagen).

---

393 Sofern Grundstücke übertragen werden sollen, muss der Vertrag zwingend beurkundet werden.

394 Wegen des sachenrechtlichen Bestimmtheitsgrundsatzes müssen die zu übereignenden Gegenstände genau bezeichnet werden. Auch der Verweis auf ein beigefügtes Inventar ist möglich.

395 Bei einem umfangreichen Bestand an Rechten kann es sinnvoll sein, diese in einer Anlage aufzulisten.

396 In der Praxis machen Softwarelizenzen immer wieder Probleme, weil die Lizenzbestimmungen der Hersteller nicht immer ohne Weiteres zu verstehen sind, was zur Folge hat, dass unklar ist, ob für die Produkte gültige Lizenzen existieren.

397 Dies betrifft insbesondere unter Eigentumsvorbehalt gekaufte Gegenstände und Gegenstände, die zur Sicherheit übereignet sind, beispielsweise im Rahmen der Finanzierung.

§ 4
**Verbindlichkeiten**

Der Käufer übernimmt die nachfolgend bezeichneten Verbindlichkeiten des Verkäufers, insbesondere:

a) die Verbindlichkeiten aus Lieferungen und Leistungen gemäß **Anlage 7** und
b) die vereinnahmten Anzahlungen auf Lieferungen und Leistungen gemäß **Anlage 8**.
c) Der Käufer übernimmt keine Aktiv- oder Passivprozesse des Verkäufers; er wird den Verkäufer jedoch bei anhängigen oder künftigen Prozessen nach besten Kräften unterstützen, insbesondere sämtliche erforderlichen Unterlagen und Informationen zur Verfügung stellen.

§ 5
**Verträge**

1. Der Käufer tritt in folgende Verträge des Verkäufers ein:
   a) Leasing- und sonstige Finanzierungsverträge, gemäß **Anlage 9**.
   b) Miet-/Pachtverträge, einschließlich sämtlicher damit im Zusammenhang stehender Ver- und Entsorgungsverträge (Strom, Wasser, Abfall und Abwasser) gemäß **Anlage 10**.
   c) Versicherungsverträge gemäß **Anlage 11**.
   d) Dienstleistungs-, Liefer- und Lieferantenverträge gemäß **Anlage 12**.

2. Weitere, in Ziffer 1 nicht genannte Verträge oder Vertragsangebote werden vom Käufer ausdrücklich nicht übernommen.

3. Der Verkäufer tritt hiermit alle Ansprüche aus den in Ziffer 1 genannten Verträgen gemäß **Anlagen 9 bis 12** mit Wirkung zum Vollzugsstichtag an den Käufer ab; der Käufer übernimmt im Innenverhältnis die Verpflichtungen des Verkäufers aus diesen Verträgen.

4. Der Verkäufer wird unverzüglich nach Unterzeichnung dieses Vertrags den jeweiligen Vertragspartner des Verkäufers auffordern, der Übertragung des jeweiligen Vertrags auf den Käufer zuzustimmen. Wird die Zustimmung nicht erteilt, wird der Verkäufer weiterhin als Vertragspartei auftreten, jedoch ausschließlich auf Weisung und für Rechnung des Käufers. Der Käufer ist verpflichtet, den Verkäufer von allen Verpflichtungen aus den übernommenen Verträgen freizustellen.

5. Soweit aus Lieferungen des Verkäufers im Rahmen des normalen Geschäftsbetriebs Gewährleistungsansprüche geltend gemacht werden, übernimmt der Käufer Nacherfüllungsansprüche ausschließlich im branchenüblichen Umfang. Der Käufer wird den Verkäufer bei der Regelung darüber hinausgehender Ansprüche nach besten Kräften unterstützen und ihm soweit möglich die erforderlichen Unterlagen zur Verfügung stellen.

## § 6
## Übergang

1. Der Verkäufer führt den Geschäftsbetrieb nach Unterzeichnung dieses Vertrages bis zum Vollzugsstichtag ausschließlich auf Rechnung des Käufers.

2. Verkäufer und Käufer sind sich darüber einig, dass Eigentum sowie Besitz, Nutzen und Lasten an den in § 3 bezeichneten Wirtschaftsgütern, die in § 4 bezeichneten Verbindlichkeiten sowie die in § 5 bezeichneten Verträge erst mit vollständiger Zahlung des Kaufpreises gemäß § 9 auf den Käufer übergehen.

3. Die Übergabe der zum Geschäftsbetrieb gehörenden beweglichen Gegenstände findet an dem Kalendertag statt, der dem Vollzugsstichtag unmittelbar vorangeht. Bei der Übergabe ist ein Protokoll zu erstellen und von den Parteien zu unterzeichnen. Der Käufer ist berechtigt, die verkauften beweglichen Wirtschaftsgüter nach Übergabe selbst in Besitz zu nehmen, sofern der Kaufpreis gemäß § 9 vollständig bezahlt ist.

## § 7
## Arbeitnehmer

1. Die Parteien sind sich darüber einig, dass die Arbeitsverhältnisse die zu dem durch diesen Vertrag übertragenen Geschäftsbetrieb gehören, kraft Gesetzes nach § 613a BGB auf den Käufer übergehen, soweit die Arbeitnehmer nicht widersprechen. Die vom Käufer übernommenen Arbeitsverhältnisse sind in **Anlage 13** aufgeführt. Der Käufer übernimmt alle Verpflichtungen aus diesen Arbeitsverhältnissen. Der Käufer wird den Verkäufer von Verpflichtungen aller Art aus diesen Arbeitsverhältnissen freistellen, soweit sie nicht ausschließlich die Zeit vor dem Stichtag betreffen. Der Verkäufer ist verpflichtet, die Arbeitnehmer unverzüglich nach Abschluss dieses Vertrags gemäß § 613a Absatz 5 BGB zu unterrichten.

2. Der Käufer übernimmt mit Wirkung zum Stichtag sämtliche Verträge mit freien Mitarbeitern, soweit diese zustimmen. Die entsprechenden Vertragsverhältnisse sind in **Anlage 14** aufgeführt.

## § 8
## Keine Übernahme von Verbindlichkeiten

Die Haftung des Käufers für die im Betrieb des Geschäfts des Verkäufers begründeten Verbindlichkeiten gemäß § 25 Abs. 1 HGB ist ausgeschlossen. Die Parteien verpflichten sich hiermit, den Haftungsausschluss im Handelsregister einzutragen und bekannt zu machen und sämtliche hierfür erforderlichen Handlungen vorzunehmen und Erklärungen abzugeben.

## § 9
## Kaufpreis

1. Der Kaufpreis für den übernommenen Geschäftsbetrieb (übernommene Wirtschaftsgüter abzüglich übernommene Verbindlichkeiten) beträgt insgesamt _____ EUR.[398, 399, 400]

2. Der Kaufpreis ist am __________ zur Zahlung fällig.[401]

3. Die Parteien gehen davon aus, dass der Kaufpreis nicht der Umsatzsteuer unterliegt, da eine Geschäftsveräußerung im Sinne von § 1 Abs. 1a UStG vorliegt. Sollte jedoch Umsatzsteuer anfallen, versteht sich der Kaufpreis zuzüglich der gesetzlichen Umsatzsteuer. Der Verkäufer wird dem Käufer in diesem Fall eine Rechnung mit gesondertem Umsatzsteuerausweis ausstellen. Die Umsatzsteuer ist zwei Wochen nach Zugang der Rechnung beim Käufer zur Zahlung fällig.

---

398 Alternativ: »Als Kaufpreis vereinbaren die Parteien die Zahlung einer lebenslangen Leibrente/Mindestrente im Betrag von ____ EUR monatlich an den Verkäufer und nach deren Tod an dessen Ehegatten. Die Leibrente ist jeweils bis zum ____ Werktag eines Monats im Voraus fällig. Erhöht oder ermäßigt sich der vom Statistischen Bundesamt veröffentlichte Verbraucherpreisindex für Deutschland auf der Basis 2010=100 gegenüber dem für den Monat des Übertragungsstichtags veröffentlichten Index um mindestens 10 %, so erhöht oder ermäßigt sich automatisch ab dem auf die Änderung folgenden Monat die monatliche Leibrente im entsprechenden prozentualen Verhältnis. Bei jeder weiteren Indexänderung gegenüber der jeweils letzten Änderung der Leibrente ist diese Regelung entsprechend anwendbar. Zur Sicherung des Rentenrechts verpflichtet sich der Käufer, dem Verkäufer zum Stichtag eine unbedingt unbefristete, unwiderrufliche und selbstschuldnerische Bürgschaft einer deutschen Großbank über _____ EUR auszuhändigen.«

399 Alternativ: »Als Kaufpreis vereinbaren die Parteien eine Beteiligung des Verkäufers am Netto-Umsatz des Käufers in Höhe von ____ % für die Dauer von ____ Jahren. Der Käufer legt dem Verkäufer durch Vorlage der von seinem Steuerberater erstellten Auswertungen spätestens vier Wochen nach Ablauf des Kalenderjahres Rechnung. Der Verkäufer kann von dem Käufer monatliche Abschlagszahlungen in Höhe von ____ EUR verlangen, die bei der Rechnungslegung am Jahresende entsprechend anzurechnen sind.«

400 Alternativ: »Als Kaufpreis vereinbaren die Parteien eine Gewinnbeteiligung des Verkäufers am Gewinn des Käufers in Höhe von ____ % für die Dauer von ____ Jahren. Grundlage ist der in der Gewinnermittlung nach § 4 Abs. 3 EStG (alternativ: Jahresabschluss) ausgewiesene zu versteuernde Gewinn. Der Käufer legt dem Verkäufer durch Vorlage der Gewinnermittlung nach § 4 Abs. 3 EStG (alternativ: Jahresabschluss) spätestens drei Monate nach Ablauf des Kalenderjahres Rechnung. Der Verkäufer kann vom Käufer monatliche Abschlagszahlungen in Höhe von ____ EUR verlangen, die bei der Rechnungslegung entsprechend anzurechnen sind.«

401 Alternativ: »Der Kaufpreis in Höhe von _____ EUR ist zahlbar in ___ Monatsraten in Höhe von jeweils ____ EUR und einer Schlussrate in Höhe von ____ EUR, beginnend ab dem _____. Der Betrag ist jeweils am ____ Werktag des Monats fällig. Der Verkäufer behält sich bis zur vollständigen Bezahlung der gesamten Kaufpreises und Erfüllung aller Ansprüche aus diesem Vertrag das Eigentum an sämtlichen Kaufgegenständen vor. Der Käufer darf die Gegenstände mit Zustimmung des Verkäufers im Rahmen des gewöhnlichen Geschäftsganges nutzen. Diese Zustimmung gilt bis zu einem jederzeit möglichen Widerruf als erteilt.«

**§ 10**
**Gewährleistung**

1. Die Parteien sind sich darüber einig, dass ein Rechts- bzw. Sachmangel vorliegt, wenn eine der nachfolgenden Erklärungen des Verkäufers sich als nicht zutreffend erweist – eine Garantie im Sinne des § 443 BGB bzw. eine selbstständige Garantie im Sinne des § 311 Abs. 1 BGB wird vom Verkäufer jedoch nicht übernommen:
   a) In der Zeit zwischen Bewertungsstichtag und Vertragsabschluss wurden die Geschäfte des Verkäufers nur im Rahmen des normalen Geschäftsbetriebs nach den ordnungsgemäßen kaufmännischen Grundsätzen geführt. In dieser Zeit sind weder außergewöhnliche Geschäftsvorfälle oder Rechtsgeschäfte eingetreten noch wurden diese vorgenommen.
   b) Die verkauften Aktiva stehen – mit Ausnahme der im Rahmen des Wareneinkaufs begründeten branchenüblichen Eigentumsvorbehaltsrechte und mit Ausnahme der in **Anlage 3** bezeichneten Wirtschaftsgüter – im Eigentum des Verkäufers und sind nicht mit Rechten Dritter belastet.[402]
   c) Die gewerblichen Schutzrechte, Urheber-, Leistungsschutz- und Nutzungsrechte stehen dem Verkäufer uneingeschränkt zu, sind nicht gekündigt und nicht Gegenstand von Rechtsstreitigkeiten. Die für die Aufrechterhaltung dieser Rechte geschuldeten Gebühren sind sämtlich bezahlt.[403]
   d) Alle für den Geschäftsbetrieb des Verkäufers erforderlichen behördlichen Genehmigungen sind erteilt. Nach bestem Wissen des Verkäufers steht weder ein Widerruf noch eine Einschränkung dieser Erlaubnisse bevor.
   e) Der Verkäufer hat für Steuern, die sich auf den Betrieb des Unternehmens gründen (§ 75 AO) alle abzugebenden Steuererklärungen abgegeben und alle fälligen Steuern bezahlt oder für Steuern ausreichende Rückstellungen gebildet. Das gleiche gilt für die Meldungen an Sozialversicherungsträger und die Abführungen der Sozialversicherungsbeiträge.
   f) Die vorgelegten Jahresabschlüsse der Gesellschaft sowie die betriebswirtschaftlichen Auswertungen entsprechen den Grundsätzen einer ordnungsgemäßen Buchführung und Bilanzierung und sind nach den allgemein anerkannten Bilanzierungs- und Bewertungsgrundsätzen erstellt worden. Die dem Steuerberater zur Erstellung der Abschlüsse zugänglich gemachten Unterlagen waren zutreffend und vollständig.[404]

2. Erweisen sich die vorstehenden Erklärungen des Verkäufers als unzutreffend, ist der Käufer berechtigt, als Nacherfüllung entsprechend § 439 BGB die Beseitigung des Mangels innerhalb einer angemessenen Frist, spätestens innerhalb von vier Wochen ab Zugang einer entsprechenden Aufforderung, zu verlangen. Kommt der Verkäufer diesem Verlangen nicht nach, so ist der Käufer berechtigt, Schadenser-

402 Denken Sie hier auch an Raumsicherungsübereignungen zugunsten der Banken.
403 Zu den Möglichkeiten des Urhebers bei Übertragung des Urheberrechts siehe § 34 UrhG.
404 Alternativ: »Die für die Jahre _____ und _____ vorgelegten Gewinnermittlungen nach § 4 Abs. 3 EStG sowie die Einnahmen-Ausgaben-BWA zum __.__.20__ entsprechen den allgemein anerkannten Grundsätzen. Die dem Steuerberater zur Erstellung der Abschlüsse zugänglich gemachten Unterlagen waren zutreffend und vollständig.«

satz anstelle der vorgenannten Nacherfüllung zu verlangen. Letzteres gilt auch, wenn der Nacherfüllungsanspruch nicht durchsetzbar ist.[405]

3. Schadensersatz kann nur geltend gemacht werden, wenn die Ansprüche im Einzelfall _____ EUR und in der Summe der Einzelfälle den Betrag von _____ EUR übersteigen. Die Geltendmachung von Schadensersatzansprüchen ist insgesamt auf den Betrag von _____ EUR begrenzt.

4. Das Recht auf Rückgängigmachung dieses Vertrags und auf Kaufpreisminderung wird ausgeschlossen, soweit in diesem Vertrag nicht ausdrücklich etwas anderes bestimmt ist.

5. Sollte sich aufgrund von Betriebsprüfungen (Steuerprüfungen, Prüfungen durch Sozialversicherungsträger o.Ä.) für Zeiträume bis zum Stichtag ein tatsächlicher Mehraufwand ergeben, der nicht durch entsprechende Rückstellungen gedeckt ist, ist der Verkäufer verpflichtet, den sich ergebenen ungedeckten Mehraufwand innerhalb eines Monats nach Bestandskraft des ergangenen Bescheides auszugleichen. Ergeben sich Erstattungsansprüche, sind die entsprechenden Beträge innerhalb des gleichen Zeitraums an den Verkäufer auszuzahlen. Reine Periodenverschiebungen sind unbeachtlich und führen weder zu einer Ersatz- noch einer Erstattungspflicht.

   Der Verkäufer ist von Betriebsprüfungen unverzüglich und umfassend zu unterrichten. Er hat das Recht, an allen Besprechungen, Entscheidungen und Vereinbarungen anlässlich einer Betriebsprüfung mitzuwirken. Auf Verlangen und auf Kosten des Verkäufers wird der Käufer Rechtsmittel gegen die aufgrund einer Betriebsprüfung ergangenen Bescheide einlegen. Vergleiche dürfen nicht ohne Zustimmung des Verkäufers abgeschlossen werden.

6. Jede sonstige Verpflichtung des Verkäufers gegenüber dem Käufer, gleich aus welchem rechtlichen oder tatsächlichen Grund und ob bekannt oder erkennbar oder nicht, ist ausgeschlossen, soweit in diesem Vertrag nicht ausdrücklich etwas anderes bestimmt ist. Dies umfasst ausdrücklich sowohl Sach- oder Rechtsmängel, Vertragsverletzungen, ein Verschulden vor oder bei Vertragsschluss sowie sonstige Rechtsgründe. Der Käufer stellt den Verkäufer von solchen Ansprüchen frei. Ansprüche aus vorsätzlichem Handeln des Verkäufers werden durch die Bestimmungen dieses Vertrags nicht eingeschränkt.

7. Alle Ansprüche des Käufers verjähren mit Ablauf von zwei Jahren nach Abschluss dieses Vertrags, soweit sich nicht aus zwingenden gesetzlichen Vorschriften eine längere Verjährungsfrist ergibt. Ansprüche des Käufers gegen den Verkäufer aufgrund § 10 Ziffer 5 dieses Vertrags verjähren mit Ablauf von drei Monaten, nachdem der jeweilige Veranlagungs-, Erhebungs- oder sonstige Bescheid bestandskräftig geworden ist.

405 Siehe §§ 275 Abs. 2 bzw. 3 oder 439 Abs. 3 Satz 1 BGB.

**§ 11**
**Vertraulichkeit**

Der Verkäufer verpflichtet sich gegenüber dem Käufer, für die Dauer von vier Jahren ab dem Zeitpunkt des Wirksamwerdens der Abtretung der Geschäftsanteile seine Kenntnisse über die Gesellschaft und ihren Geschäftsbetrieb gegenüber Dritten geheim zu halten, soweit die betreffenden Umstände nicht öffentlich bekannt sind und soweit nicht gesetzliche Offenlegungsvorschriften entgegenstehen. Dies umfasst auch Presseerklärung und Ähnliches.

**§ 12**
**Sonstiges**

1. Der Verkäufer versichert, dass das veräußerte Unternehmen nicht im Wesentlichen sein gesamtes oder nahezu gesamtes Vermögen darstellt.[406]

2. Klarstellend wird festgehalten, dass folgende Wirtschaftsgüter und Verbindlichkeiten von der Übertragung im Rahmen dieses Vertrags ausgeschlossen sind: Bargeld, Steuerschulden und -erstattungsansprüche, welche die Zeit bis einschließlich zum Stichtag betreffen[407].

3. Für diesen Vertrag gilt das Recht der Bundesrepublik Deutschland. Ausschließlicher Gerichtsstand ist _____.

4. Sollte eine Bestimmung dieses Vertrags unwirksam oder undurchführbar sein oder werden, so berührt dies die Wirksamkeit des Vertrags im Übrigen nicht. Die Parteien verpflichten sich vielmehr, in einem derartigen Fall eine wirksame oder durchführbare Bestimmung an die Stelle der unwirksamen oder undurchführbaren zu setzen, die dem Geist und dem Zweck der zu ersetzenden Bestimmung so weit wie möglich entspricht; dasselbe gilt für etwaige Lücken im Vertrag.

5. Änderungen oder Ergänzungen dieses Vertrags bedürfen der Schriftform.

..., den ....

| | |
|---|---|
| ____________________ | ____________________ |
| (Unterschrift Käufer) | (Unterschrift Verkäufer) |

406 Alternativ: »Das veräußerte Unternehmen stellt (nahezu) das gesamte Vermögen des Verkäufers dar. Die Zustimmung des Ehegatten zur Übertragung des Unternehmens liegt vor und wird dem Vertrag als Anlage __ beigefügt.«

407 Ggf. ergänzen.

| | |
|---|---|
| Anlage 1: | Aufstellung der Vermögensgegenstände |
| Anlage 2: | Aufstellung der Softwarelizenzen |
| Anlage 3: | Gegenstände im Eigentum Dritter |
| Anlage 4: | Lagerbestände an Halbfertig- und Fertigprodukten sowie andere Gegenstände des Umlaufvermögens |
| Anlage 5: | Aufstellung der Forderungen aus Lieferungen und Leistungen und sonstiger Forderungen |
| Anlage 6: | Aufstellung der Beteiligungen |
| Anlage 7: | Aufstellungen der Verbindlichkeiten aus Lieferungen und Leistungen |
| Anlage 8: | Aufstellung der erhaltenen Anzahlungen |
| Anlage 9: | Aufstellung der Leasing- und Finanzierungsverträge |
| Anlage 10: | Aufstellung der Miet- und Pachtverträge/Ver- und Entsorgungsverträge |
| Anlage 11: | Aufstellung der Versicherungsverträge |
| Anlage 12: | Aufstellung der Dienstleistungs-, Zuliefer- und Lieferantenverträge |
| Anlage 13: | Aufstellung der Arbeitnehmerinnen |
| Anlage 14: | Aufstellung der freien Mitarbeiter |

# H. Muster nach § 613a Abs. 5 BGB

**Muster: Übergang des Arbeitsverhältnisses**

An

Frau/Herr ___________ [Name]

_________________ [Adresse][408]

Nordstadt, den 07.01.2017

**Übergang Ihres Arbeitsverhältnisses**

Sehr geehrte/r __________,

wie Sie schon auf der Mitarbeiterversammlung am 05.01.2017 erfahren haben, habe ich mein Unternehmen an die Tek GmbH verkauft. Herrn Tek haben Sie bereits kennengelernt.

Mit diesem Schreiben möchte ich Sie gemäß § 613a Abs. 5 des Bürgerlichen Gesetzbuches (BGB) im Einzelnen über den Verkauf des Betriebs und die daraus entstehenden Folgen unterrichten.

Neue Inhaberin des Betriebs ist die Tek GmbH, Industriestraße 12, 89765 Südstadt, vertreten durch ihren Geschäftsführer Stefan Tek.

Der Übergang hat stattgefunden zum 01.01.2017.[409]

Rechtsgrund für den Betriebsübergang ist der »Kaufvertrag über den Betrieb der Technische Bedarfe Peter Meier« zwischen mir und der Tek GmbH vom 20.12.2016, mit dem diese das bewegliche Anlagen- und das Umlaufvermögen des Betriebs Technische Bedarfe Peter Meier erworben hat. Das Betriebsgrundstück wurde nicht mitverkauft.[410]

Gründe für den Verkauf waren zum einen, dass ich keinen Nachfolger habe, der das Unternehmen fortführen könnte, wenn ich in den Ruhestand gehe. Daneben haben auch die geänderten Erwartungen unserer Kunden es erforderlich gemacht, in einem größeren räumlichen Gebiet präsent zu sein.

Die Tek GmbH ist seit fast zwei Jahrzehnten erfolgreich in unserem Marktsegment tätig und beschäftigt 9 Mitarbeiter. Der Gründer und Geschäftsführer Stefan Tek hat nach seiner Lehre über viele Jahre bei einem der großen Hersteller in unserer Branche gearbeitet; in dieser Zeit hat er nebenberuflich ein FH-Studium zum Elektroingenieur abgeschlossen. Er verfügt über gute Kontakte in die Branche und das entsprechende Know-how im technischen Vertrieb.

---

408 Die Unterrichtung hat in Textform nach § 126b BGB zu erfolgen. Die Erklärung muss so abgegeben werden, dass sie in Schriftzeichen lesbar, die Person des Erklärenden genannt und der Abschluss der Erklärung erkennbar gemacht ist (durch Namensnennung des Erklärenden, Nachbildung der Namensunterschrift oder anderes). Der Arbeitgeber kann daher auch per E-Mail, per Fax oder per Aushang am schwarzen Brett informieren.

409 Bzw. »ist geplant für den ___«.

410 BAG 31.01.2008, 8 AZR 1116/06.

Künftig soll vom bisherigen Standort der Tek GmbH in Südstadt die »Region Süden« betreut werden, während vom Standort der bisherigen Technische Bedarfe Peter Meier in Nordstadt die Region Norden betreut werden soll.

Die Tek GmbH will den Betrieb unverändert als eigene Niederlassung führen. Personalanpassungen sind nicht geplant. Geplant ist allerdings eine Fortbildung für alle Mitarbeiter mit dem bei der Käuferin eingesetzten Warenwirtschaftssystem P+S, das auch im hiesigen Betrieb eingesetzt werden soll.

Der Außenauftritt wird künftig einheitlich unter Tek GmbH erfolgen; auch der Außenauftritt wird unter tek-xxl.de zusammengefasst.

Nach § 613a Abs. 1 Satz 1 BGB tritt die Tek GmbH als neue Inhaberin in alle Rechte und Pflichten aus dem bestehenden Arbeitsverhältnis ein. Ihr Arbeitsvertrag wird durch die neue Inhaberin ohne Einschränkungen übernommen, sodass Ihre Rechte, wie beispielsweise Gehaltsansprüche, Urlaubsansprüche etc., vollständig bestehen bleiben.

Sie haben das Recht, innerhalb **eines Monats** vom Tag des Zugangs dieses Schreibens an, dem Übergang des Arbeitsverhältnisses auf den neuen Arbeitgeber zu widersprechen.

Dieser Widerspruch muss schriftlich erfolgen und kann von Ihnen sowohl an mich als Ihren bisherigen Arbeitgeber als auch an die neue Inhaberin adressiert werden.

Ein solcher Widerspruch hat zur Folge, dass Ihr Arbeitsverhältnis nicht auf den neuen Inhaber, die Tek GmbH, übergehen wird, sondern mit mir fortbesteht. In diesem Fall wird Ihr Arbeitsverhältnis allerdings aller Voraussicht nach betriebsbedingt gekündigt werden müssen, da ihr Arbeitsplatz auf Grund des Übergangs meines Unternehmens auf die Tek GmbH nicht mehr besteht und deshalb keine Beschäftigungsmöglichkeit mehr für Sie existieren wird.

Für alle Verpflichtungen des Arbeitgebers Ihnen gegenüber haftet nach dem Betriebsübergang die Erwerberin meines Unternehmens. Daneben hafte auch ich als bisheriger Inhaber für alle Ansprüche, soweit diese vor dem Zeitpunkt des Übergangs des Unternehmens entstanden sind und vor Ablauf von einem Jahr nach diesem Zeitpunkt fällig werden. Werden solche Verpflichtungen nach dem Zeitpunkt des Übergangs fällig, so hafte ich als bisheriger Inhaber nur anteilig in dem Verhältnis, der dem Teil des Bemessungszeitraums entspricht, der beim Übergang bereits abgelaufen war.

Für den Erwerber des Einzelunternehmens gelten wie bislang die allgemeinen gesetzlichen Möglichkeiten und Beschränkungen einer Kündigung. Eine Kündigung wegen des Betriebsübergangs ist aber unzulässig.

Mit freundlichen Grüßen

________________________

Unterschrift bisheriger Arbeitgeber

Schreiben erhalten:

________________________________________________

Ort/Datum/Unterschrift Arbeitnehmer

# Literaturverzeichnis

Arbeitsgemeinschaft der Wert ermittelnden Betriebsberater im Handwerk (Hrsg.): *Handbuch Unternehmensbewertung im Handwerk. AWH-Standard, Version 5.0.* Stand 01.05.2016

Bauer, Christoph: *Projektmanagement. Erfolgsfaktoren bei Distressed M&A-Projekten.* In: Bauer, Christoph/von Düsterlho, Jens-Eric (Hrsg.): Distressed Mergers & Acquisitions. Wiesbaden, 2016

Bauer, Joachim (Hrsg.): *Die GmbH in der Krise.* Bonn, 2013

Bayerisches Landesamt für Datenschutzaufsicht (Hrsg.): *7. Tätigkeitsbericht 2015/2016.* Ansbach, 2017

Bayerisches Landesamt für Datenschutzaufsicht (Hrsg.): *Pressemeldung vom 30.07.2015*

Bayerisches Landesamt für Steuern (Hrsg.): ErbSt-Kartei (28.02.2013), § 12 Abs. 5, Anlage 1 zu Karte 9

Berkshire Hathaway Inc. (Hrsg.): *Chairman's Letter 2008*

Berning, Detlef/Novak, Andreas: *Erfolgsfaktoren der Kanzleinachfolge jenseits von Recht und Steuern.* Wiesbaden, 2010

Berude, André/Hotze, Doreen/Mikulsky, Thomas/Rammrath, Michael. In: Handelskammer Hamburg (Hrsg.): *Notfall-Handbuch für Unternehmen.* Hamburg, 2014

Bestmann, Uwe: *Betriebswirtschaftliche Formelsammlung: Kommentierte Kennzahlen.* München, 2011

Blöse, Jochen: *Fallstricke bei der Erwerberhaftung nach § 25 HGB.* In: GStB Gestaltende Steuerberatung, 03/2010

Boddenberg, Mark/Ringstmeier, Andreas: *Abschnitt: G. Verwaltung und Verwertung der Insolvenzmasse.* In: Schmidt, Thomas B./Haarmeyer, Hans/Albrecht, Achim (Hrsg.): *Praxis und Ausbildung im Insolvenzbüro.* Köln, 2010

Börjeson, Lena: *Handbuch für Projektkiller. Projekte verzögern, blockieren, sabotieren.* Köln, 2008

Borstel, Rainer/Schoor, Hans, W.: *Kauf und Bewertung einer Steuerberaterpraxis.* Herne, 2001

Breidenbach, Berthold: *Überlegungen zur Ermittlung des Wertes einer Steuerberaterpraxis.* In: Deutsches Steuerrecht (DStR), 1991

Bundesärztekammer: *Richtlinie zur Bewertung von Arztpraxen*. In: Deutsches Ärzteblatt Jahrgang 2008, Nr. 51/52

Bundeskriminalamt (Hrsg.): *Polizeiliche Kriminalstatistik Bundesrepublik Deutschland Jahrbuch 2015*. Wiesbaden o. J.

Bundesministerium für Wirtschaft und Energie (Hrsg.): *Unternehmensnachfolge: Die optimale Planung*. Berlin, 2016

Bundesrechtsanwaltskammer: *Aus der Arbeit des Ausschusses Bewertung von Anwaltskanzleien*. Zur Bewertung von Anwaltskanzleien. BRAK-Mitt., 6/2009

Bundessteuerberaterkammer: *Hinweise für die Ermittlung des Wertes einer Steuerberaterpraxis, Beschluss des Präsidiums der Bundessteuerberaterkammern vom 30.6.2010*

Bundessteuerberaterkammer/Institut für Freie Berufe (IFB) an der Friedrich-Alexander-Universität: *STAX 2012. Statistisches Berichtssystem für Steuerberater*. Nürnberg, 2013

Butz, Jochen/Mortensen, Frank/Butz, Stefan: *Die Bewertung freiberuflicher Unternehmen*. In: Der Sachverständige, 7—8/2012

Deutsche Rentenversicherung Bund (Hrsg.): Rente 2015: *Rentenzugang, Rentenwegfall, Rentenänderung und Rentenbestand. Statistik der Deutschen Rentenversicherung*, Band 206. Berlin, 2016

Deutsche Vereinigung für Finanzanalyse und Asset Management DVFA e. V.: *DVFA-Arbeitskreis Corporate Transactions and Valuation, Best-Practice-Empfehlungen Unternehmensbewertung*. Dezember, 2012

Dobelli, Rolf: *Die Kunst des klaren Denkens*. München, 2011

Dobelli, Rolf: *Die Kunst des klugen Handelns*. München, 2012

Drukarczyk, Jochen/Schüller, Andreas: *Unternehmensbewertung*. München, 2009

Ehlers, Harald: *Abschnitt: M. Sanierungsarbeit im Insolvenzbüro*. In: Schmidt, Thomas B./Haarmeyer, Hans/Albrecht, Achim (Hrsg.): *Praxis und Ausbildung im Insolvenzbüro*. Köln, 2010

Fischer, Thomas: *Was zählt die Statistik der Polizei?*. www.zeit.de/gesellschaft/zeitgeschehen/2015-05/polizei-kriminalstatistik-aufklaerungsquote-aussagekraft/komplettansicht, 12.05.2015, aufgerufen am: 23.05.2017

Gräfer, Horst/Gerenkamp, Thorsten: *Bilanzanalyse*. Herne, 2015

Graven, Julia: *So gelingt die Finanzierung*. In: impulse Magazin, 07/2015

Griffin, Tren: Charlie Munger: *Ich habe dem nichts mehr hinzuzufügen*. München, 2006

Großfeld, Bernhard: *Recht der Unternehmensbewertung*. Köln, 2012

Hackspiel, Thorsten/Fries, Walter: *Unternehmensbewertung von KMU – Prozessuale und quantitative Besonderheiten*. In: M&A Review, 3/2010

Hans-Böckler-Stiftung (Hrsg.): *Bilanzpolitik und Jahresabschlussanalyse, Kapitel 2 – Instrumente und Methoden der Bilanzpolitik*. Düsseldorf, 2010

Hedtstück, Michael: Akquisitionsfinanzierung: *Mit stumpfen Waffen*. www.finance-magazin.de/geld-liquiditaet/kredite-und-anleihen/akquisitionsfinanzierung-mit-stumpfen-waffen-1072682, 15.03.2012

Henselmann, Klaus/Barth, Thomas: *Unternehmensbewertung in Deutschland: Empirie zur Bewertungspraxis*. Norderstedt, 2009

Hetzer, Jonas: *Hier kommt Udo*. In: impulse Magazin, 01/2012, auch verfügbar unter www.impulse.de/finanzen-vorsorge/hier-kommt-udo/1027401.html, abgerufen am 07.05.2017

Hilgard, Mark C.: *Break-up-Fees beim Unternehmenskauf*. In: Betriebsberater (BB), 2008

Hoffelner, Matthias: *Akquisitionsfinanzierung als Mittel zur Umsetzung der Unternehmensnachfolge*. In: BBP Betriebswirtschaft im Blickpunkt, 07/2006

Hötten, Baldur: *Die Bewertung einer Freiberuflerpraxis: Der Einstieg in die Kaufpreisfindung*. In: KP Kanzleiführung professionell, 03/2002

Hötten, Baldur: *Die Bewertung einer Steuerberaterpraxis nach dem DCF-Verfahren*. In: KP Kanzleiführung professionell, 08/2002

Hötten, Baldur: *Kaufpreisfindung bei Freiberuflerpraxen: »Modifizierte Ertragswertmethode« oder »Umsatzwertverfahren«?*. In: KP Kanzleiführung professionell, 05/2002

IDW (Hrsg): IDW-Verlautbarung S 1, *Grundsätze Unternehmensbewertungen* i. d. F. 2008, WPg Supplement 3/2008, S. 68 ff., FN-IDW 7/2008, S. 271 ff. (zitiert als: IDW S 1)

IDW/FAUB, Fachausschuss für Unternehmensbewertung und Betriebswirtschaft im IDW: *Fragen und Antworten zur praktischen Anwendung des IDW Standards Grundsätze zur Durchführung von Unternehmensbewertungen (IDW S 1 i. d. F. 2008)*, verabschiedet vom FAUB am 19.12.2011. In: FN-IDW, 2012

Kahneman, Daniel: *Schnelles Denken, langsames Denken*. München, 2012

Kay, Rosemarie/Suprinovič, Olga: *Unternehmensnachfolgen in Deutschland 2014 bis 2018*. In: Institut für Mittelstandsforschung Bonn (Hrsg.): *Daten und Fakten Nr. 11*. Bonn, 2013

Kilian, Matthias: *Der Erwerb von Kanzleien und Sozietätsanteilen durch junge Anwälte*. In: Anwaltsblatt (AnwBl), 2016

Klein, Franz (Begr.): *Kommentar zur Abgabenordnung (AO)*. München, 2016 (zitiert als: Klein/Bearbeiter)

Knief, Peter: *Der kalkulatorische Unternehmerlohn für Einzelunternehmer und Personengesellschafter*. In: Der Betrieb (DB), 2010

Knief, Peter: *Ein Standardschema für die Einnahmenüberschussrechnung*. In: DStR, 2005

Koch, Wolfgang: *Unternehmensnachfolge planen, gestalten und umsetzen*. Stuttgart, 2016

Kölbel, Christoph: *Wahnsinn Ehe? Privatbeziehungsgestaltung für Anwälte – Wie Lebens- und Sozietätspartnerschaft zusammenhängt – vom Wert des Ehevertrags*. In: Anwaltsblatt (AnwBl), 2014

König, Rolf/Maßbaum, Alexandra/Sureth-Sloane, Caren: *Besteuerung und Rechtsformwahl*. Herne, 2016

Kranebitter, Gottwald (Hrsg.): *Unternehmensbewertung für Praktiker*. Wien, 2007

Kruschwitz, Lutz: *Risikoabschläge, Risikozuschläge und Risikoprämien in der Unternehmensbewertung*. In: Der Betrieb (DB), 2001

Kutt, Florian/Möllmann, Peter: *Gewerbesteuerliche Auswirkungen des Verkaufs von Mitunternehmeranteilen durch Kapital- oder Personengesellschaften*. In: Der Betrieb (DB), 2010

Lehmann, Dominik: *Objektivierte Unternehmensbewertung unter Berücksichtigung der Verlautbarungen des IDW*. In: BBP Betriebswirtschaft im Blickpunkt, 12/2013

Lowenstein, Roger: *Buffet*. Kulmbach, 2009

Lutter, Marcus/Hommelhoff, Peter (Hrsg.): *GmbH-Gesetz – Kommentar*. 18. Aufl., Köln, 2012

Minninger, Heiko: *Wechsel der Gewinnermittlungsart: Von der EÜR zur Bilanzierung*. In: MBP Mandat im Blickpunkt, 11/2011

Müller, Christoph/Freiland, Dirk/Tomaselli, Harald: Dienstleistungsansätze bei *Unternehmenstransaktionen und Unternehmensfinanzierungen im Mittelstand am Beispiel Baden-Württembergs*. In: Hohenheimer Beiträge zu Entrepreneurshipforschung und -praxis Nr. 12, 2006

Nestler, Anke: *Bewertungen von KMU: Aktuelle Hinweise des IDW zur praktischen Anwendung des IDW S1.* In: Betriebsberater (BB), 2012, Heft 20

o. Verf.: *Betriebsveräußerung.* ProFirma Professional Online, Dokument HI1633136, Stand 19.10.2016

o. Verf.: *Unternehmensnachfolge: Zukunftsfähige Lösung in emotionsgeladener Situation gestalten.* ProFirma Professional Online, Dokument HI8645115, Stand 19.10.2016

Pfromm, René A.: *Effektiver verhandeln.* Bonn, 2016

Plecko, Andreas: »*Korrekt, präzise und absolut nutzlos*« – *das Elend der Ökonomen.* www.wsj.com/articles/korrekt-prazise-und-absolut-nutzlos-das-elend-der-okonomen-1418962018, 18.12.2014, abgerufen am 08.01.2017

Prütting, Hanns/Wegen, Gerhard/Weinreich, Gern (Hrsg.): *Bürgerliches Gesetzbuch: BGB, Kommentar.* 11. Auflage, Köln, 2016

Schlömer, Nadine/Kay, Rosemarie: *Familienexterne Nachfolge. Das Zusammenfinden von Übergebern und Übernehmern.* (IfM-Materialien Nr. 182), Bonn, 2008

Schmitz-Valckenberg, Collin: *Verkaufsprozess mittelständischer Unternehmen.* Wiesbaden, 2003

Schnee-Gronauer, Andreas: *Bilanzrecht und Verhalten.* Norderstedt, 2005

Schnee-Gronauer, Andreas/Neuber, Nadja/Selker, Marc: *Erfolgreicher Kanzleikauf – erfolgreicher Kanzleiverkauf, Praxisleitfaden mit Überblick über die optimale Wahl der Rechtsform.* Bonn, 2017

Soldan Institut für Anwaltmanagement e.V.: *Der Preis der Zeit – Stundensätze deutscher Rechtsanwälte.* In: Anwaltsblatt (AnwBl), 2006

Sonderegger, Joseph: *Bewertung von (KMU ) Dienstleistungsunternehmen – ein ganzheitlicher Ansatz für die Bewertung.* St. Gallen, 2013

Statistisches Bundesamt (Hrsg.): *Mikrozensus 2015*, Fachserie 1 Reihe 4.1.1, *Bevölkerung und Erwerbstätigkeit Stand und Entwicklung der Erwerbstätigkeit in Deutschland.* Wiesbaden, 2016

Statistisches Bundesamt (Hrsg.): *Sterbetafel 2013/2015 nach Altersjahren.* destatis.de/DE/ZahlenFakten/GesellschaftStaat/Bevoelkerung/Sterbefaelle/Sterbefaelle.html

Turnes, Ernesto/Hauser, Marcus A./Manuel, Navin: *Angewandte Methoden zur Bewertung von Unternehmen und Investitionen.* In: KMU-Magazin Nr. 9, November 2011

Wacket, Markus: *Mehdorn, die Bahn und die Börse.* München, 2009

Wegner, Andreas: *Asset Deal versus Share Deal*. In: Erbfolgebesteuerung, 10/2001

Weigl, Gerald: *Unternehmenskauf – Unternehmensverkauf* (Skript), Stand 31.12.2016

Wendt, René/Uppenkamp Klaus: *Aktueller Begriff Share Deals in der Grunderwerbsteuer*. In: Deutscher Bundestag, Wissenschaftliche Dienste — Fachbereich WD 4, Haushalt und Finanzen, Nr. 06/17 (09.02.2017).

Wimmer, Klaus/Dauernheim, Jörg/Wagner, Martin/Gietl, Josef (Hrsg.): *Handbuch des Fachanwalts Insolvenzrecht*. München, 2015

Wirtschaftsprüferkammer (Hrsg.): *Ergebnisse der Honorarumfrage 2015 der WPK*. Berlin, 2016

Wolter, Hans-Jürgen: *Informationsasymmetrien in der familienexternen Nachfolge und ihre Überwindung*. In: IfM-Materialien Nr. 191, Bonn, 2010

# Stichwortverzeichnis

## Z

Inklusive Arbeitshilfen online

## Exklusiv für Buchkäufer!

Ihre Arbeitshilfen zum Download:

- http://mybook.haufe.de
- Buchcode: **YLM-2664**